Store Facility Planning and Management

賣場規劃與管理

精華版

賣場規劃實務大師　謝致慧　著
Chih-Hui Shieh

五南圖書出版公司 印行

精華版之章節架構

第一篇　賣場規劃概論（第1～2章）

第1章　賣場規劃基本概述
第2章　賣場規劃基本製圖

第二篇　賣場規劃與設計（第3～6章）

第3章　店頭規劃設計
第4章　店內規劃設計
第5章　賣場動線規劃
第6章　後場行政作業區規劃

第三篇　賣場販促氣氛規劃（第7～10章）

第7章　賣場色彩計畫
第8章　賣場照明計畫
第9章　商品陳列規劃
第10章　POP廣告運用計畫

第四篇　賣場管理（第11～13章）

第11章　賣場商品管理
第12章　賣場服務管理
第13章　賣場安全管理

精華版序言

　　本書初版在去年（2005）問世以來，承蒙學界和業界朋友的抬愛，特此致謝。今為使技職院校師生，能在較短的學程（尤其是畢業班級），達到良好的教學效果，特將完整版之內容加以縮編成精華版，以符合實際教學需要。

　　精華版之內容維持完整版四大篇的架構，將原 17 章之精華調整成 13 章。第一篇賣場規劃概論，是將「第 2 章開店的準備條件」及「第 4 章賣場平面型態與配置機能」去除，僅保留兩章在此篇裡。此修改目的，是減少理論性的內容，讓學生有充分時間學習技能性的規劃製圖課程。希望學生在開學的第 1 週能盡快瞭解「賣場規劃基本概述」，第 2 週及第 3 週能提前學會「賣場規劃基本製圖能力」與「賣場平面規劃繪圖實作」。

　　第二篇賣場規劃與設計，是將「第 5 章外場規劃設計」及「第 9 章設備器具計畫」去除，而保留原四章。此修改目的，是將此篇的學習重點聚焦在直接營業賣場的規劃設計，如「店頭規劃設計」、「店內規劃設計」、「賣場動線規劃」及支援性功能的「後場行政作業區規劃」。

　　第三篇賣場販促氣氛規劃，維持原來四章的主要內容，僅去除「賣場照明計畫」中的「第三節 光源與燈具的種類」，主要是因為在課堂上沒有足夠的實習設施，學生比較無法深入瞭解到這些照明器具，為避免教學上的困擾，故去除之。

　　第四篇賣場管理，保留原來三章的主要內容，僅去除「賣場商品管理」中的第三節之「肆、銷貨退回作業」和「伍、缺貨防止及商品淘汰」、及第四節第一段之「一、倉庫空間配置規劃」，此修正目的是依據章節內容的必要性考慮而調整之。

　　本書精華版的問世，希望在賣場規劃與管理的觀念技能與實務應用上，能夠提供學校師生與業界先進之最大幫助。再次感謝大家，敬請不吝指正。

謝致慧　謹識
2006 年 5 月高雄

精華版之章節架構

第一篇　賣場規劃概論（第 1～2 章）

第 1 章　賣場規劃基本概述
第 2 章　賣場規劃基本製圖

第二篇　賣場規劃與設計（第 3～6 章）

第 3 章　店頭規劃設計
第 4 章　店內規劃設計
第 5 章　賣場動線規劃
第 6 章　後場行政作業區規劃

第三篇　賣場販促氣氛規劃（第 7～10 章）

第 7 章　賣場色彩計畫
第 8 章　賣場照明計畫
第 9 章　商品陳列規劃
第 10 章　POP 廣告運用計畫

第四篇　賣場管理（第 11～13 章）

第 11 章　賣場商品管理
第 12 章　賣場服務管理
第 13 章　賣場安全管理

本書的目的

　　本書掌握了賣場整體營運及新開店（或改裝）的關鍵要素，針對賣場規劃與賣場管理的所有相關條件做了廣泛且深入的探討。本書以具有邏輯性的論說配合實務精要和圖解之形式，有系統地提供具應用性的內容，呈現給讀者。

　　書寫此書的目的為：

1. 以實務及富教育意味的方式，向在校學生及在職人員傳達賣場規劃與管理的精華。期望讀者能瞭解賣場規劃與管理的目的與原則，進而學習到其技巧與方法，並運用於未來或現職的實際賣場經營。

2. 針對行銷流通管理系與企業管理系的零售課程規劃，希望提供對授課老師有所幫助的完整教材。

3. 循序漸進的課程論述，及介紹有步驟過程的技巧方法，期望培養學生未來服務職場或自行創業的賣場經營能力。

4. 強調賣場規劃與管理在當今企業經營的重要性，尤其在提高服務及零售產業的競爭優勢，希望此書對賣場經理人能大有助益。

5. 運用簡鍊平易的文字及清晰易懂的圖解，將理論與實務結合在一起，使讀者容易掌握內容，提高學習興趣並獲得更具體的學習成果。

6. 陳述賣場規劃的必要性，並非只是專業人員的單一責任，希望藉由書本所提供的數據資料，協助管理者皆能依照賣場的需求做好完整的規劃。

7. 論述賣場的重點管理，提供管理者更實際可行的管理方法。

精華版教學進度參考方案

章　次	教學內容	教學週次及時數分配		
		A 方案 （每週 2 小時）	B 方案 （每週 3 小時）	C 方案 （畢業班）
第 1 章	前言、課程大綱講解 賣場規劃基本概述	第 1 週	第 1 週	第 1 週
第 2 章	賣場規劃基本製圖	第 2 週	第 2 週	第 2 週
第 2 章	賣場平面規劃繪圖實作	第 3 週	第 3 週	
第 3 章	店頭規劃設計	第 4 週	第 4 週	第 3 週
第 4 章	店內規劃設計	第 5 週	第 5 週	第 4 週
第 5 章	賣場動線規劃	第 6 週	第 6 週	第 5 週
第 5 章	賣場動線規劃	第 7 週	第 7 週	
第 6 章	後場行政作業區規劃	第 8 週	第 8 週	第 6 週
	期中考	第 9 週	第 9 週	
第 7 章	賣場色彩計畫	第 10 週	第 10 週	第 7 週
第 8 章	賣場照明計劃	第 11 週	第 11 週	第 8 週 （第 9 週期中考）
第 9 章	商品陳列規劃	第 12 週	第 12 週	第 10 週
第 10 章	POP 廣告運用計畫	第 13 週	第 13 週	第 11 週
第 10 章	賣場 POP 促銷海報實作	第 14 週	第 14 週	
第 11 章	賣場商品管理	第 15 週	第 15 週	第 12 週
第 12 章	賣場服務管理	第 16 週	第 16 週	第 13 週
第 13 章	賣場安全管理	第 17 週	第 17 週	
	期末考	第 18 週	第 18 週	第 14 週（畢業考）
	學習總時數	36 小時	54 小時	共 14 週

目　錄

圖目錄

表目錄

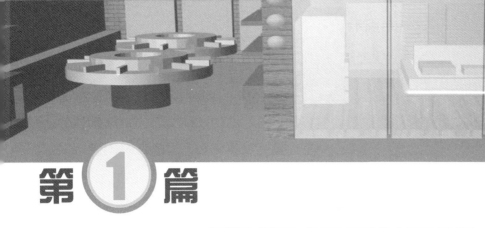

第 ① 篇

賣場規劃概論

第一章

賣場規劃基本概述

學習目標

1. 瞭解賣場構成要素之間的相互關係。

2. 知道賣場規劃與營運的關係。

3. 能夠清楚說明賣場規劃的目的和原則。

4. 確認賣場規劃時的設計作業流程。

| 第一節 | 賣場規劃與營運之關係 |

壹、賣場構成要素

　　雖然賣場的類型有很多種，但是每一種賣場的構成要素都是由人（顧客與員工）、空間（內外賣場）、商品（有形與無形商品）三者所組成。圖 1-1 闡釋賣場三要素之間的相互關係：

● 「人」與「空間」

　　「人」與「空間」的關係會衍生為具體的賣場環境，賣場的外部環境如設店位置、交通條件、商圈結構、消費層次、同業競爭、異業結盟、上游廠商配合、賣場外觀、停車設施、廣告招牌和視覺引導等。內部環境包括內部裝潢、公共設施（如化妝室、電梯、消

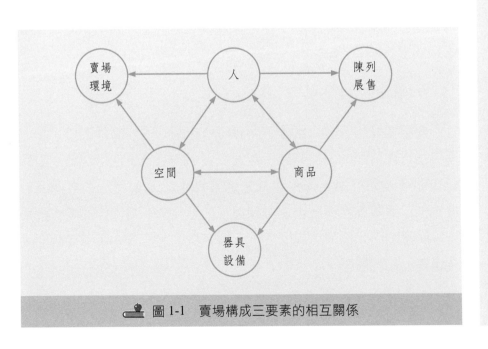

圖 1-1　賣場構成三要素的相互關係

防等）、收銀櫃台、動線通道、陳列設備、生財器具（如冷凍櫃、食品機器等）、基本設備（如照明、空調、音響）、管理設備等。

● 「商品」與「人」

「商品」與「人」之間的資訊傳遞，是靠著員工的陳列技巧和服務作業流程，將商品資訊傳達給顧客，達到有效的展售效果。

● 「空間」與「商品」

商品在空間裡要表現出最好的展售效果，就必須依賴有形的器具設備。商品的質感與價值經由器具設備的陳列，直接展示在顧客眼前，這也就是「空間」與「商品」所衍生的關係。

貳、賣場規劃與營運之概念

一、賣場的營運要素

賣場除了有完整的構成要素之外，還必須加上「營造販賣氣氛」、「商品管理與創新」及「提升服務品質」等營運要素，才能使賣場更具活力。

㈠營造販賣氣氛

要塑造好的販賣氣氛除了開店時所規劃的固定條件之外，還必須包括日後營運的彈性條件，才能使賣場的氣氛更活潑熱絡，達到販賣促進效果。固定條件包括企業識別系統、賣場色彩與照明計畫、標示與販促看板廣告、空調與音樂等規劃。彈性條件是一種可變、調整的因素，隨著商圈變化及顧客需求所推廣的各種促銷活動及賣場佈景的設計。

㈡商品管理與創新

　　賣場裡的商品是屬於有形的展售服務，給顧客的感覺比較直接與生硬，管理不當將會導致賣場凌亂及存貨滯銷，若是從商品選擇及開發→比價與協商談判→訂貨與驗收入庫→定價包裝→陳列展示→搭配組合到廣告促銷都能層層發揮管理與創新作用，將使商品更具有親近性與競爭力。

㈢提升服務品質

　　大多數學者對服務的定義為，「服務是服務組織從瞭解顧客的需求，然後規劃傳遞系統來滿足其需要，最後贏得顧客滿意的一個完整過程，這一過程的產出是不可觸及的無形性商品，而且產出的過程包括提供者與顧客的共同參與。」由此可知賣場要強化競爭優勢，除了提供有形的商品之外，勢必要提升無形的服務品質，才能滿足顧客需求，贏得顧客滿意。

　　賣場裡的服務範圍是一系列的提供過程，從顧客停車服務→進入賣場→誘導參觀→資訊傳達→刺激選購→收銀結帳→商品退換→顧客抱怨處理到慈善公益活動都需要環環相扣，其中若有某些流程發生服務缺陷，將會降低顧客的購買意願，甚至造成顧客流失。

二、創造賣場魅力的主要條件

　　當今商業環境變動性很大，尤其直接面對消費者的賣場，其競爭更是激烈。主要是消費者對賣場的功能需求，已由單純的購物提升為生活功能的一部分，業者必須考量「購物」與「生活休閒」的結合，才能吸引消費者。所以，購物現在已成為休閒生活中的一個重要環節。

　　這種「購物休閒」的經濟活動同時提供消費者「生活資訊情報」、「社交活動」與「滿足購物需求」等功能，為了符合這些功能相應而生的是創造有魅力的賣場。如何創造有魅力的賣場，換句

話說就是如何做好「賣場規劃設計」才能主導賣場活動的水平。所以，這些賣場從小餐館到大型的量販店都應設想著如何提供符合顧客需求的展售空間，以吸引顧客進門、參觀選購。

一家成功的賣場並非只靠著裝潢漂亮或商品便宜的單一條件，而是從評估商圈、選擇地點、內外賣場規劃、商品訴求結構、有效的營運管理到顧客服務等，都必須審慎考量、積極執行。評估商圈與選擇地點也就是所謂的開店「立地條件」。有好的立地條件之後，就必須克服經營的各種負面因素，創造魅力空間以滿足顧客需求。要克服這些負面因素，有兩個主要條件：「賣場規劃設計」與「賣場管理」，也就是以上所講的內外賣場規劃、商品訴求結構、有效的營運管理到顧客服務。「**賣場規劃設計**」是開店承先啟後的環節條件，也是開始經營的成功關鍵。而「**賣場管理**」，它是維持賣場經營的後續條件，更是營利不可或缺的程序。

賣場規劃設計
是開店承先啟後的環節條件，也是開始經營的成功關鍵。

賣場管理
是維持賣場經營的後續條件，更是營利不可或缺的程序。

三、賣場規劃與管理的價值

賣場的經營是投入很多的相關資源，如人力資源、資金預算、設備技術、資訊情報等，這些資源必須經過多項的轉換過程如規劃設計、按裝佈置、運作執行、維護更新、改善升級，才能產出真正的經營價值（如圖 1-2）。

賣場從不同的投入設施所產出的價值大致可分成兩部分（如表 1-1）。硬體部分如賣場建築物、陳列架、收銀設備等必須視作相互關聯的各級硬體系統，關注彼此相互聯繫的每個環節，才能產出有效率化的價值。軟體部分如自動化管理系統、商品與服務管理體系、促銷活動策略執行等必須符合現代化市場競爭的需求，方能達到經營差異化的價值。

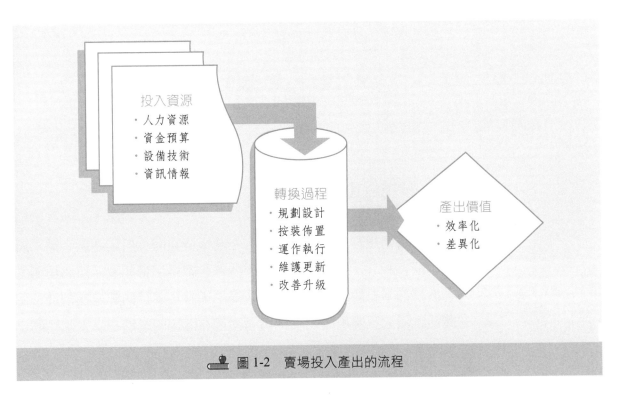

圖 1-2 賣場投入產出的流程

表 1-1 賣場規劃與管理的價值

	投入設施	產出價值
硬體設施	建築物、停車設施、公共設施、裝潢佈置、氣氛營造、電子設備、冷凍冷藏設備、展示櫃、陳列架、收銀設備、補貨用具、加工器材、商品及物料。	擴大經濟規模、營運更具效率化、賣場符合現代化、作業省力化、增加商品線、提升來客數。
軟體設施	自動化管理系統、作業流程安排、商品與服務管理體系、人員管理體系、促銷活動策略執行、營業控管體系、賣場安全管理系統。	賣場舒適性、經營差異化、服務個性化、降低經營風險、提高利益產值、延續經營命脈。

第二節 | 賣場規劃目的與原則

壹、賣場規劃的目的

賣場規劃
是一家商店在其販賣空間針對商圈顧客需求所作的配置設計，其規劃得當與否關係著賣場經營成敗。

「**賣場規劃**」就是一家商店在其販賣空間針對商圈顧客需求所作的配置設計，其規劃得當與否關係著賣場經營成敗。無論規劃的動機是為了新開店、重新改裝或局部調整，其**目的**都是在創造一個最佳氣氛的買賣場所，讓消費者盡情在舒適的賣場裡享受購物的樂趣，進而在愉悅的販促氣氛中選購更多的商品，以達到顧客的消費需求和提高事業的經營效益。

「賣場規劃」是將硬生生的「建築體」設計成人性化的「商業空間」，讓單純的「販賣場所」變成「滿足購物慾望的空間」，而這慾望並非像以前的購物習性「買了就走」，消費者希望在購物的同時也能得到相關生活資訊、流行趨勢情報，在舒適的視覺感官及氣氛下盡情地享受購物樂趣。所以，成功的賣場規劃就必須以滿足消費者慾望為前提，不只是提供商品販賣而已。首先要深入瞭解分析「行業別特性」、「商品種類配置」和「商圈顧客型態」。然後，靈活展現最有效的陳列空間，發揮賣場的經營特色，吸引顧客進入賣場，對商品產生選購興趣。

大部分到過先進國家的人，都會感受到逛國外商店是一種很悠閒的享受，這種感受就是規劃設計所帶來的賣場魅力。例如，澳洲有一種手工生活用品的專賣店，空間雖然小小的，卻規劃得細緻有序，從柔和的照明、色彩的協調、合理的動線到精心的商品擺設，都發揮出很生活化的特色，尤其整個賣場散發出清淡的花香，更是吸引過往行人的主要因素之一。

或許有人認為台灣早期的商店根本不用什麼規劃，依然生意興

隆，為什麼現在的商店特別要講究賣場規劃。原因是早期的消費市場其需求大於供給，業者只要選對投資時機，設置基本的生財設備就可以進貨販賣。例如，生鮮超級市場在民國 75～85 年間如雨後春筍般林立，那時優勢的經濟景氣帶動強勁的消費能力，縱使很多賣場在不很完整的規劃條件下依然客源不斷。然而，這幾年來隨著市場全球化的競爭和經濟景氣的衰退，使業者面臨激烈競爭與微利經營的雙重困境，明顯下降的來客數更讓所有業者極力想創新與改革，塑造賣場魅力與差異化，希望再創川流不息的人潮，找回原顧客及吸引新顧客上門。

貳、賣場規劃理念與原則

當今消費意識已趨成熟，個人可支配的消費額也增多，大大提高消費者回流購買的頻率，消費者每次購物的體驗，自然就關係著下次回流的決定。留住顧客重複消費，最直接的因素就是看得見、感受得到、最貼近顧客的賣場規劃。

有特色的賣場，本身就是一種賣點，顧客以心意認同賣場的規劃進而購買裡面的商品，所以規劃賣場時就必須掌握住以顧客為導向的基本理念和原則。換句話說，不能只把賣場當成容納商品的空間，要從消費心理層面來思考賣場的內涵，才能掌握住規劃的真正意義。

事實上，我們常發現有很多賣場在開店後的幾年甚至幾個月內就被迫停業或轉讓，追究其原因並不是外在環境和經營策略問題，大都是開店時過於草率或太主觀，沒有掌握住規劃的真正理念與原則，造成失敗的結果。例如，以麵包店來講，常有麵包師傅學成之後，急就章的開店卻嘗到失敗後果而轉讓。然而，經過接手的業主重新規劃改裝後卻可以創造好的業績，其規劃重點以商品的訴求風格（如歐式麵包風格）而強調前場的內部裝潢、動線規劃、展示陳列、燈光氣氛等整體效果，使新賣場有別於生硬感覺的傳統麵包店，讓顧客在溫馨的氣氛下購物。在交易過程當中，好的賣場形象

深深刻印在每位顧客的心裡，也掌握住顧客再次光臨的考量因素。

一、賣場規劃基本理念

賣場規劃的基本理念有四大要點：㈠賣場是為方便顧客選購所需的商品；㈡賣場通道是為顧客而設計的；㈢賣場規劃須以商品為基準考量；㈣考量商品與陳列的互動關係。

㈠賣場是為方便顧客選購所需的商品

賣場的主要目的是販賣商品，所以規劃賣場時首先要考慮方便顧客找到他們所需要的商品，此時的考慮順序就必須由市場末端反思回來，如：什麼是顧客需求的商品→該如何將商品規格分類→如何安排商品配置陳列→有效的規劃動線通道→按裝適當的器具設備→貼切務實的裝潢設計等。

假如，賣場只憑著業主和設計師的偏好來做規劃，常常是先考慮到賣場的硬體設施，而商品只能將就已完成的配置區，導致不務實的效果。或許賣場裝潢很華麗卻顯得複雜而掩蓋了商品的真實感、也許器具設備很高級卻不符合商品的陳列規格、也或許通道過於有創意讓顧客無所適從而失去動線的連貫性，這些因素都將會造成顧客選購時的不方便。所以，規劃時不能以單方面的主觀意識當主軸，應符合市場行銷（Marketing）所強調的「顧客導向」為理念。

㈡賣場通道是為顧客而設計的

賣場通道是供員工和顧客通行及商品搬運之用，然而賣場是為顧客而存在，所以賣場通道應該以顧客為主要設計考量。至於員工通行及商品搬運通道儘可能另外規劃，以避免共用通道時造成混雜、阻塞或髒亂。例如，超級市場的補貨通道可以設計在牆壁四周的冷凍冷藏展示設備及單面靠壁商品架的後面（如圖1-3所示），以降低生鮮貨品在賣場搬運流程中所造成的髒亂。中間賣場的補貨通道應與顧客通道加寬共用，避免搬運時與顧客擦撞或阻礙選購。

賣場規劃時不能以單方面的主觀意識當主軸，應符合市場行銷所強調的「顧客導向」為理念。

賣場通道是供員工和顧客通行及商品搬運之用，然而賣場是為顧客而存在，所以賣場通道應該以顧客為主要設計考量。

(三)賣場規劃須以商品為基準考量

　　商品是賣場最主要的主角，每一種商品都各有不同的規格與特性，規劃設計時須以商品為基準考量，才能表現出各自的特徵，提高賣相。最基本的是賣場經營類型與氣氛必須吻合主要商品，比如說原本設計為西式速食店，如果用來販賣台灣小吃，其賣場格局與作業流程完全不相同，容易造成服務與經營上的落差。又比如原為書局文具賣場，用來經營電腦通訊用品，則商品的展示陳列將不知從何著手。

　　之前我們談過賣場規劃要以顧客為導向，其理念就是要思考商品類型與項目，作顧客層和市場區隔分析，來定位經營的方針，才能符合顧客所要、商圈所需的賣場。此基準考量不難在量販店看出端倪，量販店的商品以大量便宜為訴求，所以賣場不講究華麗的裝潢，而刻意營造廉價的感覺與旺盛的買氣。

商品是賣場最主要的主角，每一種商品都各有不同的規格與特性，規劃設計時須以商品為基準考量，才能表現出各自的特徵，提高賣相。

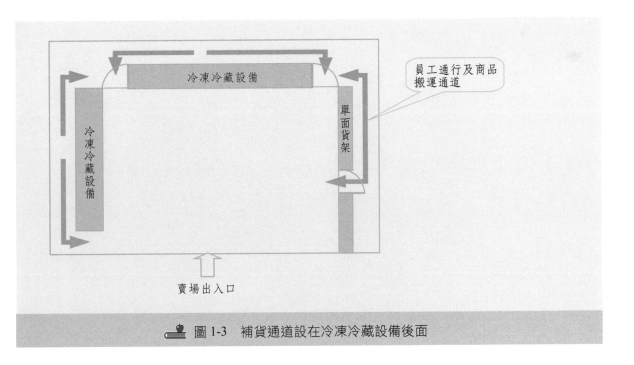

冷凍冷藏設備

員工通行及商品搬運通道

單面貨架

冷凍冷藏設備

賣場出入口

🔖 圖 1-3　補貨通道設在冷凍冷藏設備後面

㈣考量商品與陳列的互動關係

商品容易受到立地條件與商圈環境改變的影響，產生商品配置與陳列的互動變化。立地條件的差異情形，如在市中心的商業區適合開設精品專賣店，其商品與陳列的互動關係是嚴謹精緻的；又如生鮮超市適合設在社區，其商品與陳列的互動關係是快速補貨、方便取拿。

隨著商圈環境的改變，商品與陳列關係不能一陳不變，各項商品應依照其特性，及顧客的需求和消費者的購買習性，適度改變陳列的方式與技巧。例如，當商圈競爭者增加，商品的陳列方式若能更有創意，就能吸引顧客注意、刺激購買慾，同時達到商品宣傳效果，也提升賣場販賣形象。如台灣可口可樂公司的創意陳列在零售業曾掀起一陣熱潮，民國75年間，其首創提供「冷藏飲料展示櫃」給各賣場展售其公司產品，又在賣場的特販區將罐裝飲料組合陳列出聖誕樹的形狀，此創意不僅提升企業形象，更提高商品的競爭力（如圖1-4所示）。

隨著商圈環境的改變，商品與陳列關係不能一陳不變，各項商品應依照其特性，及顧客的需求和消費者的購買習性，適度改變陳列的方式與技巧。

圖1-4　可口可樂公司將罐裝飲料陳列成像聖誕樹的形狀，不僅提升企業形象，更提高商品的競爭力。

二、賣場規劃基本原則

賣場規劃是否得宜，關係到顧客是否願意光臨，顧客光臨之後是否能在一個舒適氣氛的空間環境，盡情享受購物之樂趣。因此，賣場規劃時必須講求整體性，從外場到內場都要掌握住「顧客需求原則」、「賣場合理化原則」與「賣場舒適原則」，才能創造出一個真正符合顧客所需的購物空間。

賣場規劃基本原則
賣場規劃時必須講求整體性，掌握住「顧客需求原則」、「賣場合理化原則」、「賣場舒適原則」與「彈性運用原則」。

㈠顧客需求原則

「**顧客需求原則**」包括方便顧客進出、讓顧客能夠安全方便的自由選購、讓顧客能夠清楚瞭解商品陳列、讓顧客在賣場能夠停留久一點。

顧客需求原則
包括方便顧客進出、讓顧客能夠安全方便的自由選購、讓顧客能夠清楚瞭解商品陳列、讓顧客在賣場能夠停留久一點。

1. 方便顧客進出

讓顧客很容易的進出是賣場最基本的規劃，也是顧客光臨之前最在意的事。當今消費者出門購物會先考慮停車問題，如果一家賣場的商品豐富又便宜、內裝設計得宜、服務也很好，但是外場規劃不良、不易停車，進出口設計複雜、不方便出入，顧客光臨此賣場的意願是會大打折扣的。顧客不願意進入賣場，縱使有再好的其他條件，也是無濟於事。只有方便顧客進入，才能發揮其他的賣場優點，讓消費者滿意的踏出賣場。

2. 讓顧客能夠安全方便的自由選購

顧客進入賣場之後，總是希望在一個安全無慮、方便自由的空間享受購物樂趣。如果顧客發現賣場空間有安全顧慮時，或者無法自由自在的選購，比如通道髒濕容易滑倒、商品擺設搖搖欲墜、店員過度跟催，其不僅會降低購買意願且顧客很快就會離開賣場。

3. 讓顧客能夠清楚瞭解商品陳列

商品的擺設除了講究技巧及創意,最基本的是標示明確、排列整齊、有系統的配置在各賣點區。同時可將相關商品陳列在一起,提高顧客的聯想性購買動機。不可因過度追求創意而造成雜亂陳列,模糊了顧客的選購視線。

4. 讓顧客在賣場能夠停留久一點

通常消費者喜歡享受的是愉悅的購物環境,越愉快的販促氣氛,越能讓顧客停留久一點、消費更多商品。根據消費者行為分析,衝動性購買動機在賣場是一種非常有潛力的消費行為。所以在規劃之初,就要設計能讓消費者進入賣場後能停留更久,刺激他們潛在的購買慾,以提高銷售額。

(二)賣場合理化原則

所謂「**賣場合理化原則**」是賣場規劃設計時,要以「人因工程」因素作考量,以顧客需求為導向。在此將分成賣場設施合理化、設備器材合理化、動線流程合理化、商品擺設合理化、空間配置合理化等五方面加以說明。

1. 賣場設施合理化

如停車設施的坡度太抖、彎度過大、車位及車道太窄等不合理的設計都會使消費者產生進出的壓力,甚至畏懼不敢前往,不僅失去設施的功能,更直接影響來客數。另外,殘障者進出設施及顧客公共設施(如休息區、化妝室等)都是不可或缺的規劃。前場的天花板高度隨著賣場規模加大而調整,太低的天花板容易讓顧客產生壓迫感,縮短消費時間。

2. 設備器材合理化

如小型便利商店的商品架高度設計為 135～150 公分,使賣場

整體視覺更為寬敞。其層板架的深度由下（45 公分）往上越短的階梯型設計，避免顧客碰撞到上層層板架，也提升商品展示效果（如圖 1-5 所示）。另外，常有業者採用歐美進口的生財設備，卻發現規格尺寸不適合國內消費者，使原有設備功能大打折扣。例如，用於生鮮超市的「開放式冷藏展示櫃」，歐美進口的規格常使消費者拿不到較高層架的商品而放棄購買意願。

3.動線流程合理化

動線是以單向設計為原則，讓顧客很自然沿著商品配置流程，輕鬆的走動選購。若是發生顧客常碰撞擠在一起或對走動方向不知所從，表示動線有規劃不良之處。比如當顧客進入賣場時，沒有規劃主要通道、引導顧客直接走到主力商品區，此時顧客必定會分散到各通道，沒有遵循方向，造成消費流程混亂。常見很多賣場的收銀區發生擁擠現象，是因結帳區太靠近入口處或者沒有規劃適當的迴轉空間所致。

4.商品擺設合理化

依據商品的分類，將關聯性商品有計畫性的以不重複、不回頭的設計方式，陳列於顧客眼前。此合理的擺設方式，當然也需要考慮商品特性、價值性、週轉性、規格大小與輕重、陳列安全等因素。例如在超級市場裡，冷凍食品及包裝米通常擺在動線尾端或靠近結帳區，避免冷凍食品軟化和節省提領的重量負擔。

依據商品的分類，將關聯性商品有計畫性的以不重複、不回頭的設計方式，陳列於顧客眼前。

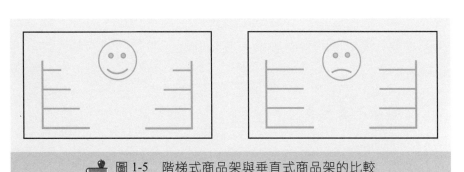

圖 1-5　階梯式商品架與垂直式商品架的比較

5.空間配置合理化

賣場是商品、設備、顧客、員工產生交易行為的主要空間，每個區域及賣點位置應合理規劃，才能發揮最有效的利用功能，否則不僅浪費空間、甚至直接影響營運績效。空間配置合理化並非是完全將賣場填滿商品，而是考慮到顧客購買需求及習慣、善加運用器材設備、利用平面與立體的陳列空間。例如，賣場的出入口應預留足夠空間、賣點區域應按照主力商品及顧客購買習性順序配置、運用器材設備將商品立體陳列或儲存、利用賣場牆壁和柱子發揮商品展售效果，以達到空間不浪費、不擁擠，適合顧客走動、方便選購的條件。

㈢賣場舒適原則

賣場舒適原則
從「創造優勢條件」和「排除不適因素」兩方面進行，可達到讓顧客在賣場停留久一點的目的。

「**賣場舒適原則**」從「創造優勢條件」和「排除不適因素」兩方面進行，可達到讓顧客在賣場停留久一點的目的。而這兩個方向也正是賣場舒適的規劃原則，其強調於有形的安全規劃及無形的感覺設計，使顧客能在一個安全、明亮、整潔、寬敞、舒適的空間環境享受悠閒自在的購物樂趣。

1.創造優勢條件

就是規劃出明亮乾淨的整體環境和塑造最佳的販賣氣氛。如安全的消防設施、合理的動線通道、清楚易選的商品陳列、親切專業的服務品質、舒適的空調室溫（23℃±3℃）、明朗易記的企業識別、得宜的色彩裝飾、舒適的裝潢設計、良好的燈光照明、適當的音響效果、高效率的生財設備、適時的販促活動以塑造最佳的販促氣氛。

2.排除不適因素

商品項不豐富、服務態度不佳、照明及色彩陰暗、商品陳列凌亂、通道太窄髒亂、動線太複雜、音樂粗俗及音響太吵、冷氣太冷或通風不良，均缺少販促氣氛。

第三節　賣場規劃設計流程

壹、規劃設計階段

賣場規劃之設計作業分成如圖 1-6 所示之四個階段，開始為資料收集的準備階段，接著為設計階段，其包括企劃構想、規劃設計、施工設計等三個步驟。

● 準備階段

首先深入瞭解賣場新設立或改裝的各項因素，並熟悉認識商圈環境的主客觀條件，著手匯集開店的各種資訊與計畫，如賣場規模、經營型態、商品構成、開辦預算、開幕日期、業者構想、市場相關資訊與流行趨勢等。接著丈量現場實際尺寸，除了測量賣場的正確面積之外，各項設施及建築結構如牆、窗、門、梯、樓高、樑柱、消防栓、配電箱等，都應以公制單位mm測得並記錄其詳細尺寸，丈量越詳細，設計就越精準，施工也就越確實完整。

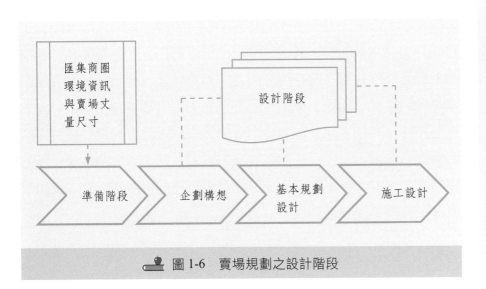

圖 1-6　賣場規劃之設計階段

● 企劃構想

分析研判第一階段所準備的資料及數據，同時參考和比對相關案例的設計，重新提出符合賣場風格的設計企劃，並將此構想概念以圖表（如各種手繪草圖、相關照片或模型）具體顯示，進行溝通檢討，以擬定明確的設計方向。

● 規劃設計

本階段是依照基本的企劃構想，將所有賣場有形的物體，以正確比例和尺寸的圖文符號說明整合明示的作業，此作業內容包括建築物及周圍設施的規劃、結構材質及公共安全設施規劃、賣場空間設計及生財設備配置、商品配置陳列及顧客動線設計、賣場形象塑造及販促氣氛營造設計等，這些設計內容在此階段以詳細平面圖闡明整個賣場的基本型態和機能，尤其各部空間的搭配與合理性及材質適用與經濟性，都應審慎評估檢討後明確標示於圖面上。

● 施工設計

施工設計是設計作業流程的最後階段，主要以基本的規劃設計為基礎，進一步將所規劃的賣場相關內容，更細部的以不同角度的圖示技巧（如三視圖、透視圖及立體圖）和文字說明表現更清楚的作業內容，使施工者有更明細精確的執行依據。施工設計著重於工程製作方法、設備器材廠牌規格尺寸、不定尺規格或重點特殊說明、機能功效說明、材料明細顏色明示等，甚至提示樣品目錄以表達設計的原意，如提示裝潢所用的樣品，可明確表達所需要材質的規格尺寸及顏色。此外，有關生財設備的施工設計作業，應特別說明機器的機能、安全性能及特殊施工方式。例如，冷凍冷藏設備的使用溫度、電流電壓容量、機器配置規劃及配管配線設計、使用說明等，都是非常重要的施工設計事項。

貳、設計作業流程

　　一個賣場規劃設計案，從匯集資料到確立設計觀點與理念之後，開始構思設計作業時的流程應有一定的順序，才能使規劃設計更合理化與完整性。整個設計流程如圖 1-7 所示，首先應將商品明確的按規格特性分類配置，然後安排顧客動線及計算通道，有了大體的商品配置和動線規劃就可以進行整個賣場的平面配置規劃，由內到外包含外場、前場及後場。確定整體平面規劃之後，開始著手軟硬體設施的工程計畫，包括內外裝潢、照明設施、生財設備器具、色彩材料、標示指引等計畫，最後作整體總檢討，接著確定設計案交付執行作業。每一個設計要項的詳細說明如表 1-2 所列，每個細節都應考慮到必須性、準確性、合理化，在施工之前審慎檢討修改，才能確保執行作業的成功。

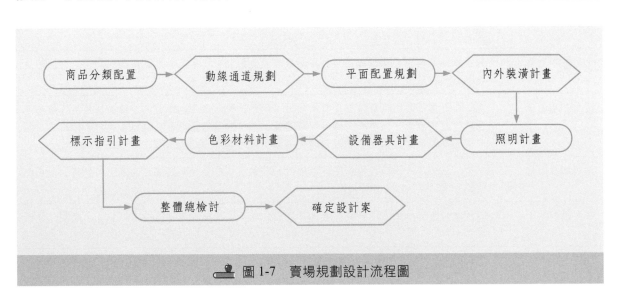

圖 1-7　賣場規劃設計流程圖

🔖 表 1-2　賣場規劃設計流程要項說明表

設計要項	要項說明
商品分類配置	依照產品線（單件、組合、系列、色樣等）、消費習性、產品保存溫度帶、尺寸重量等分類，安排商品擺放陳列的位置。
動線通道規劃	依照消費者行為及習性，從賣場外引導顧客到賣場內的每一商品區。考慮購買連續性和服務的動線，及進出補貨商品的通路，更應減少賣場死角和通路阻塞問題，詳細計算主通道、副通道、特別區的適當尺寸。
平面配置規劃	從賣場外的引導設施區如停車場、騎樓特販區、展示櫥窗、壁柱、出入口，然後由店內的寄物服務台、購物籃車、收銀包裝櫃台、貨物架商品區、冷凍冷藏展示櫃（含其他設備器具）配置、通道寬幅尺寸、促銷展售、照明配置，一直到後場配置（行政辦公、食品作業處理、驗貨倉庫、電器設備機房）作一整體性的平面規劃配置。
賣場內外裝潢計畫	包含整地填平或改裝原建築物、賣場外觀、廣告招牌、地板、出入口、牆壁柱面、天花板等材質顏色造型和施工設計，各項細部裝潢計畫都應考慮整體的協調性以符合商品陳列和消費需求之機能。
照明計畫	首先設定賣場所有照明的需求及用電量計算，包括環境照明、重點照明、專用照明、裝飾照明，然後考慮燈具造型、照度分布與空間格局的協調性，使能表現賣場氣氛與商品最佳展示效果。
設備器具計畫	分成固定式及非固定式兩大類，再依生財器具、展示設備、電器設備、管理設備與加工作業設備審慎評估其功能、品質、規格與價格。
色彩材料計畫	以企業識別的主色為基礎，延伸重點色彩及裝飾色彩以搭配內外裝潢的材質選定，同時規劃外觀、招牌及宣傳的色彩文案，務必考慮整體性的協調。
標示指引計畫	包含引導標示（街道看板、停車場指引、店面招牌、出入口指引）、商品別標示、服務區標示、說明牌告、消防安全標示等之計畫，各項標示計畫都含有標誌識別、字體用色、材質規格等設計，其以簡單明瞭、安全易懂、整體協調性為原則。
整體總檢討	針對以上各項流程計畫的細節詳加檢討，以利施工前發現問題及時改進，將執行的缺失降到最低。
確定設計案	經過檢討改進，確認符合設計之構想與理念後，很明確定案設計的內容並著手規劃作業流程。

學習評量及分組討論

1. 請說明賣場構成三要素的相互關係？

2. 賣場需要具備哪些營運要素，才能使賣場更具活力？

3. 請說明創造賣場魅力的主要條件？

4. 賣場規劃的目的是什麼？

5. 賣場規劃有哪些基本理念？

6. 賣場規劃有哪些基本原則？

7. 何謂空間配置合理化？

8. 以小組為單位，討論新建與改裝賣場應該考慮哪些條件？

9. 以小組為單位，討論並繪製賣場規劃之設計作業階段？

10. 以小組為單位，討論並繪製賣場規劃設計的流程？

第二章

賣場規劃基本製圖

各節重點

第一節　賣場常用尺寸和面積計算

第二節　製圖及丈量用具

第三節　製圖與識圖技巧

第四節　賣場平面規劃圖繪製步驟

學習評量及分組討論

學習目標

1. 學會使用公制與台制的尺寸單位及面積計算。

2. 認識賣場常使用的文公尺吉祥尺寸。

3. 學習如何丈量賣場的實際尺寸。

4. 學會國家標準工程製圖與識圖的基本能力。

5. 學會賣場規劃製圖常用的符號。

6. 瞭解繪製賣場平面規劃圖的步驟。

　　賣場規劃工程如果只憑著想像和記憶就貿然施工，其完工後的硬體設備、賣場佈局及販賣氣氛可能會失去實際的準確性，且在施工中因缺少完整的設計圖說導致常變更工程或修改裝潢，徒增進度的延誤和費用的增加。由此可見設計圖是非常重要的。一家賣場設計圖由外場、前場到後場其包括整體佈局的平面圖、局部賣點區和設備的部分圖、色彩照明及其他重點詳細圖。

　　「設計圖」是無聲的溝通語言，要繪製理想的設計圖，除了要有良好的構想和理念之外，製圖概念和技巧是將構想與理念變成圖說的主要方法。本章針對賣場規劃時所必須用到的基本製圖概念與技巧做詳細的運用介紹，其包括賣場常用尺寸和面積計算、製圖及測量用具、製圖與識圖技巧、賣場平面規劃圖繪製步驟。

第一節　賣場常用尺寸和面積計算

壹、單位尺寸概念

　　賣場規劃設計時常用到的尺寸有「公制單位」、「台制單位」和「英制單位」等三種。

　　「公制單位」為美系國家及大部分非英系國家所通用的單位，在我國的國家製圖檢定及大部分工商業所用的設計圖也都以公制單位為標準。

　　「台制單位」為我國台灣民間最通用的單位，尤其長度和面積的單位（如台尺、坪數及才數），在木工工程業及水泥工程業已經是從業人員共同的單位語言。所以，市面上有很多設計者為了方便與施工者溝通配合，他們會同時使用台制和公制單位。例如，大尺寸面積或尺寸數據要求不需要很精準時，可採用台制單位做施工衡量標準；但是，小尺寸面積或者尺寸數據要求需要很精準時，其施

設計圖
是無聲的溝通語言，要繪製理想的設計圖，除了要有良好的構想和理念之外，製圖概念和技巧是將構想與理念變成圖說的主要方法。

公制單位
為美系國家及大部分非英系國家所通用的單位。

台制單位
為我國台灣民間最通用的單位，尤其長度和面積的單位，在木工工程業及水泥工程業已經是從業人員共同的單位語言。

工衡量就必須用到公制的精細單位。在商場估價時，很多業者也都直接以台制尺寸作為估價的單位標準，如油漆和木工裝潢業。

「**英制單位**」為英系國家所使用的尺寸單位，如英國、澳洲等。在我國使用英制單位作為圖面設計已逐漸減少，僅限於某些場合或行業如傢俱製造業。

貳、單位尺寸換算

國內常用的公制和台制單位換算，包括有公制和台制的長度、面積和體積的尺寸單位及相互間的換算，表 2-1 所舉的都是賣場規劃時最常用也最實用的數據資料。「**公制長度單位**」用於賣場測量及設計圖尺寸標示，是製圖設計者與識圖施工者共同的無聲語言；「**台制長度單位**」用於加強與施工者的溝通，如裝潢工程、傢俱與櫥櫃製作；「**坪數面積**」最常用於地面計算與估價，如地板磚、輕鋼架、天花板、水泥工、油漆等工程的估算；「**才數面積**」經常用在計算窗簾、地毯、玻璃、鋁材、壁紙、木工等工程估價時使用；「**體積**」是在計算建物空間及立體材質時之使用，如角材、水泥地板和牆壁。

英制單位
為英系國家所使用的尺寸單位，如英國、澳洲等。

公制長度單位
用於賣場測量及設計圖尺寸標示，是製圖設計者與識圖施工者共同的無聲語言。

台制長度單位
用於加強與施工者的溝通，如裝潢工程、傢俱與櫥櫃製作。

坪數面積
最常用於地面計算與估價，如地板磚、輕鋼架、天花板、水泥工、油漆等工程的估算。

表 2-1　公制單位與台制單位換算表

單位制		單位換算	賣場規劃適用範圍
長度	公制	1 公尺（m）＝ 100 公分（cm）＝ 1000 公釐（mm）	賣場測量、設計圖尺寸標示。
	台制	1 台尺＝ 0.1 台丈＝ 10 台寸＝ 100 台分	與施工者溝通及工程設備估價如裝潢、傢俱、櫥櫃等。
	公制與台制	1 公尺（m）＝ 3.3 台尺＝ 33 台寸	
	台制與公制	1 台尺＝ 30.3 公分（cm）＝ 303 公釐（mm）	
面積	坪數與公制	1 坪＝長 1.8 公尺×寬 1.8 公尺＝通用值 3.3 平方公尺（m²）	地坪計算與估價如地磚、天花板、水泥工、油漆等。
	坪數與台制	1 坪＝長 6 台尺×寬 6 台尺＝通用值 36 平方台尺	

面積	才數與台尺	1 才＝ 1 台尺×1 台尺＝ 1 平方台尺	計算估價如窗簾、地毯、玻璃、鋁材、壁紙、木工等。
	坪數與才數	1 坪＝長 6 台尺×寬 6 台尺＝ 36 才	
	公尺與才數	1 平方公尺（m^2）＝ 1 公尺×1 公尺 ＝ 3.3 台尺×3.3 台尺＝通用值 11 才	
體積	公制	1 立方公尺（m^3）＝ 1 公尺×1 公尺× 1 公尺	空間及立體材質計算如角材、水泥地板和牆壁等。
	才積	1 才積＝ 1 台寸×1 台寸×1 台丈	

參、賣場之簡易目測丈量法

「**簡易目測丈量法**」提供讀者在作現場測量時，可以在短時間得到大約的尺寸面積，以幫助對賣場初步的度量衡瞭解及大致可粗估某些工程的費用如地板及天花板工程，或利用此大概的尺寸面積作其他評估度量之用。

1. 第一種方法是「**大步法**」，利用個人的一大步代表 1 公尺（m）來丈量賣場面積。例如，大步丈量賣場地板為：長 10 大步×寬 5 大步，則其面積≒10 公尺（m）×5 公尺（m）＝ 50 平方公尺（m^2）≒15 坪（50m^2÷3.3m^2）。

2. 第二種方法是「**地板計算法**」，利用空間現有地板磚的尺寸作丈量。例如，地板磚的規格尺寸為 1 台尺×1 台尺，目測計算賣場的地板磚為：長 30 塊地板磚×寬 20 塊地板磚，則其面積＝長 30 台尺×寬 20 台尺＝ 600 平方台尺≒16.7 坪（600 平方台尺÷36 平方台尺）。

肆、常用的吉祥尺寸

規劃賣場時，常會遇到吉祥尺寸的問題，以下針對民間使用的「文公尺」加以介紹，並提供設計賣場時較常使用的吉祥尺寸對照表（如表 2-2 所示）。國內民間使用的「文公尺」有趨吉避凶的意

簡易目測丈量法
可以在短時間得到大約的尺寸面積，幫助對賣場初步的度量衡瞭解及大致可粗估某些工程的費用。

大步法
利用個人的一大步代表 1 公尺（m）來丈量賣場面積。

地板計算法
利用空間現有地板磚的尺寸作丈量。

儘管「文公尺」的使用並無任何理論根據，然而商家在寧可信其有的心態下都會使用吉祥尺寸以求生意興隆、招財進寶。

義，其經常被使用於賣場的出入口、收銀櫃台、櫥櫃長寬（如主管辦公桌）。儘管「**文公尺**」的使用並無任何理論根據，然而商家在寧可信其有的心態下都會使用吉祥尺寸以求生意興隆、招財進寶。所以，當商家相信此說時，在規劃賣場的同時就應該把重要的位置佈局或櫥櫃物品特別標明所要的吉祥尺寸以利施工者進行施工按裝。「文公尺」全長為 1 台尺 4 台寸 2 台分 = 43 公分，其共分成 8 等分，包含有四吉（財、義、官、本）和四凶（病、離、劫、害）。現在「文公尺」已經廣泛被運用在工程用的捲尺量具上，消費者在一般五金行就買得到，以方便丈量賣場之用（如圖 2-1 所示）。

表 2-2　吉祥尺寸：公制單位與台制單位對照表

公制（mm）	880	1260	1545	1893	2121	2409	2748	3021
台制（尺）	2'9	4'16	5'1	6'25	7'	7'95	9'07	9'97
代表意義	寶庫	進寶	富貴	益利	進寶	富貴	益利	寶庫

圖 2-1　文公尺範本

第二節　製圖及丈量用具

壹、製圖材料及用具

一、製圖紙張

選擇製圖紙應注意其紙面不宜亮光，畫線後不易造成溝痕，橡皮擦拭後不起毛及上墨線時不滲透或暈散。常用的製圖紙張有白色模造紙或道林紙、描圖紙及方格紙，其規格大小依國家標準CNS3B1001 之規定採A系圖紙（或稱開），有A0～A5 等六種標準尺寸（如表 2-3 所示）。

- 「白色模造紙或道林紙」是最常用的標準製圖紙，紙張的厚度以 120～150 磅左右為最適合。
- 「描圖紙」是一種半透明較堅韌的紙質，這種紙通常用於繪製墨線圖，是作為設計圖的原稿，可晒圖複製用。
- 「方格紙」是一種在紙面上印成 5 公釐淡色方格線的紙張，常用於草圖或設計圖的繪製，是供製圖者徒手繪圖時或初學者之用。

表 2-3　製圖紙規格尺寸

製圖紙規格	紙張尺寸（mm）
A0	841×1189
A1	594×841
A2	420×594
A3	297×420
A4	210×297
A5	148×210

二、製圖鉛筆及橡皮擦

　　製圖用鉛筆以裝填筆心的自動鉛筆為最適合，筆心粗細規格有 0.3mm、0.5mm、0.7mm。筆心硬度由軟至硬分為 2B、B、HB、F、H、2H 等多種，視製圖線需求及製圖紙質而選用，通常以 2H、H 或 F 當起稿用，以 F、HB、B、2B 作為完稿用，運筆時應同時旋轉筆桿以保持筆心尖銳度，用力均勻可保持線條粗細淡濃一致。

　　橡皮擦分為擦鉛筆線及差墨線兩種。擦鉛筆線的橡皮以質軟擦拭時不傷紙面和不留污痕者為理想，差墨線的橡皮以化學變化材質的專用橡皮為最適合。使用橡皮擦拭時，應配合擦線板（或稱消字板）使用，才能減少擦拭範圍、降低紙面損傷和塗污。使用擦線板時先將擦線板蓋在圖面，僅露出要擦拭的部分圖線，壓住擦線板再進行擦拭，如此才不會擦及旁邊線，可達到完好的擦拭效果。

三、針筆

　　「**針筆**」的筆桿內裝有專用墨水，一般都是黑色，專供完成稿描繪墨線之用，使用之方便已替代過去的鴨嘴筆。每一支針筆的筆尖只能畫出一種粗細的線條，所以畫出的線條粗細就是針筆的規格。針筆規格有從 0.1mm 至 2.0mm 等多種，一般常用的有 0.1、0.2、0.3、0.4、0.5、0.6、0.8、1.0 及 1.2mm 等規格；另外，為配合設計圖面縮小或放大所使用的有 0.13、0.18、0.25、0.35、0.5、0.7、1.0、1.4 及 2.0mm 等多種規格。繪製時都以三支為一組合，可畫粗、中、細三種線條，運筆時應與圖面垂直並往畫線方向微傾（可增加畫線流暢性），運筆時力道要適當，畫線速度要平均避免停頓，以防止斷水破線或墨水過濕。

　　針筆使用注意事項：
- 應在專用描圖紙或描圖膠片上繪製，不適合在其他紙質使用。
- 墨水經常保持過半以避免因空氣壓力而導致漏水。

針筆
筆桿內裝有專用墨水，一般都是黑色，專供完成稿描繪墨線之用，使用之方便已替代過去的鴨嘴筆。

- 短暫不用時也都應立即旋緊筆套頭以避免墨水乾涸於筆頭。
- 長期不用時發現有乾涸現象應立即將墨水管卸下並用清水浸洗。
- 應經常使用才可保持墨水管通暢及保濕筆頭，所以常繪製是針筆最好的保養方法。
- 使用「化學橡皮」擦拭墨線後，應先用「普通橡皮」擦拭過，再次上墨線時才可避免墨線暈開變粗。

四、圓規及分規

　　「**製圖用圓規**」依構造和功能上的差異可分為一般圓規、微調圓規、點圓規、樑規、分規等多種。使用圓規時應先調整兩腳尖，使針尖稍長於鉛筆或針筆，所使用的鉛筆心應比畫直線的鉛筆心還軟，而且要削成楔形會比較好畫圓弧線。

- 「一般圓規」通常用在畫半徑 20mm 至 120mm 的圓，如加裝長桿後可畫半徑 120mm 至 200mm 的圓。
- 「微調圓規」的兩腳是由螺釘拴來控制調整張口的大小，比較適合於需微量調整半徑之場合，最常用於畫半徑 3mm 至 20mm 的圓。
- 「點圓規」為專用在半徑 3mm 以內的圓。
- 「樑規」是專用於畫大圓如半徑約 200mm 以上時，使用時以左手握住針端，同時右手慢慢推轉筆端，左右手可交替畫出整個圓。
- 「分規」的構造除了兩腳都是針尖腳外，其餘都與圓規相似。主要用以等分線段量取長度及距離轉量，如假設要將某 AB 線分成五等分時，先將分規大約張開為 AB 線的 1/5，然後從 B 端開始等量五等份至 A 端，最後等份若無法與 A 點重合，則調整分規的張口重新等量直到第五等份的末端與 A 點重合。

五、三角板

三角板組包含有 45°：45°：90°及 30°：60°：90°各一支，兩支的長度刻畫標示在 45°：45°及 30°：90°的邊長上，通常以 30cm 為標準規格。三角板的選用以板面透明、刻度精確、刻畫清楚不脫落、刻度邊設計有斜面以利使用針筆畫墨線時不會沾污紙面。三角板的運用方法如下：

1. 配合丁字尺或平行尺使用可以畫出任意 15°的倍角線（如圖 2-2 所示）。
2. 運用兩支三角板可以畫已知直線的平行線及垂直線（如圖 2-3 所示）。

六、圖形板

圖形板是一種鏤空標準符號或形狀圖案的塑膠製板，使用時只要在鏤空的形狀內緣畫邊線即可得所要的符號或圖案，既快速又方便。目前製圖圖形板的種類很多，常用的有圓形板、橢圓形板、英文數字板、室內配置符號板及各類專業工程用的符號板。使用圖形板時需要選用正確比例的圖形，然後將板上的準線對準所需位置，再以筆垂直紙面沿著圖形邊畫線即可完成。

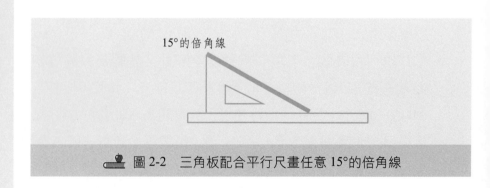

15°的倍角線

圖 2-2　三角板配合平行尺畫任意 15°的倍角線

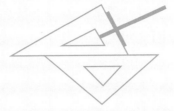

🔖 圖 2-3　三角板畫平行線和垂直線

七、比例縮尺

　　比例縮尺依形狀有平面尺及三角稜尺兩種，一般三角稜形比例
尺因有六種不同的比例用途（1/100m；1/200m；1/300m；1/400m；
1/500m；1/600m，若去掉 10 單位時也可當成 1/10m；1/20m；
1/30m；1/40m；1/50m；1/60m使用），所以比較受到製圖與識圖者
的喜愛（如圖 2-4 所示）。

　　「**比例縮尺**」用在繪圖時是把實物的尺寸縮小在圖面上，當實
物體很大時，其尺寸應該按比例被縮小畫出，表現在圖面上。所
以，每一張工作設計圖都應該標註該圖所用的比例及單位，方便讓
看圖的人藉由比例縮尺就能夠知道圖面上的尺寸與實際物體尺寸的
關係，施工者更能夠按比例尺寸將圖形製作成實物體。

比例縮尺
用在繪圖時是把實物的
尺寸縮小在圖面上，當
實物體很大時，其尺寸
應該按比例被縮小畫出
，表現在圖面上。

🔖 圖 2-4　稜形比例縮尺

　　繪製賣場規劃圖時，比例的選用關係到圖示的大小。「圖示太大」容易鬆散對圖面的整合理解力；「圖示太小」對繪圖者本身有圖面空間太小不易完全表達圖說內容的困擾，對識圖者來講因圖說內容過度集中，徒增識圖吃力感。根據多數賣場規劃設計者的經驗，小型賣場大都用 1/50m 的比例繪製，以使其賣場很適中的表現在圖面；中型賣場會使用 1/100m 或 1/200m 的比例來繪製；另外，大型賣場都使用 1/200m 以上的比例來繪製，使其賣場適度縮小在圖面上（如表 2-4 所示）。

表 2-4　賣場規模與繪製比例對照表

賣場規模	繪製比例
小型賣場（50 坪以下）	1/50m
中型賣場（200 坪左右）	1/100m 或 1/200m
大型賣場（500 坪以上）	1/200m 以上

八、製圖桌

　　專用製圖桌上裝置有繪圖儀，此繪圖儀具有平行尺、三角板、比例尺及量角器等多種功能，可以達到快速、精確的繪圖效果。在製圖桌上繪圖時應先用磁性鋼片或膠帶固定圖紙的周邊，並將圖紙的基準線對齊平行尺的水平線再進行繪製工作，切勿使用圖釘固定以避免阻礙繪圖儀使用及破壞製圖桌面。

貳、丈量用具

　　規劃賣場時首先要知道賣場空間大小及正確尺寸，所以規劃之前先要以「捲尺」和「皮帶尺」丈量現場（如圖 2-5、圖 2-6 所示）。一般的鋼片「捲尺」適合於丈量小型賣場，其總長度為 10 公尺且含有公制及台制兩種單位。若是丈量中大型賣場可以選用「皮帶尺」較為方便，其總長度為 20 公尺。

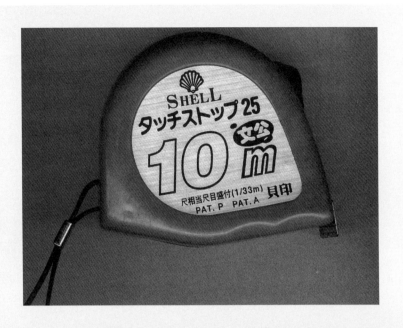

🍎 圖 2-5　長度 10m 的捲尺

🍎 圖 2-6　長度 20m 的皮尺

第三節 | 製圖與識圖技巧

壹、製圖技巧

設計圖是由很多的線條、文字、數字與符號所組成，圖中的每一筆、每一畫都有其特定的使用功能，所以每一線條都應要求準確、美觀、易讀。

設計圖是由很多的線條、文字、數字與符號所組成，圖中的每一筆、每一畫都有其特定的使用功能，所以每一線條都應要求準確、美觀、易讀。要繪製一張完好的設計圖，除了要有適當的製圖用具和專業的技能外，正確的製圖技巧是非常重要的。以下列舉幾點實際經驗的製圖技巧供參考：

- 先將製圖紙張平整的鋪在製圖桌上，並用磁性鋼片或膠帶固定圖紙的周邊，同時選定圖紙的基準線對齊平行尺的水平線再進行繪製工作。
- 繪圖時應按照由上而下、由左而右、由左上而右下的順序原則，如此才不易沾污圖紙，可保持圖面上的清潔。
- 每次下筆時，筆尖不可用大力刺著紙面，以免污損圖紙及影響拉筆畫線的動作。
- 為使線條粗細濃淡一致，運筆時應該將鉛筆輕微轉動。
- 畫平行線的順序應由左而右；然而畫垂直線時，左手應壓住三角板或繪圖儀由下而上畫，始可保持垂直度。
- 線條與線條之間應適當接連一起，不要有缺角或接過頭的現象。
- 尺寸標示線應與設計圖主線保持 10mm 的距離，且尺寸數字應寫在標示線的上方中央位置；標示旁邊線也該與設計圖主線保持 1mm 的距離，標示線與標示旁邊線都應比設計圖主線略細淡。
- 儘量使用適合的字規和圖形板，可使圖面更加整齊美化。若

無適當的字規，可在寫字之前先畫上下兩條淡細線再以工程字體標寫。

一、線條與字體的運用

在賣場設計圖裡常用的線條有粗實線、實線、細實線、虛線、中心線及點虛線，這些線條的應用及代表功能如表 2-5 所示。另外，為求設計圖面的整體美觀，除了準確的線條和符號之外，文字及數字務必要求工整清晰、排列整齊有序不零亂，使視圖者能夠簡明易讀。通常在寫圖說文字時，可先輕畫上下兩條細線，再以工整的字體寫在細線中間。若是標寫數字或英文字時，儘可能善加利用「字規」來寫，可以得到很好的美觀效果和節省時間。

在賣場設計圖裡常用的線條有粗實線、實線、細實線、虛線、中心線及點虛線。

表 2-5　線條的畫法與應用

線條	粗細（mm）	名稱	應用說明	筆心規格
——————	0.7～1.0	粗實線	建築物結構體如賣場的外框線；特別強調某施工細部。	使用 B 或 HB 筆心
——————	0.5～0.7	實線	圖裡的主線如表現賣場的主設備像收銀櫃台及商品架等。	使用 HB 或 F 筆心
——————	0.3～0.5	細實線	尺寸標示和次要設備標示如地板磁磚、牆面裝修或花樹。	使用 H 筆心
- - - - - -	0.5～0.7	虛線	又稱「隱藏線」，用以表示有形物體被掩蓋或遮住。	使用 F 或 H 筆心
—·—·—·—··	0.3～0.5	中心線	表示圓體或方體的中心如柱子及牆壁的中心。	使用 H 筆心
—··—··—··	0.3～0.5	二點虛線	表示活動方向及活動的設備如賣場開門方向或促銷台車。	使用 F 或 H 筆心

二、尺寸標註

「**尺寸標示**」是完成一張設計圖的最後階段，標註時要考慮簡潔清晰、正確性、有規則性，使識圖者與施工者能明瞭易懂（如圖 2-7 所示）。標註尺寸的基本要素包含有尺寸標線、尺寸邊線、箭頭標示及數字等四項。

- 「尺寸線」是標明尺寸的細實線，其與所要標註的實際線是平行的，而且兩端有塗黑箭頭用以標示起迄距離。
- 「尺寸邊線」用以界定尺寸的範圍，其與尺寸線成垂直。尺寸邊線是由所要標註的實際線兩端垂直引伸出 10mm 為理想，且應與實際線保持 1mm 的距離，才不會造成與實際線的混淆。
- 「箭頭標示」可分為單邊箭頭、雙邊箭頭與塗黑箭頭等三種（如表 2-6 所示）。
- 「數字」是代表尺寸的實際大小，所代表的數字應標在「尺寸線」上方的中央位置，隨著「尺寸線」角度變化其數字標示的方位，如圖 2-8 所示。

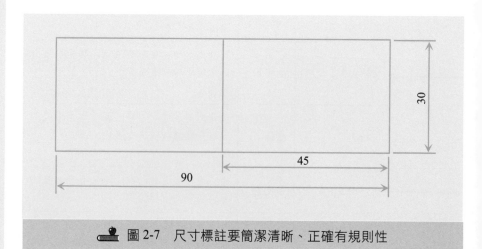

圖 2-7　尺寸標註要簡潔清晰、正確有規則性

📖 表 2-6 箭頭標示種類

箭 頭	箭頭種類
單邊箭頭	⟶
雙邊箭頭	⟷
塗黑箭頭	➡

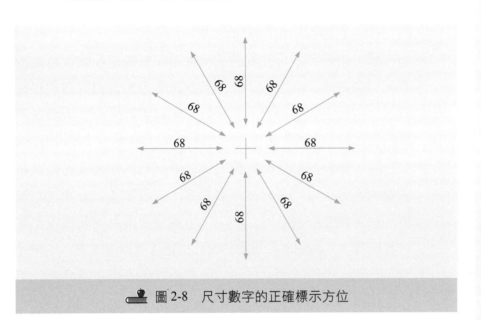

📖 圖 2-8 尺寸數字的正確標示方位

貳、識圖技巧

一、三視圖運用

要將一個實物體透過製圖技能完全地表達在圖面上,如果只靠一種立體圖或平面圖的表現,是不足以讓識圖者或施工者完全明瞭其結構形狀,也無法掌握其正確的比例尺寸。每一個實物體都有上下、前後、左右等六個面,其歸類成平面、立面及側面等三種,此即為俯視圖、前視圖及側視圖,以上三種投影視圖簡稱為「三視圖」。「三視圖」的理想佈局為俯視圖在前視圖的上方,側視圖在

三視圖
其理想佈局為俯視圖在

前視圖的上方，側視圖在前視圖的兩側。

賣場的平面規劃圖通常以實物體的俯視圖表現在圖面上，如收銀櫃台、商品貨架、器具設備等。

前視圖的兩側（如圖 2-9 所示）。關於側視圖，則以實物體較複雜的一側來表示，或者選在個人習慣的一側都可同時表現兩側的形狀尺寸。以下為「三視圖」的運用說明：

- 前視圖：前視圖就是從物體正面所看到的立面圖。「三視圖」的開始就是先將前視圖正確的畫出（依序畫俯視圖→側視圖），正面看得到的面和線都要以實線表示，後面看不到的面和線也都要以虛線表示出來。

- 俯視圖：俯視圖就是從物體的上面看下來的平面圖。以前視圖的寬度為準，向上取 2 公分適當距離將俯視圖畫在前視圖的正上方，上面看得到的面和線都要以實線表示，下面看不到的面和線也都要以虛線表示出來。

- 側視圖：側視圖就是從物體的側邊看到的側面圖（在此以右側做說明）。以前視圖的高度為準，向右取 2 公分適當距離將側視圖畫在前視圖的右側方，右側邊看得到的面和線都要以實線表示，左側邊看不到的面和線也都要以虛線表示出來。

- 賣場的平面規劃圖通常以實物體的俯視圖表現在圖面上，如收銀櫃台、商品貨架、器具設備等。一般現成的器具設備，只要以平面圖表示即可（另附上實體目錄如冷凍設備和規格商品架）；若是需要訂製或是裝修的物品設施，則需要在平面規劃圖旁邊加以畫註前視圖或側視圖的正確形狀尺寸。

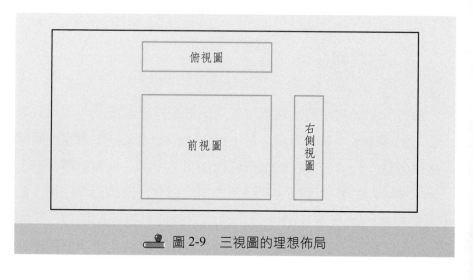

🔖 圖 2-9　三視圖的理想佈局

二、賣場平面圖常用符號

　　繪製賣場平面圖時，需要很多不同的線條符號來代表實體設備及設施，常用的賣場符號歸納為賣場出入門、店內設備、電器設施及建材結構等四類（如表 2-7 及表 2-8 所示）。這些符號通常以實體的俯視圖來表現，部分相似的符號應註明文字以免混淆。

 表 2-7　賣場符號表之一

賣場出入門		店內設備	
符　　號	名　　稱	符　　號	名　　稱
	一般出入口	R	收銀機
	自動門		冷氣出風口
	單推門		收銀台
	雙推門	A　　C	冷氣機
	前後推自由門		流理台
	旋轉門		組合商品架
	子母門	冷藏櫃	開門式冷藏櫃
	風除室出入門	開放式冷藏櫃	開放式冷藏櫃

表 2-8　賣場符號表之二

電器設施		建材結構	
符　　號	名　　稱	符　　號	名　　稱
	消防栓		鋼筋混泥土
	配電盤		水泥沙漿
	消防噴水頭	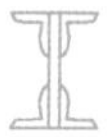	鋼骨架
	警報鈴		磚牆
	探煙器		一般壁板
	電源插座	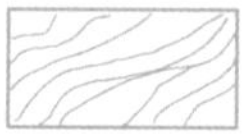	木材
	220V 電源插座	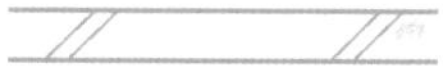	玻璃
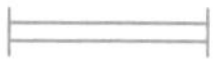	雙管日光燈	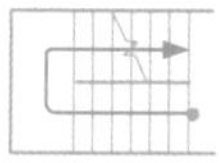	樓梯

第四節　賣場平面規劃圖繪製步驟

　　繪製賣場平面圖的步驟依序為丈量現場、佈置賣場的格局、按照實際比例繪製賣場外框圖、設定出入口及收銀櫃台、繪製前場（直接賣場）、繪製後場、標示商品別及設施名稱、標示尺寸、去餘線完成製圖。這些步驟如圖 2-10 所示，並詳述如下：

1. 丈量現場

　　勘查現場並徒手先畫一張整個賣場內外形狀的草圖，然後詳細丈量整個賣場的空間大小，包含壁厚、柱子、樓梯及門窗，將所測量的正確尺寸記錄在草圖上。

2.佈置賣場的格局

在草圖上先佈置賣場的格局。

3.按照實際比例繪製賣場外框圖

決定適當的比例（如 1/100 或 1/50），並以比例尺按照所測量的實際尺寸繪製賣場外框，同時設定外場、前場及後場的範圍。

4.繪製出入口及收銀櫃台

設定出入口及收銀櫃台的正確位置，並將門及收銀台的數量、規格、尺寸依比例繪製在圖面上。

5.繪製前場規劃

繪製前場（直接賣場），首先畫出流動性最大的主通道及設備（如超市的開放式冷凍冷藏櫃），然後繪製次要通道及設備（如超市乾貨區的商品架）。

6.繪製後場規劃

繪製後場時，首先畫出與前場的出入口及主要通道，然後佈局辦公區、倉庫、加工作業區、機器房及其他公共設施區。

7.標示商品別及設施名稱

商品別及設施名稱標示說明。

8.標示尺寸

在圖面上作尺寸標示，如賣場外框、出入口、主副通道、重點設備及特殊裝修尺寸。

9.去除餘線及填寫繪圖資料，完成

以擦線板去除多餘的雜線，並在圖下方標寫正確的比例、單位、日期、圖名及繪製者名稱即為完成圖。

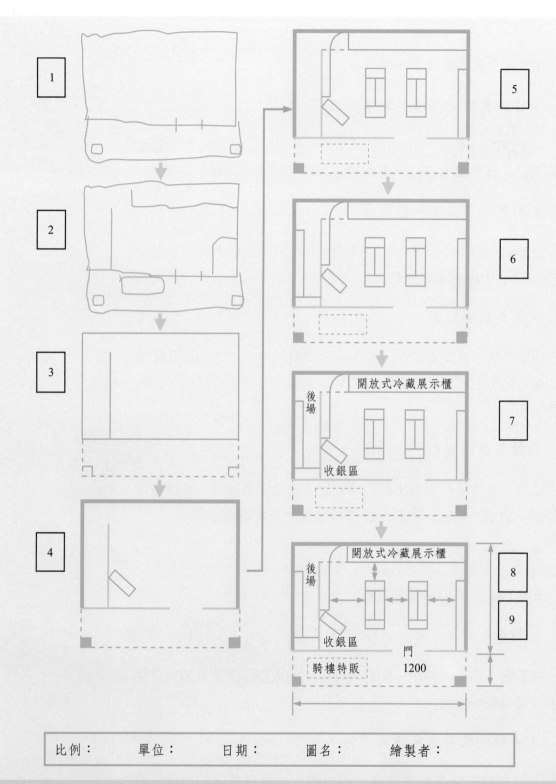

比例：　　　單位：　　　日期：　　　圖名：　　　繪製者：

🔖 圖 2-10　賣場平面規劃圖繪製步驟圖示範例

學習評量及分組討論

1. 請說明賣場規劃設計圖的重要性？

2. 一家便利商店的門面寬度為 4 公尺、縱深為 20 公尺，請問此賣場面積為幾坪？

3. 當你要租一家商店時，得知店面寬度為 24 台尺、店內深度為 30 台尺，租金計算為每坪每月 2,000 元，請問你每個月應付多少租金？

4. 何謂「大步丈量法」，請舉例說明？

5. 當你在進行賣場工程估價時，在沒有丈量工具的情況下，急欲由現場的地板或輕鋼架天花板得知賣場面積，此時可使用何種簡易目測丈量法以利作業進行，請舉例說明？

6. 台制「文公尺」的全長等於公制的幾公分，其共分成哪八等分？

7. 請明列製圖紙的規格及其紙張的尺寸？

8. 請詳細說明比例縮尺的實際用途？

9. 繪製賣場規劃圖的時候，比例的選擇與圖示大小有何重要關係？

10. 請描述正確的製圖技巧，並在你的書桌上模擬練習？

11. 請依照老師所提供的立體實物，草繪此實體的三視圖？

12. 請描述正確的賣場平面規劃圖繪製步驟？

13. 以 2 人為小組，用捲尺丈量現在上課教室的長寬及出入門尺寸，並以 1/100 比例、單位 mm，繪製正確的外框圖？

14. 請選擇一 50 坪以內的小型賣場，實際丈量並以比例：1/50、單位：mm 來繪製其正確平面規劃圖？

第2篇

賣場規劃與設計

第三章

三 店頭規劃設計

♨ 學習目標

1. 知道各種外觀招牌的形式，學習如何規劃安全有效的廣告看板，達到宣傳引導的功能。
2. 能夠注意門面裝潢時的重要事項，並可以規劃適當的外場特販區。
3. 可以依照賣場實際需求，設計理想的出入門。
4. 瞭解櫥窗的功用及類型，並能大略規劃出具體的櫥窗藍圖。

　　俗稱的「店頭」就是一家賣場的外觀門面。適當的門面規劃可以產生魅力以吸引消費者的親近，而不良的規劃則會將消費者擋怯於賣場外。「**店頭規劃**」是在賣場外運用直接的設計手法，刺激消費者的注意力，不僅能提升企業形象，更能引起消費者對店內產生興趣與聯想，進而誘導其進入賣場消費。規劃之前，應先瞭解賣場平面位置與連外道路關係，再由外而內規劃停車設施、外觀門面、外場特販、出入口與櫥窗、後勤外場等設計。

　　賣場的外觀可用來表現商店的風格，引起消費者的注意，提高流動顧客對賣場的好印象，進一步誘導消費者進入賣場。而誘導的方式可分成傳達資訊的外觀設計（如招牌、建築物外型）和引導機能的門面設計（如門面裝潢、外場特販、出入口）等兩大部分（如圖 3-1 及圖 3-2 所示）。這兩種機能的設計，就是使潛在顧客在進入賣場前所產生的一個印象。根據周泰華、杜富燕（*1997，p.301*）研究指出若能掌握住以下三個賣場外觀設計原則，就能塑造出成功的形象，贏得消費者良好的綜合印象。第一，「能見度」來自於賣場外觀的有形物體之醒目、清晰、容易辨識；第二，「獨特性」來自於與眾不同且具有吸引力的無形創意；第三，「一致性」則是來自於和諧一致的整體表現，切勿過度複雜造成主題不一致、形象混亂的感覺。

店頭規劃
是在賣場外運用直接的設計手法，刺激消費者的注意力，不僅能提升企業形象，更能引起消費者對店內產生興趣與聯想，進而誘導其進入賣場消費。

圖 3-1　傳達資訊的外觀設計

入口小看板 ——

外牆壁面

賣場出入口 ——

玻璃櫥窗

圖 3-2　引導機能的門面設計

第一節　廣告招牌設計

　　「**賣場的招牌**」主要目的是透過有創意的設計手法，使來往的
行人留下深刻印象，指引前來消費購物。此設施機能涵蓋著刺激一
般行人的視覺注意力、激發消費者來店的潛在意識、指引顧客光臨
的標示效果及表現企業形象的識別等。

　　廣告招牌也是營造賣場魅力的重要因素，其內容顯示包含賣場
名稱、圖案樣式、商標或企業標誌、文字訴求、顏色搭配及照明燈
光表現等種種的整體設計。設計製作後再選定適當的吊掛位置，達
到醒目易見、清楚易懂、兼顧視覺效果和賣場訴求，以引起過往行
人的注目，進一步勾起消費者的好奇與興趣而進入賣場。所以，為
了塑造這第一步的賣場魅力，招牌設計必須要作以下全面性和整體
性的考量，始可達到真正的廣告效果。

- 額頭招牌（賣場正面）的位置、大小、造型樣式、廣告效果。
- 立式及外伸招牌的大小、位置。
- 輔助看板的規格及位置。
- 所有招牌吊掛需符合相關法規、當地風俗習慣及協調鄰居的

配合。

- 廣告招牌的安全結構及材質選用。
- 評估招牌的廣告效益及成本。
- 招牌的版面設計需符合行業別。
- 字體色彩圖案與企業識別相稱。
- 招牌的色彩鮮明度、照明度、設計形象能夠吸引消費者。
- 考慮招牌在夜間的照明設計或裝置定時器及漏電開關。
- 隨時檢修招牌，以免破舊影響賣場形象，或產生安全顧慮。

壹、廣告招牌種類

　　廣告招牌依其與賣場所吊掛的位置可區分成額頭招牌、騎樓招牌、立式招牌、外伸招牌、頂樓招牌、大型廣告看板、街角招牌、店面旗幟廣告等八種，茲分述如下。

一、額頭招牌

　　吊掛在賣場門面正上方的招牌，猶如一個人的額頭位置，故稱之為「額頭招牌」，又稱「正面招牌」（如圖 3-3 所示）。「**額頭招牌**」對大部分賣場而言是最重要的看板，其位置的廣告效果最好，足以表現企業形象及賣場氣勢。但是當賣場緊鄰的街道太窄（小於 8 公尺），使消費者的視線角度變小，其廣告效果就大打折扣，甚至於 6 公尺以下的商店街賣場，反而省去額頭招牌而改設計其他的招牌。若以小型賣場為例，額頭招牌通常固定在一樓賣場正上方（離地面約 3 公尺高），其長度與賣場門面同寬（約 4 公尺），而寬度以 1.2 公尺為理想。假如是中大型賣場或三角窗店面，可依實際需要加大招牌尺寸。

額頭招牌
對大部分賣場而言是最重要的看板，其位置的廣告效果最好，足以表現企業形象及賣場氣勢。

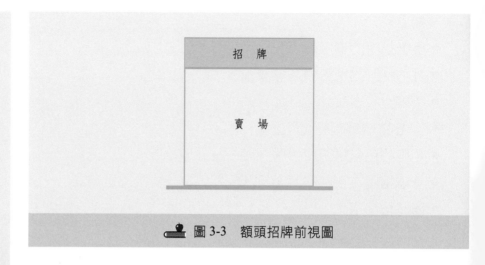

📖 圖 3-3　額頭招牌前視圖

二、騎樓招牌

　　當賣場設在商店林立的鬧區時，人潮在騎樓流動比率增高，此時在騎樓天花板倒掛的招牌，稱之為「騎樓招牌」（如圖 3-4 所示）。因考慮騎樓高度會影響消費者通行，一般都設計成小型招牌，並僅以簡單易懂的字樣作訴求。

三、立式招牌

　　「**立式招牌**」的視覺方向剛好補足額頭招牌不及之處，其是吸引賣場左右方向人潮的注意力，並不會受到街道寬窄而影響廣告效果，以至於幾乎所有的賣場都會設置此種招牌（如圖 3-5 所示）。

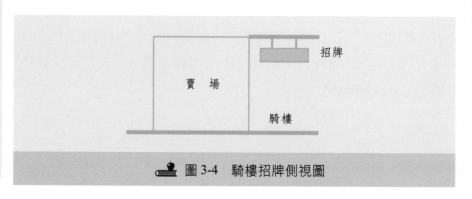

📖 圖 3-4　騎樓招牌側視圖

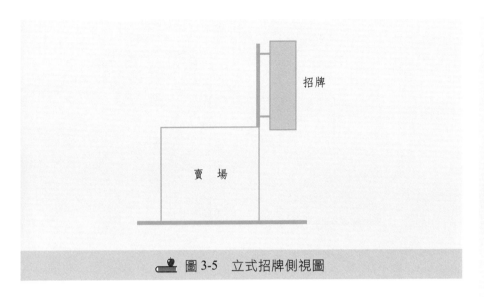

　　圖 3-5　立式招牌側視圖

若以小型賣場為例，立式招牌通常固定在兩建築物共用壁的 1/2 壁厚（約 4 台吋），且遵照整排建築物規定的固定邊，不可同時設置賣場兩邊招牌，影響左右鄰居的權益。小型賣場的立式招牌規格以長 4.5 公尺×寬 1.2 公尺為標準，固定起高以賣場一樓頂為基準。假如是中大型賣場或獨棟建築物，可依實際需要加大招牌尺寸或同時在賣場兩邊設置立式招牌，加強雙向廣告效果。

四、外伸招牌

　　「**外伸招牌**」具有彌補額頭招牌不及之處，也和立式招牌有互補作用（如圖 3-6 所示）。當賣場結構無法設置立式招牌，或者立式招牌無法凸顯局部訴求時，皆以外伸招牌來代替立式招牌及強調局部重點廣告。因為外伸招牌通常是以長方形向馬路延伸，其結構安全性和設置合法性都應慎重評估。

五、頂樓招牌

　　一般大型賣場或百貨公司，為求大商圈的遠距離廣告效果，將招牌設置在立體建築物的頂樓上方者，稱之為「**頂樓招牌**」（如圖

外伸招牌
具有彌補額頭招牌不及之處，也和立式招牌有互補作用。

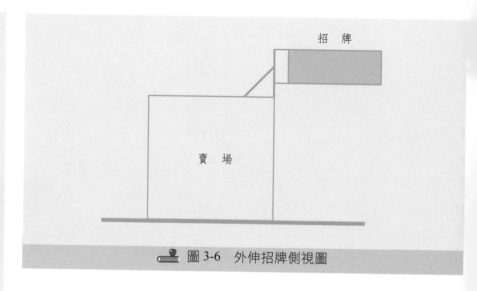

📖 圖 3-6　外伸招牌側視圖

3-7 所示）。因為頂樓招牌的視覺距離又高又遠，必須以大面積看板及強烈的視覺刺激素材（如霓虹燈）作表現，才能發揮廣告效果。頂樓招牌的製作成本算是最高的一種，其表現內容以筆畫簡單及單顏色的大字體為最理想。

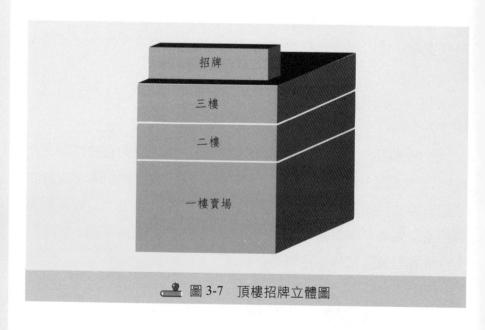

📖 圖 3-7　頂樓招牌立體圖

六、大型廣告看板

利用第二層建築物正面的上方，設置大型平面看板以加強其他招牌不足的廣告效果，稱之為「**大型廣告看板**」（如圖3-8所示）。此種看板大都設計為活動式，例如，活動式的電腦噴畫帆布廣告，可供更換不同主題的促銷內容或新產品宣傳，可獲得很實際的機動廣告效益。

大型廣告看板
利用第二層建築物正面的上方，設置大型平面看板以加強其他招牌不足的廣告效果。

七、街角招牌

為了針對馬路口消費者的指引宣傳，將招牌矗立在街道出入口，稱之為「**街角招牌**」（如圖3-9所示）。在申請合法範圍內，街角招牌以小尺寸較為理想，以不影響道路安全為原則。另外，也可以向街口店家租用適當位置，吊掛街角招牌，比較不會妨礙人行安全。

街角招牌
為了針對馬路口消費者的指引宣傳，將招牌矗立在街道出入口。

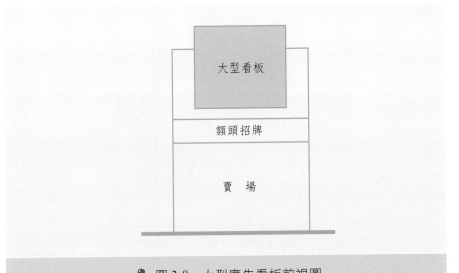

圖 3-8　大型廣告看板前視圖

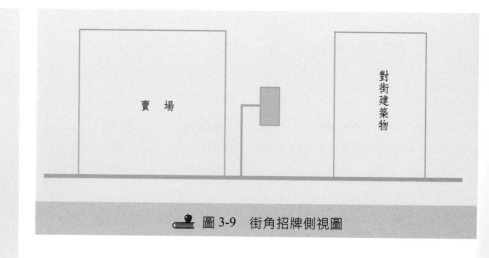

🏆 圖 3-9　街角招牌側視圖

八、店面旗幟廣告

　　「**店面旗幟廣告**」通常有立式旗幟和橫式布條兩種，一般是座立或橫掛在賣場正面，靠近賣場出入口，以獲得及時親近的廣告效果（如圖 3-10 所示）。這種旗幟廣告大都使用在開幕、促銷、新商品、節慶等活動主題上，其成本最低、經常可變換，及時性和氣氛塑造效果都很好。

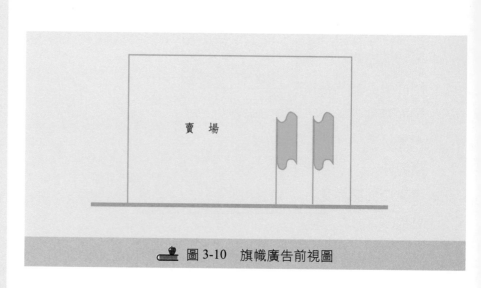

🏆 圖 3-10　旗幟廣告前視圖

第二節 ｜ 外裝門面規劃

壹、門面裝潢注意事項

　　賣場「**門面裝潢的目的**」是將行業特色融入設計的思維裡，以裝潢的技巧適當表現出賣場形象與經營訴求，讓消費者能清楚瞭解與認同賣場的經營型態。所以在規劃的同時，除了依照行業的專業角度之外，更應從消費者的立場作考量，以下綜合幾點該注意的事項。

門面裝潢的目的
是將行業特色融入設計的思維裡，以裝潢的技巧適當表現出賣場形象與經營訴求，讓消費者能清楚瞭解與認同賣場的經營型態。

- 賣場門面設計要有親和力，讓消費者有自然親切、喜歡光臨的感覺。
- 依照業態及經營型態來決定門面的造型，如建置騎樓柱、玻璃門面及牆壁等結構。
- 門面適合採用何種形式，如關門式、開放式或半開放式等。
- 是否在門面設置特販區或相關營業攤位。
- 保持店面適當的迴轉空間和出入通道的順暢。
- 門面設計能夠被搭配運用到換季和節慶的促銷活動。
- 門面櫥窗規劃是否能發揮商品的展示功能和廣告促銷效果。
- 考慮櫥窗玻璃反光問題及平面裝飾效果，如貼廣告膠膜及促銷海報。
- 考慮店面設備是否準備得當，如設置消防設施、垃圾桶、休息椅等。

貳、外場特販區

　　一般消費者會由店頭所產生的印象猜想店內是否販賣自己所需

外場特販區
其目的在加強非定時定量定點的商品銷售,以創造不預期的銷售額。

的商品,這種印象的產生是由外觀門面而來,更是店頭賣場的魅力延伸,誘導顧客的腳步進入賣場內。此店頭賣場就是所謂的「**外場特販區**」,也就是設在室外的臨時或特定販賣場。這種特販區通常都規劃在騎樓及靠近賣場出入口的停車場空地(如圖 3-11 所示),其目的在加強非定時定量定點的商品銷售,以創造不預期的銷售額。外場特販區可規劃適當攤位出租給相關商品廠商,以延伸主賣場的產品線,除可增加租金收入外,更可強化賣場魅力增加來客數。

為了活絡賣場氣氛和提高突破性的業績,選定在每日或重點節慶日實施定時定樣定量的商品促銷活動,是外場特販區的重要機能。當然,不可因過度強調外場特販活動而影響主賣場的營運,因為過度著重外場特販會影響店門口的出入,造成賣場管理資源分配

🏷 圖 3-11　設在騎樓及靠近賣場出入口的特販區

不平均、商品容易失竊、顧客容易被區隔在廉價的定位、商品線也會被侷限在特販品之內不易拓展。所以，為提高主賣場的賣點魅力和相輔相成的營運效果，外場特販區的角色定位和事先完善規劃是非常重要。例如，常有某些商店在外場特販與賣場差異性太大的產業商品，或者設置不良或非法的特販設施（如遊戲賭博機），導致商品定位模糊、賣場形象受損、主要顧客群流失等。

第三節　出入口規劃

一般「**出入口**」係根據顧客在營業時段的走向習性及流量而設在最容易進出的位置上。所參考因素有自然條件和地理條件，自然條件如街道寬窄、馬路的彎向、是否有人行道和既有建築物等；地理條件包含地形的高低、賣場面積大小、店面的寬窄、停車場位置等。然而，有些中小型商店業主相信民間傳說，遵照地理師的勘查而將入口設在所謂的「龍邊」（面向賣場外的左邊，有吉利發財之說），且當設後場的出入門時不可與前門入口呈前後直線位置（如圖 3-12 所示），以避免漏財之說（錢財從前門進而從後門直接漏掉之意）。

出入口
係根據顧客在營業時段的走向習性及流量而設在最容易進出的位置上。

壹、出入口位置與街道之關係

通常小型賣場還是以設置單一出入口較為理想，不僅方便管理，也不會浪費店內陳列空間。但是，中大型賣場根據賣場面積大小及人潮流量多寡，可設置一出一入或多個出入口，使來店者有容易入店的開放感覺和避免人潮阻塞問題。尤其，量販店、百貨公司及大型購物中心除了設置面對街道的出入口之外，更需要設置通往停車場的出入口，以方便開車前來消費的顧客。以下所述賣場出入口位置與街道所產生的關係而設置兩個出入口的舉例，係針對適合

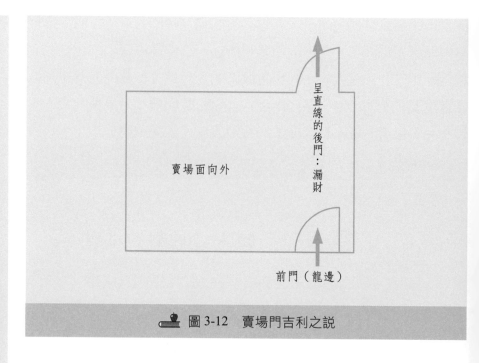

呈直線的後門：漏財

賣場面向外

前門（龍邊）

📖 圖 3-12　賣場門吉利之說

於中大型賣場所做的說明。

- 緊臨單一街道的賣場，其出入口當然設置在面向馬路這一邊最方便顧客出入（如圖 3-13 所示）。一般小型賣場都只設一個出入口，以便於管理。若是面寬的中大型賣場，可在左右兩側設置一進一出的單獨門。

- 當賣場兩側都緊鄰馬路時，應以兩條馬路的人潮通行量比例來決定出入口位置。如果主要街道的人潮流量為 70%以上，次要街道為 30%以下，則出入口只設在靠主要街道這一邊，人潮流量低於 30%的一邊無須再設置出入口，但是可利用靠這邊的壁面，依行業別需要設計為玻璃櫥窗以發揮展示效果（如圖 3-14 所示）。

- 當賣場兩側街道的人潮流量分別為 60%和 40%時，應將主要出入口（如雙扇門）設置在人潮流量 60%的這一面，另外設置次要出入口（如單扇門）在人潮流量 40%的一面（如圖 3-15 所示）。

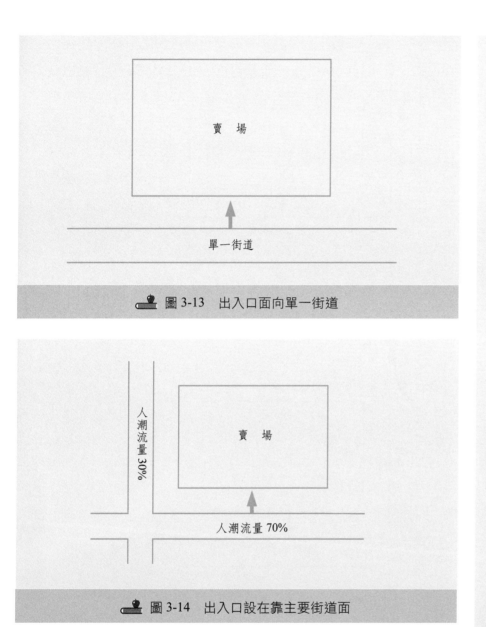

賣　場

單一街道

📖 圖 3-13　出入口面向單一街道

人潮流量 30%

賣　場

人潮流量 70%

📖 圖 3-14　出入口設在靠主要街道面

- 當賣場兩側街道的人潮流量都各為 50% 時，應將主要出入口
  （如雙扇門）設置在賣場面積較寬的一邊或者是面對主要道
  路的一邊，另外設置次要出入口（如單扇門）在另一側的壁
  面（如圖 3-16 所示）。
- 大型賣場除了設置多個面向街道的出入口之外，也需要設置
  靠近停車場的出入口，以方便開車來購物的顧客（如圖 3-17
  所示）。

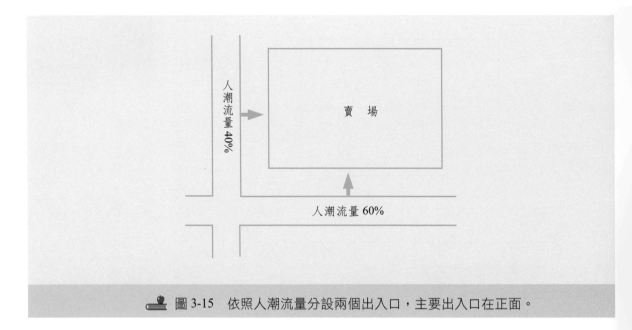

📖 圖 3-15　依照人潮流量分設兩個出入口，主要出入口在正面。

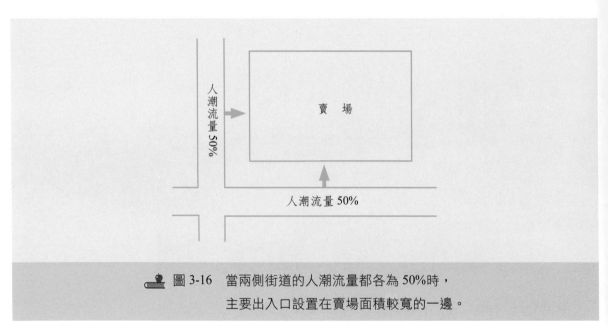

📖 圖 3-16　當兩側街道的人潮流量都各為 50% 時，
　　　　　　主要出入口設置在賣場面積較寬的一邊。

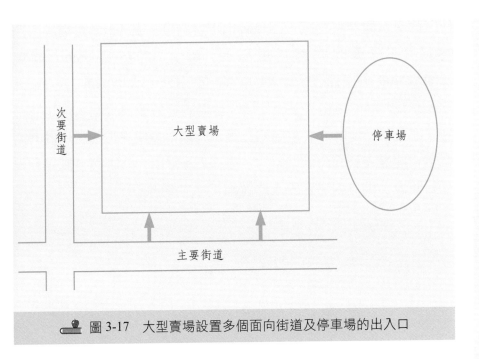

👑 圖 3-17　大型賣場設置多個面向街道及停車場的出入口

貳、出入門的設計

一、門的規格

　　賣場出入門的規格隨著門面型態的不同而有大小之分。但是，若非特殊規格需求，通常門的尺寸設計，剛開始會以台尺的整數單位為粗略計算，寬度如 3 尺、4 尺、5 尺以上等，而高度由 7 尺、8 尺、9 尺以上等。當然，最後的尺寸訂定是以人潮流量、商品貨物及器具設備進出的實際需要為主要考量因素，而決定總寬度和長度。接著再依門的形式，設計門片的數量。

　　門片的數量也關係到顧客使用的方便性，以及門本身結構的安全問題。例如，尺寸太寬或太高的手動推拉門，因負載過大，容易使門後鈕的結構損壞，造成門本身傾斜、笨重不易開關（如圖 3-18 所示）。解決的方法，是將寬尺寸的門設計成雙扇門或大小門（子母門）；太高的門面可設計為「兩截一體」的門（如圖 3-19 所示），

使門面更宏觀無壓迫感,門負載也不會過重。表 3-1 為賣場出入門的尺寸,單扇門的適當規格為:寬度 1200〜1500mm,高度 2200〜2400mm;而雙扇門以寬度 1500〜2400mm 及高度 2200〜2700mm 為宜。另外,按照台灣的通俗習慣,出入門是關係到一家賣場營運賺錢最重要的位置,所以很多業主常寧可信其有而選定一個最吉利的出入門尺寸,表 3-2 為常用的公制與台制吉利尺寸對照表,供賣場決定出入門寬幅尺寸之參考。

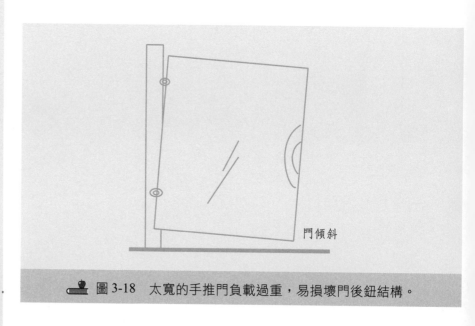

門傾斜

圖 3-18　太寬的手推門負載過重,易損壞門後鈕結構。

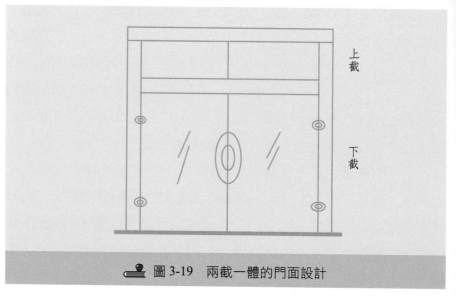

上截

下截

圖 3-19　兩截一體的門面設計

🔖 表 3-1　賣場出入門的適當規格尺寸

門數類型	寬度（mm）	高度（mm）
單扇門	1200～1500	2200～2400
雙扇門	1500～2400	2200～2700

🔖 表 3-2　常用的公制與台制吉利尺寸對照表

公制（mm）	880	1260	1545	1893	2121	2409	2748	3021
台制（尺）	2'9	4'16	5'1	6'25	7'	7'95	9'07	9'97
代表吉利意義	寶庫	進寶	富貴	益利	進寶	富貴	益利	寶庫

二、出入門的形式

　　賣場常使用的出入門形式有自動單扇門、自動雙扇門、手動單開門、手動雙開門、手動子母門、除風室兩段門、圓形迴轉門、單向旋轉門、單拉滑門、雙拉滑門、電子感應門及空氣門等（如圖3-20 所示）。

　　以上各種不同的出入門，從動力方式可歸類為「手動式」和「自動式」兩種。「**手動式的出入門**」是指進出者以手握住門把，做前後推拉及左右滑動的開啟動作；「**自動式的出入門**」是指門本身加裝電動控制器及紅外線感應器，進出者無須任何開啟動作，只要站在感應器範圍內，門自動就會開啟與關閉。另外，根據門的支撐點及開與關的方向，可分為「平開式」、「滑動式」、「旋轉式」及「無形式」等四種。表 3-3 依據門的動力方式、門的支撐點及開與關的方向，將各種形式的門詳細歸類。

手動式的出入門
是指進出者以手握住門把，做前後推拉及左右滑動的開啟動作。

自動式的出入門
是指門本身加裝電動控制器及紅外線感應器，進出者無須任何開啟動作，只要站在感應器範圍內，門自動就會開啟與關閉。

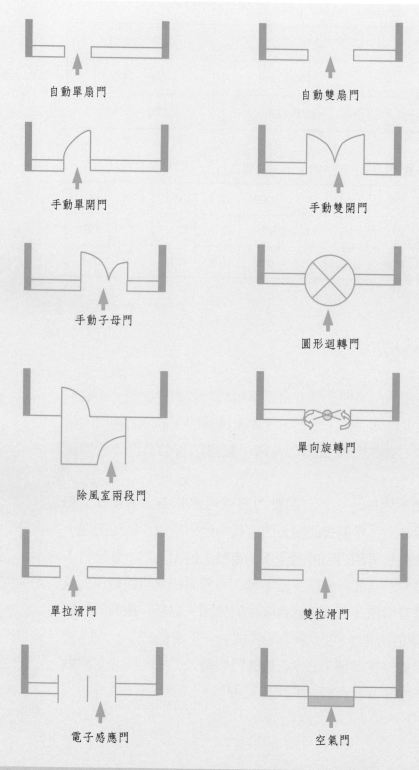

自動單扇門

自動雙扇門

手動單開門

手動雙開門

手動子母門

圓形迴轉門

除風室兩段門

單向旋轉門

單拉滑門

雙拉滑門

電子感應門

空氣門

圖 3-20　各種賣場出入門形式

📖 表 3-3　門的開關方式分類

門的開關方式	動力方式		支撐點及開關方向			
	手動式	自動式	平開式	滑動式	旋轉式	無形式
各形式的出入門	• 手動單開門 • 手動雙開門 • 手動子母門 • 除風室兩段門 • 圓形迴轉門 • 單向旋轉門 • 單拉滑門 • 雙拉滑門	• 自動單扇門 • 自動雙扇門 • 電子感應門 • 空氣門	• 手動單開門 • 手動雙開門 • 手動子母門 • 除風室 • 手動門	• 自動單扇門 • 自動雙扇門 • 單拉滑門 • 雙拉滑門 • 除風室自動門	• 圓形迴轉門 • 單向旋轉門	• 電子感應門 • 空氣門

(一)平開式

指的是進出者必須以手推拉做開關動作，使門形成前後擺動的扇形弧度。平開式的門支撐點俗稱為「門後鈕」，其固定在門的單一側邊。平開式的優點是可以設計出有創意的樣式，以不同的材質表現出店面的風格。但是，它的缺點是會佔據較多的開啟空間，以及人潮流量增加時就會變成進出的障礙。

(二)滑動式

包含手動及電動，前者是以手做左右推拉，使門在同一條直線上做開關動作，適合顧客進出量較小的小型商店；後者是經由電動控制，使門在同一直線上自動開關，不須進出者做開啟動作，目前最被一般賣場顧客及店家所接受，很適合零售賣場。滑動式的門支撐點通常稱之為「滑門槽」，其固定在門的上方，形成一條 2 倍門寬的滑道。滑動式的優點是容易按裝施工、顧客進出極為方便、可

平開式的門
優點是可以設計出有創意的樣式，以不同的材質表現出店面的風格。缺點是會佔據較多的開啟空間，以及人潮流量增加時就會變成進出的障礙。

滑動式的門
優點是容易按裝施工、顧客進出極為方便、可完全節省開啟空間。缺點為不易表現創意及風格、門片及滑門槽容易損壞，尤其當自動門的控制器失靈時，門便無法自動開啟，導致顧客進出不方便。

旋轉式的門
優點是門的規格樣式可表現出高貴大方，又可保持室內冷氣不外流，同時阻隔室外的強風與灰塵入侵。缺點是成本高、施工困難、人多時進出不方便。

電子感應門
是直接在門側板加上防竊感應裝置，配合商品所附加的電子感應器或防竊夾，以偵測商品未經結帳而帶出。

空氣門
加裝在開放式門口的上方，藉由氣流阻隔冷氣外流及灰塵蚊蟲入侵。其缺點為氣流會吹亂顧客頭髮且會產生噪音。

完全節省開啟空間。其缺點為不易表現創意及風格、門片及滑門槽容易損壞，尤其當自動門的控制器失靈時，門便無法自動開啟，導致顧客進出不方便。

(三)旋轉式

是指門的開與關方向，以門的中點為圓心做弧形旋轉的進出動作。旋轉式的門支撐點稱之為「門中柱」，其固定在門的中央位置。常見旋轉門有單向旋轉門及圓形迴轉門，單向旋轉門是由簡易的鋼管結構控制單向進和出；而圓形旋轉門是由強化玻璃結構成圓形的進出空間，其最大優點是門的規格樣式可表現出高貴大方，又可保持室內冷氣不外流，同時阻隔室外的強風與灰塵入侵，適合使用於百貨公司及飯店旅館。其缺點是成本高、施工困難、人多時進出不方便，不適用於一般的零售賣場如超級市場和便利商店等等。

(四)無形式

在開放式賣場所設置的電子感應門及空氣門，都是屬於無形的門。「**電子感應門**」是直接在門側板加上防竊感應裝置，配合商品所附加的電子感應器或防竊夾，以偵測商品未經結帳而帶出，此種門適合於貴重商品及出入流量大的賣場。「**空氣門**」是加裝在開放式門口的上方，藉由氣流阻隔冷氣外流及灰塵蚊蟲入侵。其缺點為氣流會吹亂顧客頭髮且會產生噪音。

另外，在車流量多的地方因受到灰塵強風影響，應設置「除風室」兩段式出入口；中型賣場可設置兩個不同位置出入門，以減輕擁擠問題；大型賣場更可設置多個出入口以供大量人潮進出。然而，不論哪一種出入口，皆應考慮年長者及殘障人士的需求條件。

三、出入門的材質

通常門框材質以鋁材及不銹鋼為主，然而一些專賣店為了強調行業別或產品別特色，會選用木材及其他特殊材質。門面以透光

5～8mm 強化玻璃為主要材質；精品店會以毛玻璃或浮雕玻璃為選擇；便利商店及超級市場通常會在玻璃門面中下方貼上希得廣告紙，以強調企業識別和避免進出者因視覺誤差而碰撞玻璃，同時在收銀台裝置一個緊急控制開關，並設置自動叮噹鈴及紅外線電眼掃瞄器。

第四節 | 櫥窗設計

壹、櫥窗的目的與功能

　　賣場的櫥窗設計就好比商店的推廣人員一樣，力求表現良好以提升商店形象及創造銷售業績。所以，櫥窗的主要目的在於展示所販售的商品、傳遞相關的商業活動資訊、塑造店頭魅力並提升賣場格調，以吸引消費者的注意及誘導進入賣場選購，達到如推廣人員的表現成果。以上櫥窗之目的詳述如下：

1.展示商品

　　重點商品經由櫥窗展示，強化對商品的說明及陳述商品本身的價值感，達到刺激消費者的購買慾。

2.資訊傳遞

　　傳達新產品介紹及流行趨勢的資訊，並預告季節主題或宣傳促銷活動訊息，建立定點的商業情報流通平台。

3.塑造店頭魅力

　　櫥窗搭配適當的外裝設計，在於凸顯賣場特色、塑造店頭魅力，以吸引潛在顧客入店消費。

> 櫥窗的目的
> 在於展示所販售的商品、傳遞相關的商業活動資訊、塑造店頭魅力並提升賣場格調，以吸引消費者的注意及誘導進入賣場選購，達到如推廣人員的表現成果。

4.提升賣場格調

透過櫥窗的展示效果，可明確表達出營業的類別及訴求，發揮市場定位功能，提升賣場格調。

雖然各種櫥窗的目的大致相同，但是其功能卻因行業不同而有差異。例如，便利商店與西式速食店的櫥窗功能在於表現店內的明亮、輕快、活潑，且凸顯企業識別的平面效果，加深消費者對企業的深刻印象；百貨公司的櫥窗功能較趨向多元化，除了強化新產品展示、節慶時令和特殊主題等促銷活動宣傳之外，流行趨勢訊息及商業動態資訊的提供常是逛街人潮的注意焦點；精品店櫥窗的功能主要在於訴求商品的差異化及價值性；傢俱賣場的櫥窗功能在於顯示賣場內的氣勢等等。

貳、櫥窗的類型

櫥窗類型依行業別、賣場規模、陳列方式、商品價值訴求、出入口及店頭設計等各種不同條件的需求，大致歸類成平行式櫥窗、凹字型櫥窗、透視型櫥窗等三種，茲說明如下：

一、平行式櫥窗

與賣場出入口形成一平行線的櫥窗，稱之為「平行式櫥窗」。這種櫥窗常見於化妝品、金飾、珠寶、眼鏡、鐘錶等精緻小巧的商品賣場，其檯面高度離地板約 100 公分左右，在櫥窗內佈置裝飾底層及背景，大都以平面陳列為主，襯托出商品的美感與價值。平行式櫥窗依照櫥窗設計的位置又分成單邊型、雙邊型及中間型（如圖 3-21 之(a)、(b)、(c)所示）。「單邊型」指的是櫥窗設在同一平面出入口的左邊或右邊，店面感覺比較封閉安全；「雙邊型」則是將櫥窗分開設在出入口的兩邊，以展示不同屬性的商品；而「中間型」的櫥窗即是設在兩個出入口的中央位置，適合訴求於輕快活潑的賣

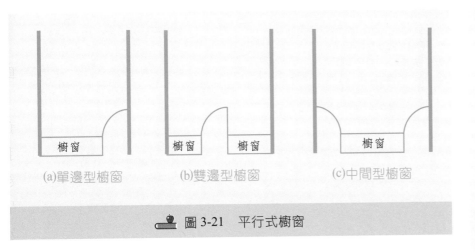

(a)單邊型櫥窗　　　(b)雙邊型櫥窗　　　(c)中間型櫥窗

📖 圖 3-21　平行式櫥窗

場,然而卻也缺少一些安定感。

二、凹入型櫥窗

櫥窗與賣場出入口形成一凹字形,稱之為「凹入型櫥窗」。這種櫥窗的陳列空間比較立體化,其檯面高度離地板約 20 公分左右,櫥窗深度也講究大空間。再者,依照商品陳列的方式,又分為階梯陳列及吊掛直立兩種形式(如圖 3-22 之(a)、(b)所示)。「**階梯陳列型**」主要以櫥窗內面為背景,設置階梯型陳列架和重點照明,以展示專業的商品,如照相機、手提電腦、望遠鏡、皮鞋、皮包等。「**吊掛陳列型**」主要配合全面照明展示體積或面積較大的商品,其陳列方式有兩種,一種是商品從櫥窗上方垂吊而下,如服飾等重量較輕的精品;另一種是直接將商品直立在展示檯面,如高級腳踏車直立停放展示、服飾人體模型站立展示,或各式商品搭配其他直立式販促道具在櫥窗檯面上展出。

三、透視型櫥窗

以大型落地玻璃隔開內外賣場,使消費者從外場可以直接觀賞內場商品展示的櫥窗,稱之為「**透視型櫥窗**」。這種櫥窗的展示範

階梯陳列型
主要以櫥窗內面為背景,設置階梯型陳列架和重點照明,以展示專業的商品。

吊掛陳列型
主要配合全面照明展示體積或面積較大的商品,其陳列方式有兩種,一種是商品從櫥窗上方垂吊而下,另一種是直接將商品直立在展示檯面。

透視型櫥窗
以大型落地玻璃隔開內外賣場,使消費者從外場可以直接觀賞內場商品展示的櫥窗。

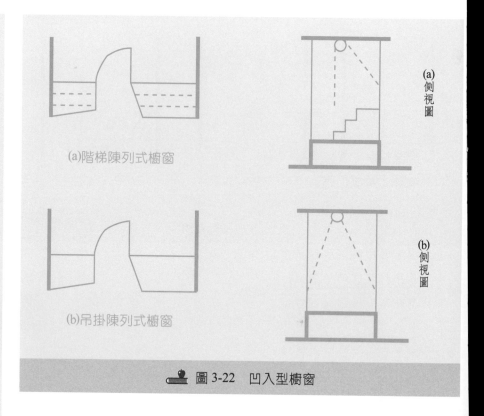

(a)
側
視
圖

(a)階梯陳列式櫥窗

(b)
側
視
圖

(b)吊掛陳列式櫥窗

📖 圖 3-22　凹入型櫥窗

圍，實際上是以玻璃內的沿線賣場為陳列空間，商品陳列高低多寡
彈性較大。大都使用於一般零售及量販商品的展售賣場，如便利商
店、超級市場、傢俱、五金百貨等賣場（如圖 3-23 所示）。

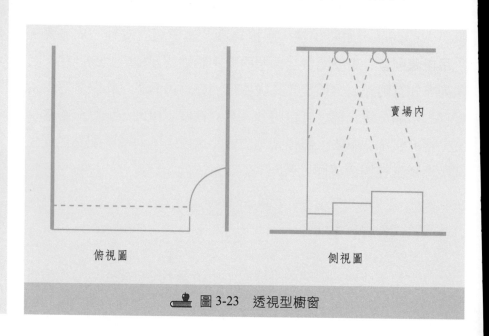

賣場內

俯視圖　　　　　　　　　　側視圖

📖 圖 3-23　透視型櫥窗

學習評量及分組討論

1. 請敘述賣場外觀設計應該掌握哪三個原則？

2. 為了達到有魅力的廣告效果，設計招牌時應該考量哪些事項？

3. 廣告招牌依其與賣場所吊掛的位置可區分成哪幾種？

4. 何謂「額頭招牌」，其有何優缺點？

5. 「立式招牌」有何優點？

6. 以小型賣場為例，應如何吊掛立式招牌？

7. 賣場常用的招牌可歸類為哪幾種形式？

8. 外場特販區的重要機能是什麼？

9. 為何不可過度強調外場特販活動？

10. 賣場常使用的出入門有哪幾種形式？

11. 賣場櫥窗的主要目的是什麼？

12. 請簡述賣場櫥窗的三種類型？

13. 以小組為單位，討論生鮮超市的門面裝潢應該注意哪些事項？

14. 以小組為單位，繪圖討論各種人潮流量比例的緊鄰馬路兩側之賣場，應如何設置比較理想的出入口位置？

店內規劃設計

各節重點

學習目標

1. 可以清楚瞭解賣場內部裝潢時，應該考慮哪些事項，以利塑造賣場的魅力。
2. 能夠區別及選用適合賣場的裝修材料。
3. 瞭解不同壁面可發揮的商業功能。
4. 能夠善用賣場各種內裝平面及空間，營造有效的販賣氣氛和展示效果。
5. 描述各種不同的收銀台設計形式。
6. 瞭解現代化的收銀設備與電子化專用收銀台的規劃原則。
7. 學會如何將收銀台規劃在賣場的最適當位置。

「店內」所代表的意義是一家商店建築物內的「**前場**」，也就是直接營業的賣場。直接營業賣場的範圍是由消費者從店鋪的入口到結帳收銀台所經過的場所；換句話說，就是整個賣場內陳列商品或提供服務讓顧客消費選購的地方。

賣場就好像是一個表演舞台，大賣場像是大型舞台，小賣場就像是小型舞台。在這舞台上，有形的商品和無形的服務就是所要演出的戲碼，商店經營者和顧客及銷售服務人員就像是一起表演的演員。而要演出一場好戲，除了演員的精湛演技之外，必須要有良好的舞台設計才能與演員、道具達到相得益彰的效果。

在商店裡，良好的舞台設計即是賣場的規劃設計。因此為了達到賣場經營的效益，首先必須慎重仔細規劃賣場的每一個空間。規劃過程中更應以顧客需求為導向來規劃商品的分類配置、陳列展售的方法、設備器具的設置、顧客動線及進出通路的安排，使每一個賣場空間都發揮到最大的功能效益。本章針對內部裝潢規劃、賣場裝潢材料、善用各種內裝壁面、收銀櫃台設計與規劃等四個單元詳加介紹，而動線規劃及設備器具規劃將詳述於後兩章。

前場
是由消費者從店鋪的入口到結帳收銀台所經過的場所，就是整個賣場內陳列商品或提供服務讓顧客消費選購的地方。

第一節　內部裝潢規劃之考慮事項

「**賣場內部裝潢**」的設計理念應建立在對目標市場的瞭解，其訴求不在於很高級華麗，而是要讓商品陳列在有規劃的空間，創造一個輕鬆、舒適、有效的購物環境，進而引起顧客的注意力與帶動其購買動機。因此，設計之初必須考慮到以下事項，著重於整體性的搭配，才能塑造出賣場的魅力，使消費者喜歡親近。

● 參觀比較商圈內的其他相關商店，設計出更醒目有特色的賣場。但是，切勿為求突出而使賣場過於複雜，應該以務實為訴求。

● 考量軟體設施和硬體設備能充分的搭配規劃。

賣場內部裝潢
其設計理念建立在對目標市場的瞭解，讓商品陳列在有規劃的空間，創造一個輕鬆、舒適、有效的購物環境。

- 充分有效的運用每一寸空間,並騰出適當的通道。
- 裝潢和擺設商品時需考慮賣場內的整體視野效果。
- 運用牆面作有效的陳列,或利用靠牆設備上方作臨時存貨空間。
- 利用牆上方作商品廣告或表現企業識別效果。
- 利用柱子作特殊促銷陳列或裝修成廣告版面。
- 利用天花板作垂吊式廣告促銷看板。
- 充分發揮地坪面積的機能。
- 樓梯規劃以寬敞安全、方便顧客提物上下出入為原則。
- 每一個商品販賣區,應依實際商圈需求規劃配置。
- 收銀櫃台和顧客服務台應規劃在進出口的適當位置。
- 專櫃區除了表現出該商品特色和廠商形象訴求,同時必須符合整體的賣場設計。
- 視覺導引必須明確清楚的標示在各商品區和適當的通道位置。

第二節 賣場裝潢材料

裝修施工材料
都是原素材,使用在賣場所有需要訂製加工及裝潢修飾的工程上。

商品陳列組合材料
大都是現成的五金零配件,使用在賣場陳列及展示設備上。

賣場內部裝潢可歸為「裝修施工材料」和「商品陳列組合材料」兩大類。「**裝修施工材料**」都是原素材,使用在賣場所有需要訂製加工及裝潢修飾的工程上;「**商品陳列組合材料**」大都是現成的五金零配件,使用在賣場陳列及展示設備上。由於賣場講求現代化、時效性及流行趨勢,很多賣場都儘量使用組合零配件,不僅施工簡便,設備變化性及零配件互換性都很高,然而有些工程還是需要原素材的手工技術搭配組合材料才能完成。

賣場常用的「裝修施工材料」大致分成木材、隔板、地板磚、玻璃塑材、塗裝、壁紙布、金屬材料等七類(如表4-1所示)。而賣場常用的「商品陳列組合零件」包含壁用槽柱配件、壁面裝飾條、層板三角架、吊管架、活動金屬支架、金屬釦鈕等五金材料。

🏆 表 4-1　賣場裝修施工材料分類

材料種類	材料名稱
木材類	原木材：杉木、橡木、柳木、松木、紅木、檜木、樟木、柚木。 加工木材：三合夾板、密集板、彎曲板、木蕊板、木皮美耐板、麗光板、塑合板、軟木板。
隔板類	牆壁及天花板：石棉板、石膏板、礦纖板、塑鋼板、吸音板、玻璃纖維、防火泥。
地板磚類	塑膠地板：一般素色紋、花壓紋、圖形案、木紋、石紋。 陶磁磚：磁磚、陶板磚、馬克磚。 木地板：原木地板、銘木地板、拼花地板。 石材地磚：花崗石、大理石、磨石磚、人造珍珠石、環保樹脂。
玻璃塑材類	玻璃材質：透明玻璃、毛玻璃、彩繪玻璃、彩色玻璃、強化玻璃、玻璃塊磚、雕花玻璃、噴砂玻璃。 鏡面玻璃：明鏡、墨鏡、馬賽克鏡。 塑膠材質：壓克力板、彩繪壓克力、鏡面壓克力、中空板、無接縫招牌面板、卡典希得廣告材質。
塗裝類	原漆：油漆、水泥漆、調和漆、塑膠漆、乳膠漆、亮光透明漆、原木染色漆、金屬漆、噴漆、烤漆（分液體及粉體）。 處理塗料：防霉漆、防銹漆、PU 防水漆、防壁癌處理劑。
壁紙布類	壁紙：壓花壁紙、塑膠壁紙、泡棉壁紙。 布類：窗簾布、壁布、塑膠帆布、絨布、沙發布。
金屬材料類	鋼鐵材：不銹鋼板、鍍鋅鋼板、烤漆鋼板、雕花鋼板、拋光鋼板、一般鐵板、金屬美耐板、不銹鋼管、鉻管、一般鐵管。 鋁材：鋁門窗、鋁平板、鋁格板、一般鋁框、拋光鋁框、電鍍鋁框、烤漆鋁框。

第三節 善用各種內裝壁面

壹、牆壁

一、賣場牆面機能

牆壁在賣場的主要功能是區隔空間，大區域可隔為銷售區與非
銷售區。而銷售區可再隔成主力賣場區及輔助功能區，如洽談室、
閱讀區、展示間、更衣室、包廂、臨時存貨區等；非銷售區可再隔
成辦公室、休息室、化妝室、倉庫、加工作業區、機電室等。由於
空間彈性利用的趨勢流行，牆壁的結構材質除了建築體外牆使用鋼
筋水泥牆之外，賣場內大都直接用活動組合的陳列設備加以區隔，
後場也都使用變動性較高的耐火鋼架隔間板。「**牆壁**」除了有隔開
賣場區機能之外，其壁面尚有商品展示機能、商品儲存機能、貨物
吊掛置放機能、廣告宣傳機能、裝飾美化機能、賣場氣氛塑造機能等。

二、牆面陳列方式

牆壁面對賣場擺設的主體性有很大的影響，其可吸引顧客環繞
賣場中的每一角落，在空間結構上是最重要的賣點區。

「**賣場牆壁主要設計**」以陳列及美化商品為訴求，不是單純為
了裝飾牆壁而裝潢，而是要配合商品的特性、種類和規格大小，表
現出清爽、明亮、乾淨的感覺。牆壁區大都被規劃為第一磁石賣點
區以陳列主力商品，此區的陳列規劃可分成「固定陳列」與「活動
陳列」。「固定陳列」是在靠牆邊設置固定式展示設備，以長期陳

列固定的商品別，例如，在超級市場的主要通道壁面，設置冷凍冷藏展示設備以陳列生鮮蔬果食品（如圖 4-1 所示）。這些設備一經按裝定位是不可任意移動變換位置，除非賣場重新改裝翻修。「活動陳列」是在賣場牆壁面設置可移動式的陳列櫥櫃或直接在壁面上加裝層板與吊架，有計畫性的變換陳列不同分類的重點商品或季節性商品。例如，在服飾賣場的壁面可變換設置櫥櫃架，以因應季節服飾和流行商品的展售，這種陳列規劃會隨著顧客需求和商圈環境改變而作適當的調整（如圖 4-2 所示）。

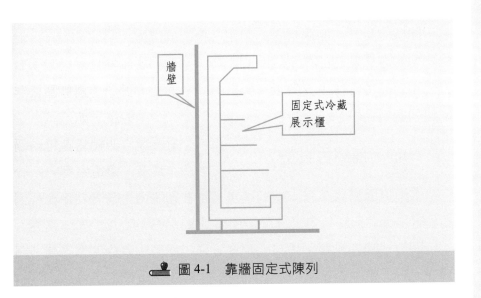

圖 4-1　靠牆固定式陳列

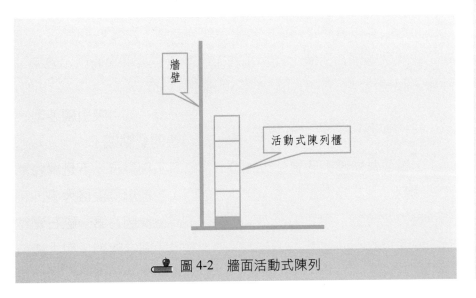

圖 4-2　牆面活動式陳列

以上牆壁規劃無論是固定或活動陳列方式，其設備的規格材質是依照商品訴求而選用或訂製，至於牆壁平面的材質以耐火石膏板、木材、金屬板為主材料，再以玻璃、塑膠、壓克力、燈光、色彩、壁紙及其他廣告等輔助素材加以妝點修飾，營造販促氣氛。

三、牆面販售型態

牆壁面是最容易吸引顧客視覺的賣點區。因此，除了良好的空間規劃外，賣點販促氣氛的營造是非常重要的。這些販促氣氛包括展示櫥櫃的設計、櫥櫃材質的選用、色彩的調配、照明的設計、商品陳列的方式及商品標示說明的設計。壁面的展示櫥櫃設計以販賣方式和商品特性作主要考量。販賣方式有面對面銷售服務和單面靠壁陳列販賣兩種。

㈠面對面銷售服務

「**面對面銷售服務**」指的是售貨員在牆的內邊隔著展示櫥櫃面對顧客作銷售服務行為，其展示櫥櫃以 80 公分的高度為基本考量，採用開放式陳列或關閉式陳列兩種。展示櫥櫃內邊除了預留售貨員通道之外，可在牆壁選用適當材質作裝修或在壁面上設計單邊陳列架。展示櫥櫃的另一邊應留足夠的空間供顧客選購之用。開放式陳列以面對顧客作階梯陳列或開放平台陳列為宜（如圖 4-3(a)所示）。關閉式陳列則應在櫥櫃上方和正前方設計透明玻璃提高展示效果，例如，眼鏡鐘錶行都採用此方式（如圖 4-3(b)所示）。

㈡單面靠壁陳列販賣

「**單面靠壁陳列販賣**」（如圖 4-4 所示）則是展示架都採用開放式陳列，且其高度設計在 180 公分以上，至於壁面設計應視陳列架固定方式而定。例如，陳列架是如超商的活動組合式貨架，則壁面需作簡單的平面塗裝；反之，陳列架是如百貨公司的固定式禮盒架，其禮盒架直接固定在壁面上。

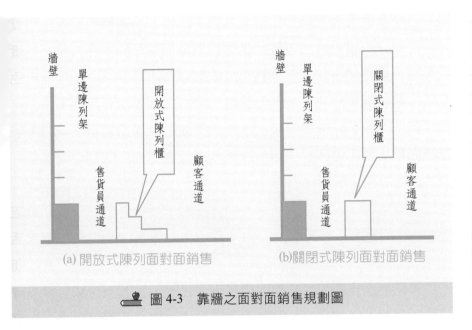

圖 4-3　靠牆之面對面銷售規劃圖

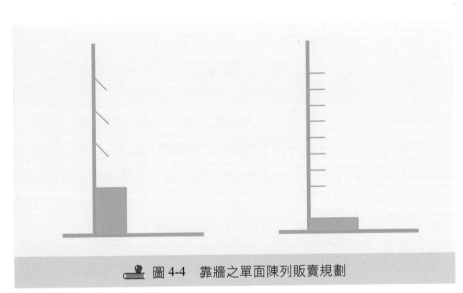

圖 4-4　靠牆之單面陳列販賣規劃

　　以上的壁面規劃，無論是以哪一種販賣方式作設計訴求，皆應搭配適當的顏色和燈光照明，才能表現出此商品區的販賣氣氛。

貳、柱子

　　柱子在賣場裡是個規劃障礙，小型透天厝商店比較沒有柱子問

題，但是在中大型賣場卻常常因為過多的柱子而影響到賣場空間設計，然而只要事先詳加規劃，仍然可以發揮很好的販促效果。在現成大樓及鐵皮建築物，常因建築結構問題而使柱子林立在可使用的空間，這時若要將空間規劃為賣場，則必須「**善加利用柱子**」作特殊促銷陳列或裝修成廣告版面，如此不僅可以活潑賣場氣氛和增加營業面積，更不會因柱子而妨礙顧客視線或使商品陳列受到限制。表 4-2 為常見的活用柱子方法。

參、天花板

天花板是賣場視覺規劃的重要因素之一，外表上它關係到照明設計和整體壁面的接合，同時可透過懸掛POP技巧表現出活潑的販賣氣氛；內層裡它裝置著電器空調設備的管線，因此，「**規劃天花板**」時必須考慮到管線的按裝與日後的維修，也就是要留有適當的管線維修口。

天花板內層按裝物包括有電器線路、照明裝置、隔音保溫裝置、冷凍冷媒銅管、分離式冷氣被覆銅管、中央空調風管、消防設置、排煙通風管，另外在大型賣場和百貨公司更在天花板垂直下方裝置防火玻璃隔板。所以，規劃天花板時首先應計算相關管線裝置

表 4-2　柱子活用方法

柱子種類	活用柱子的方法
牆邊柱	將柱子規劃於專櫃內 將柱子隱藏於商品展示架後面 將柱子隱藏於冷凍冷藏展示設備後面 利用柱子的內凹處作不同的商品分類陳列
中間柱	單面或多面陳列商品 裝飾鏡面玻璃或特殊氣氛佈置 裝修成廣告燈箱 隱藏於商品展示架中間 隱藏於冷凍冷藏展示設備中間 裝修成重點促銷區

所需的空間高度，此空間高度由橫樑柱算起，除非在橫樑安全結構許可下以銑孔穿洞方式預留所需的管線空間（銑孔勿超過直徑 10公分，以避免影響橫樑的安全結構），始可完全利用橫樑以內的空間。但是無論哪一種管線空間，其天花板工程進度都應等所有管線設施按裝完成後再進行。表 4-3 及表 4-4 為各型賣場天花板之適當高度與管線空間高度參考表。

　　除了天花板高度，另外天花板造型和材質也是影響賣場氣氛的因素。天花板類型是依不同行業的賣場而設計，大致可歸類為平式天花板、造型天花板、裸露天花板等三種（如表 4-5 所示）。

　　「平式天花板」都以輕鋼架（石膏板、礦纖板、石棉吸音板）、三合木板和輕質塑膠建材板為主要材料，其顏色也都以材質原白色為主。此種天花板的優點是施工簡單、成本較低廉、日後換裝檢修容易，在平式天花板上又可變換加上各式的POP促銷看板以提高賣場的販賣氣氛，是最被中小零售業賣場所接受。

　　「造型天花板」是為了改變賣場氣氛或強調行業特點而設計各式各樣的造型，這些造型依照行業特色、市場訴求、顧客喜好、場地大小、空間寬廣高低來設計出賣場的個性化，其大致可歸類為梯

平式天花板
優點是施工簡單、成本較低廉、日後換裝檢修容易，又可變換加上各式的 POP 促銷看板以提高賣場的販賣氣氛。

造型天花板
優點是美觀富有單店的個性化及賣場的情調氣氛。缺點是施工技術度高、價格昂貴、日後換修不易，也不適合吊掛促銷看板或其他宣傳物。

📖 表 4-3　天花板高度參考表

各型賣場	天花板適當高度
小型商店（15 坪左右）	2400〜2800mm
小型賣場（50 坪左右）	2800〜3000mm
中型賣場（100 坪左右）	3000〜4000mm
大型賣場（200 坪以上）	4000〜6000mm

📖 表 4-4　管線空間高度參考表

天花板內層按裝物	管線空間高度
電器線路、照明裝置、隔音保溫裝置、冷凍冷媒銅管、分離式冷氣被覆銅管。	150〜350mm
中央空調風管、消防設置、排煙通風管。	450〜650mm

表 4-5　各式天花板的優缺點

天花板類型	材質和配色	適用賣場	優 點	缺 點
平式天花板	輕鋼架、三合木板。 材質原白色。	中小型零售業商店	施工簡單、成本低廉、視覺良好、換裝檢修容易、加裝宣傳看板	沒有商店個性化
造型天花板	三合木板。 顏色多變化。	西餐廳、咖啡店、麵包店等專賣商店	美觀富有單店的個性化及賣場的情調氣氛	施工技術度高、價格昂貴、換修不易，不適合吊掛促銷看板
裸露天花板	直接噴漆。 灰色或黑色。	大型量販賣場	節省成本、加高商品儲存空間、量販廉價的感覺、管線維修方便	不美觀、浪費照明及冷氣電費

形天花板、垂吊裝飾天花板、圓弧形天花板、傾斜形天花板等多種。造型天花板都以三合木板為主要材料，其經過設計師的造型設計完成後再交由木工裝潢按圖施工，最後加以塗裝修飾完成。這種造型的天花板，其配色通常也都是經過事先設計好再施工，用色大膽及多變化。它的優點是美觀富有單店的個性化及賣場的情調氣氛，如西餐廳、咖啡店和西點麵包店。其缺點是施工技術度高、價格昂貴、日後換修不易，也不適合吊掛促銷看板或其他宣傳物。

「**裸露天花板**」一般被用在較大型的賣場如「好市多倉儲賣場」及「家樂福量販店」，此種天花板的管線設施全部裸露在外，有些業者會噴上灰色或黑色漆以修飾管線的雜亂性。它的優點是可以省下天花板的費用又可加高商品儲存空間，同時賣場也有量販廉價的感覺；另外因大賣場的管線設施很多，此種天花板設計對日後的管線維修非常方便。它的缺點是比較不美觀，同時因為沒有天花板而加高其空間高度，導致浪費更多照明及冷氣電費。

　　總之，對於天花板的造型設計、材質的選用、色彩的調配，都應考慮到賣場整體性的需求，如視覺效果、安全實用、防火不易燃、耐濕耐腐蝕等問題。

裸露天花板
優點是可以省下天花板的費用又可加高商品儲存空間，同時賣場也有量販廉價的感覺。缺點是比較不美觀，同時因為沒有天花板而加高其空間高度，導致浪費更多照明及冷氣電費。

肆、地板面

　　「**賣場地面**」具有商品擺設、器具設備裝置、顧客行走、員工補貨走動等功能。其外場、前場和後場儘可能設計同一水平面，才能使顧客行走沒有障礙，更方便購物車和補貨推車通行。一般零售賣場的通道和商品區都設計同平面的格局，方便顧客選購如便利商店和超級市場。若是大型量販賣場，可在通道的地板面貼上引導線條和字樣，指引顧客通往其他商品區。具有展示性商品的賣場如三C資訊賣場和傢俱賣場，其都將動線通道與商品配置區規劃成不同格局形式，以凸顯商品主題的特色和販賣氣氛。

　　以上的地板面格局分為同平面與不同平面（如表 4-6 所示）。「**同平面地板**」有同材質不同圖型與不同材質不同圖型兩種設計，同材質不同圖型如小家電展售區內的地板以方格子塑膠地板設計（如圖 4-5 所示），但通道是以同材質素色地板為主；不同材質不同圖型如傢俱賣場其床組賣區設計原木地板，但通道區以地毯設計。「**不同平面地板**」有同材質不同平面與不同材質不同平面兩種設計，同材質不同平面如大家電賣場其使用同材質的地板，但是家電商品是陳列在高於通道的平台上；不同材質不同平面如資訊館的商品擺設在金屬平台上，其通道卻鋪設石材地磚。

賣場地面
具有商品擺設、器具設備裝置、顧客行走、員工補貨走動等功能。

表 4-6　地板面格局規劃

同平面地板		不同平面地板	
同材質 不同圖型	不同材質 不同圖型	同材質 不同平面	不同材質 不同平面
如小家電展售區：賣點區地板是方格子塑膠地磚，但通道是同材質的素色地板。	如家俱賣場：床組賣區設計原木地板，但通道區以地毯設計。	如大家電賣場：使用同材質的地板，但是家電商品陳列在高於通道的平台上。	如資訊館：商品擺設在金屬平台上，其通道鋪設石材地磚。

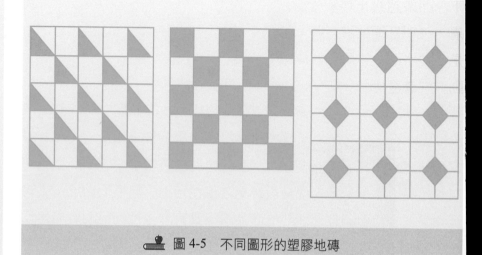

📖 圖 4-5　不同圖形的塑膠地磚

　　地板面材質大致可分為塑膠地板、陶磁磚、原木地板、石材地磚、環保樹脂。「**塑膠地板**」容易施工及換修，色系圖型變化較多，但是易髒不耐磨，比較不適合生鮮食品及需要使用購物推車的賣場。「**陶磁磚**」表現出乾淨明亮，耐水性佳容易清潔，但是選用時須特別注意磁磚表面光滑度以避免造成人員滑倒及反光問題。「**原木地板**」有溫馨舒適的感覺，適合於傢俱、服飾、嬰兒用品或精品店等賣場，但比較不具耐水及耐腐蝕，其拼裝溝槽易積塵垢不利清潔維護。「**石材地磚**」如磨石人造大理石比較堅硬耐久，但是易滑又產生冷漠不活潑的感覺。「**環保樹脂地板**」（常見於製造工廠）具有耐壓經踩耐污易清理的優點，此種地板表現出工廠平實廉價的風格，所以很適合大型的量販賣場，但其呆板不明亮的感覺卻也是中小型賣場無法接受的原因。

　　以上各種賣場地板材質除了考慮耐久不易變形、耐污容易清理、耐磨耐壓、耐水耐腐蝕和光滑度等特性之外，還要慎重選擇適合賣場型態的地板顏色。至於色彩方面，小型賣場適合淺色以強化寬廣的感覺如象牙白色，中型賣場適合選用較明亮活潑的色系如鵝黃色，大型量販賣場可選用平實沈穩的色系如灰色系。

　　進行地板面工程之前，必須預留整個賣場所需的管線溝，管線溝有固定式與活動式兩種。水管與電器管線大都直接固定在地板

進行地板面工程之前，必須預留整個賣場所需的的管線溝，管線溝有固定式與活動式兩種。

下，而像超級市場和量販店的冷凍冷藏銅管必須要設計活動式管
溝，以利日後維修之用（如圖 4-6 所示）。關於後場的管溝大部分
是當排水用，若是在生鮮處理場或廚房作業區的排水溝就要設計活
動漏式溝蓋，以利作業區清洗排水之用（如圖 4-7 所示）。

🛒 圖 4-6　冷凍冷藏區地板之管線溝設計

🛒 圖 4-7　作業區漏式排水溝

第四節 收銀櫃台設計與規劃

壹、收銀台的設計形式

賣場收銀台的設計隨著行業別的差異,而有多種不同的形狀,大致有長方形、L形、四邊形、ㄇ字型、圓形、弧形等幾種(如圖4-8所示)。

長方形收銀台常用於小型商店,兼具有收銀、包裝、退換、詢問服務、掌控全場等多項功能;L形收銀台大都使用於中大型零售賣場,因銷售商品項及數量較多,通常配備POS系統(銷售時點電腦系統),僅作為收銀結帳機能,不作其他功用;四邊形、ㄇ字型及圓形的收銀台適合於中小型較開放空間且商品體積較大的賣場,如三C電子賣場、中型服飾賣場、家電用品賣場、傢俱賣場等,此種收銀台都規劃在賣場中央位置居多,以擴大整場的服務範圍;

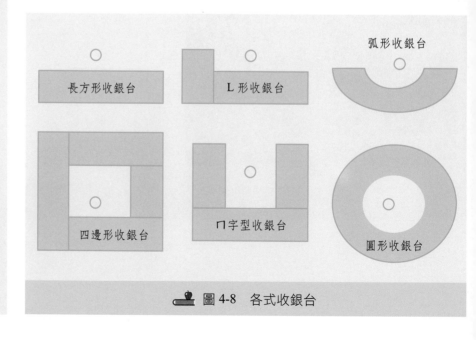

圖4-8 各式收銀台

弧形收銀台設計以精品店、專賣店、美髮店等具有個性化的賣場為主，除了收銀功能之外，尚有以創意外型提升商店形象之效果。

「**收銀台的設計**」除了外型之外，規格尺寸是非常重要的設計重點。長度是依照賣場空間及收銀服務需要而定，通常以 1800～2400mm 最適合；寬度以 500～700mm 為最適合，太窄的台面不易置放待結帳之商品，而太寬的台面容易凌亂且浪費空間，與顧客的傳遞距離過長，容易降低服務品質；高度設計一般零售業以 750～800mm 最適合，然而有些服務業賣場（如餐飲業）以 1200mm 高的櫃台為適用。

另外，有些比較講究個性化的賣場，如餐飲業、精品店等，其收銀台都是依現場需要訂製而成。其他如一般零售業所使用的收銀台，市面上已經開發出多種機型，變化組合容易、機能性非常實用。如圖 4-9 所示之 L 形收銀台，是以兩座長形櫃及一座轉角櫃組合形成。另外還可組合成ㄇ字型，並在收銀台前陳列小商品（如圖 4-10 所示）。圖 4-11 所示為 POS 專用收銀機，具備很好的收銀作業時效性，很適合大型量販賣場。

圖 4-9　L 形組合收銀台

📖 圖 4-10　ㄇ字型組合收銀台

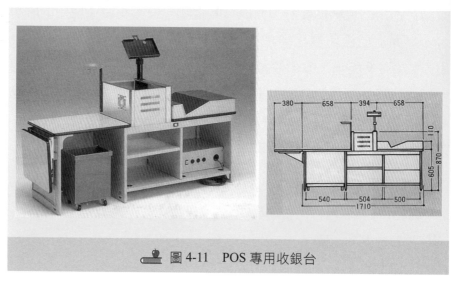

📖 圖 4-11　POS 專用收銀台

貳、收銀台的規劃位置

　　收銀台規劃的擺放位置可歸納為賣場前方、賣場後方、賣場中間及賣場左右側等四種。規劃在賣場前方的收銀台如超級市場、便利商店、書局、文具行等；設置在賣場後方的收銀台就像麵包店、速食店、運動用品店、精品店及藥妝店；如設於賣場中間的收銀台者有電子專賣店及服飾賣場；規劃在賣場左右兩側的收銀台如珠寶金飾店、菸酒專賣店、眼鏡行及鐘錶行等。

一、收銀台規劃在賣場前方

　　設置在「賣場前方的收銀台」有兩種設計方案，一為賣場前方的中央位置，如中大型零售賣場都設置多個收銀台且靠近出口處（如圖 4-12 所示）。多個收銀台的排列設計，根據現場空間情況採用單線排列或雙線排列（如圖 4-13 之並排與交錯排列），依序從靠近出口處編號為 1、2、3、4……，當營業低峰時段應從 1 號台開始

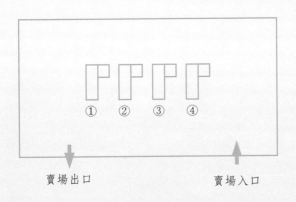

賣場出口　　　　　賣場入口

圖 4-12　大型零售賣場都設置多個收銀台在賣場前方的中央位置且靠近出口處

雙線並排　　　　　雙線交錯排列

圖 4-13　收銀台雙線排列

多個收銀台的排列設計，根據現場空間情況採用單線排列或雙線排列，依序從靠近出口處編號為 1、2、3、4……，當營業低峰時段應從 1 號台開始按順序啟用，尖峰時段則應全部開啟。

按順序啟用,尖峰時段則應全部開啟。通常多數的大型賣場還會在收銀台後面設置包裝台,以方便顧客結帳後自行整理商品(如圖4-14所示)。

另外一種為小型賣場會直接將收銀台與服務台一起設置在賣場前方的出入口處(如圖4-15所示),以招呼服務顧客及有效的掌控整個賣場的營運作業。此種收銀台大都以L形或長形櫃台作為設計訴求,收銀台下方設有抽屜、掛勾、置物櫃及垃圾桶,並在收銀台後面設置儲藏矮櫃,有些視需求連接調理設備和重點商品展售櫃,表4-7為一般便利商店收銀櫃台區的設計尺寸。甚至有些商店還會

📖 圖4-14　收銀台後面設置包裝台,以方便顧客結帳後自行整理商品。

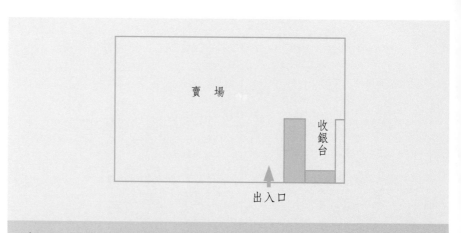

📖 圖4-15　小型賣場會直接將收銀台與服務台一起設置在賣場前方的出入口處

📖 表 4-7　超商收銀櫃台區的設計尺寸

櫃台名稱	規格尺寸（長×寬×高 mm）
收銀櫃台	1800～2400 (L 型 900～1200) ×500～700 ×750 ～800
菸酒櫥及洗手台架	1800～2400×300×2400
自助冷飲櫃台	1800～2800×700×750～800
自助熱食櫃台	1800×1200×750～800

在收銀台上方設置吊櫃，以放置備存商品或器具。例如，超商以吊櫃存放菸酒，餐飲店用以放置腳杯及其他餐飲器具等。

二、收銀台規劃在賣場後方

　　將收銀台規劃在賣場後方的設計，通常都是小型商店，而且是收銀與包裝結合一起的服務型態。如圖 4-16 之服飾賣場，其將收銀台設在後方之試衣間與小倉庫中間。此規劃除了可以掌控整個賣場營運動態之外，對於顧客試穿後的各項服務（如更換型號、款式或修改尺寸）都可就近及時提供，以提高顧客購買意願。還有補貨和包裝理貨作業都集中在此區，可節省人力及不會與顧客動線混雜。

收銀台規劃在賣場後方的設計，除了可以掌控整個賣場營運動態之外，對於顧客試穿後的各項服務都可就近及時提供，以提高顧客購買意願。

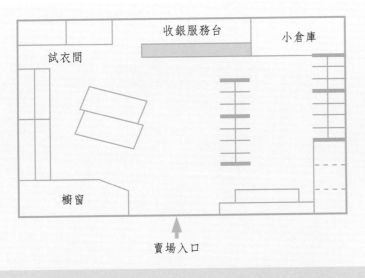

📖 圖 4-16　將收銀服務台設在後方的服飾賣場

蛋糕櫃收銀台
將臥式蛋糕櫃之高度降
低到90cm，展示空間由
三層降為兩層，並將最
上層台面改裝成花崗石
，使成收銀台面，既實
用又美觀。

　　另外一種小型商店的收銀台位置規劃，如圖4-17之麵包店，此種設計是將收銀台規劃在顧客動線的末端，顧客由右邊選購完後，將麵包交由服務員分裝（為保持每個麵包的完整性）。在分裝等待結帳的同時，顧客可經由收銀台前的蛋糕櫃選購精緻食品。所以，這種收銀台是結合冷藏食品展示與收銀的雙功能設計，故稱之為「**蛋糕櫃收銀台**」。此種設計為將臥式蛋糕櫃之高度降低到 90cm（方便與顧客傳遞結帳），展示空間由三層降為兩層，並將最上層台面改裝成花崗石，使成收銀台面，既實用又美觀（如圖4-18所示）。

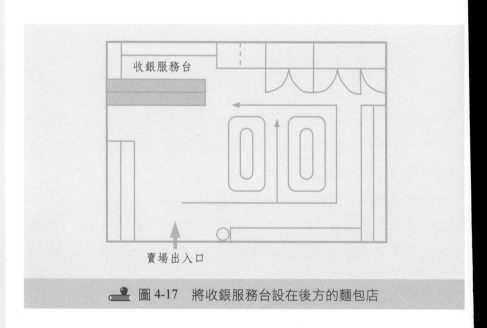

圖 4-17　將收銀服務台設在後方的麵包店

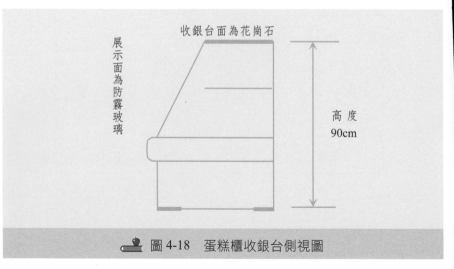

圖 4-18　蛋糕櫃收銀台側視圖

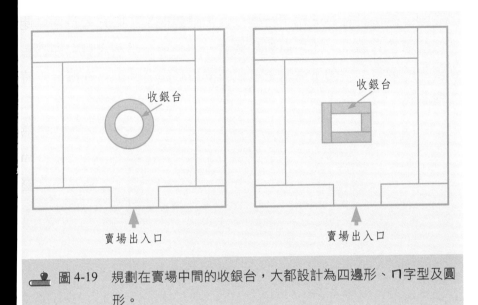

收銀台

收銀台

賣場出入口　　　　　　　賣場出入口

圖 4-19 圖 4-19　規劃在賣場中間的收銀台，大都設計為四邊形、ㄇ字型及圓形。

三、收銀台規劃在賣場中間

　　商品體積較大且常需提供顧客諮詢、使用及維修說明等服務的中小型賣場，如三C電子賣場、中型服飾賣場、家電用品賣場、藥妝品廣場、健康器材賣場、傢俱賣場等。這些賣場的空間設計都屬於比較開放性，並將收銀台結合服務區功能，規劃在賣場中央位置，以擴大整場的服務範圍，其收銀台形式大都設計為四邊形、ㄇ字型及圓形等（如圖 4-19 所示）。另外，大型賣場及百貨公司的專櫃或特販區，也都個別將收銀服務台設置在賣場的中央位置，以單一型態方式服務該區的顧客。

四、收銀台規劃在賣場左右側

　　將收銀台規劃在賣場左右兩側的商店，其櫃台的功能除了收銀之外，主要是展示商品及解說服務。如圖 4-20 珠寶金飾店將收銀服務設在入口右側，櫃台設計為玻璃平行櫃以展示珠寶金飾，服務人員在內側向顧客作詳細說明服務。圖 4-21 眼鏡行將收銀服務設在入

將收銀台規劃在賣場左右兩側的商店，其櫃台的功能除了收銀之外，主要是展示商品及解說服務。

口左側，櫃台設計為玻璃平行櫃以展示眼鏡框架，服務人員在內側先瞭解顧客的需求，如需重新配戴者，則由另一服務人員引領顧客到驗光配戴室；假如不需驗光者或僅檢修眼鏡者，則可在櫃台直接作業服務。

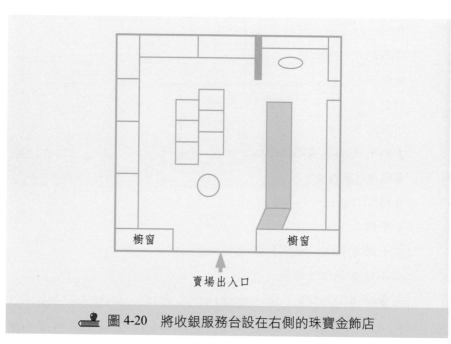

圖 4-20　將收銀服務台設在右側的珠寶金飾店

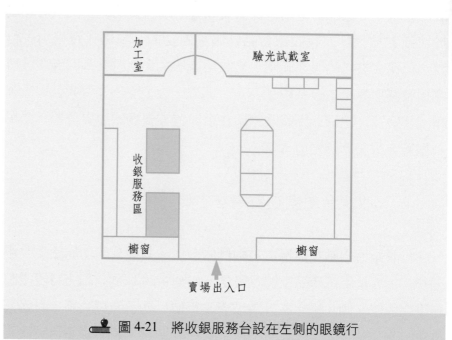

圖 4-21　將收銀服務台設在左側的眼鏡行

學習評量及分組討論

1. 賣場內部裝潢規劃應該考慮哪些事項？

2. 賣場常用的「裝修施工材料」可分成哪幾大類？

3. 賣場的牆壁除了可以隔開賣場區之外，尚有哪些機能？

4. 請舉例說明牆面的「固定陳列」方式？

5. 請舉例說明牆面的「活動陳列」方式？

6. 規劃賣場天花板時，應該考慮哪些重要因素？

7. 請明列各型賣場天花板的適當高度？

8. 賣場的天花板可歸類成哪三種，其各有何優缺點？

9. 賣場進行地板面工程之前，必須預留哪兩種管線溝，其各有何功用？

10. 賣場常用的收銀台，可分成哪幾種不同的設計形式？

11. 「多個收銀台」的排列設計，請以圖示說明理想的啟用方式為何？

12. 以小組為單位，繪圖舉例並討論說明地板面格局的各種規劃形式？

13. 以小組為單位，繪製適當的收銀台形式，並將其規劃在你們所選定賣場的理想位置？

14. 以 5 人為一小組，繪圖舉例並討論收銀台規劃在賣場的前方、後方、中間及左右側的方案？

第五章

賣場動線規劃

📖 學習目標

1.瞭解各型賣場規劃動線時應注意事項。
2.清楚分辨出賣場動線的種類及其功能性。
3.瞭解各種賣場之顧客動線的規劃型態，並能運用之。
4.能夠區分顧客動線的各種通道，並牢記適當的寬幅尺寸加以運用。
5.瞭解通道寬幅與展示櫥櫃的相互關係。

第一節 賣場動線種類

　　賣場裡的動線包括「顧客動線」、「服務動線」及「後勤動線」等三種，圖 5-1 以中型超級市場為例來解釋三種動線的差異性。當顧客從入口沿著賣場四周展示櫃的主要通道，及分散到賣場中間的陳列區，然後結帳完一直到出口，這整個流程動線即為「顧客動線」。在賣場左側所規劃的平台販賣區，服務人員隔著商品陳列平台與顧客提供面對面服務，在其所服務的區域之走動流程就是「服務動線」。當後勤補貨人員從加工作業區或倉庫運補商品至前場時，其避開直接利用顧客動線，而是由右側立式展示櫃（開放式生鮮食品展示櫃）後面的專用通道進行運補作業，如此可避免干擾顧客選購，又可縮短運補流程，此流程路線即為「後勤動線」。

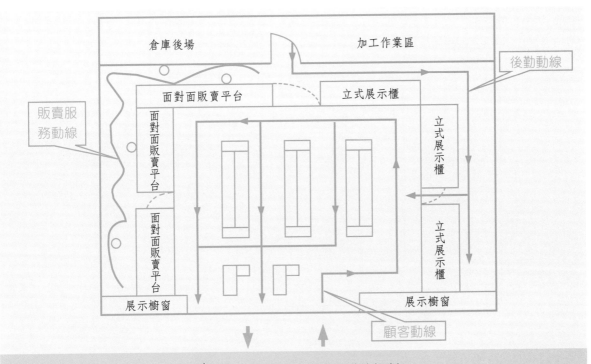

圖 5-1　零售業賣場之動線規劃

壹、顧客動線

「**顧客動線**」是顧客從入口進來到結帳出口所走的路線。對銷貨零售業而言，顧客動線是環繞整個賣場及連貫每一個賣點區，使顧客很自然順暢隨著所規劃的路線參觀選購。整個路線主要包括賣場入口→主要動線→次要動線→收銀區→賣場出口。主要動線為賣場四周的主力商品區，如立式展示櫃和面對面販賣平台的賣點區；次要動線則為賣場中間的次要商品區，如雙面陳列架的賣點區。然而，對餐飲服務業而言（咖啡店、餐廳），顧客動線常被併入服務動線一起規劃（如圖 5-2 所示）。

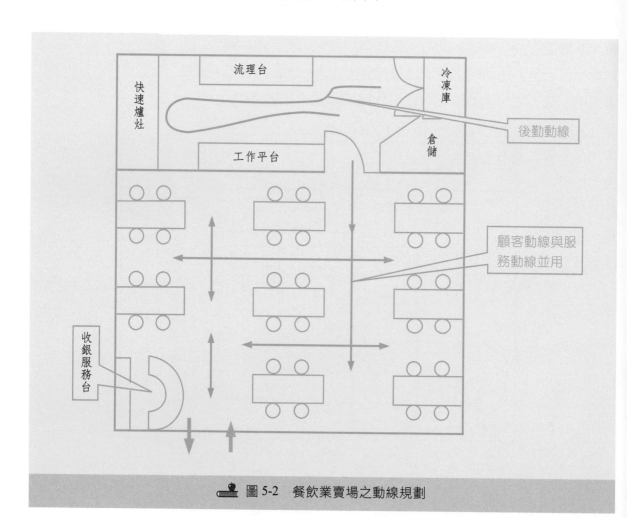

圖 5-2　餐飲業賣場之動線規劃

貳、服務動線

　　「**服務動線**」是賣場服務人員在提供販賣服務時所走的路線或所站的位置，尤其中大型賣場為了避免干擾顧客自由選購的空間，以及帶動現場的販賣氣氛，常規劃面對面販售區，服務人員隔著販賣平台與顧客產生互動性的交易行為，其所活動的空間和走動的路線就是服務動線。小型賣場常因受到賣場格局或經營型態的限制，會將服務動線併入顧客動線裡，服務人員提供服務時應以不妨礙顧客走動為原則。另外一種以餐飲服務為訴求的服務動線，則與銷貨型的服務動線是不一樣的規劃觀點，以餐飲服務業對顧客而言是靜的動線，對服務人員來講卻是極動的動線。因此，對餐飲服務業而言，動線規劃應以對顧客的服務流程為設計重點。

服務動線
是賣場服務人員在提供販賣服務時所走的路線或所站的位置。

參、後勤動線

　　「**後勤動線**」是員工補貨及提供相關業務時所移動的路線，中大型賣場為避免干擾顧客及造成賣場髒亂，會利用共通的走道或直接在立式陳列櫃後方另闢路線，作為運補貨品、垃圾及員工進出之用。小型賣場因為空間受限，無法另外規劃後勤動線，而以顧客動線作為補貨之用時，應避開營業尖峰以不妨礙顧客消費為原則。

後勤動線
是員工補貨及提供相關業務時所移動的路線。

第二節　顧客動線規劃型態

壹、動線設計考慮事項

　　規劃顧客動線時除了按照賣場型態考慮前一節所談的整體性大

原則之外，更要謹慎思考設計性的問題，否則等定案開幕後，不合理的動線容易造成賣場混亂，顧客無所遵循的走動，不易找到所需要的商品，不僅降低營業額，更易造成顧客抱怨導致顧客流失。這些主要的設計重點是在方便顧客自由走動、讓顧客清楚看見商品、使顧客很自在的選購商品。以下為規劃顧客動線時所應思考的設計問題：

- 單獨規劃，儘量避開與服務動線、後勤動線重疊設計。
- 勿直接面對化妝室，及明顯隔開往後場作業區的路線。
- 將顧客所使用的「購物籃車」之尺寸含計在通道寬度內。
- 遵照容易進入、簡單流程、順暢路線、寬敞通道、明亮視線等設計原則。
- 活用販促要點及商品配置原則，如靠近入口處配置輕小價廉有誘導功能的商品，店內配置重點關聯性商品，靠近出口處配置量重體大或易退溫的商品，減輕顧客累倦和心理壓力。
- 有系統性的延伸動線，並沿線佈置販賣氣氛，誘導顧客往前、往內、往重點區選購。
- 顧客停步區留足夠空間，如特販區、面對面販賣區、結帳區等。

貳、顧客動線型態

顧客動線從賣場規模大小可歸類成小型賣場及中大型賣場兩大型態。另外，本節也將針對餐飲店的動線型態加以介紹以供讀者參考。

一、小型賣場顧客動線型態

「小型賣場顧客動線」依動線的形狀又可區分成面對面販賣型動線、靠壁型動線、ㄇ字型動線、圓形動線、直格型動線、橫格型動線等六種型態（如圖 5-3 所示）。

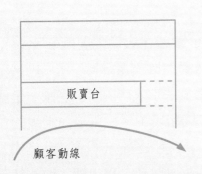

(a)面對面販賣型動線

(b)靠壁型動線

(c)ㄇ字型動線

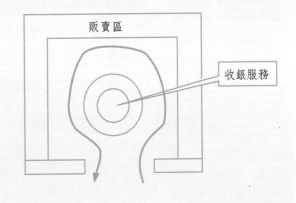

(d)圓形動線

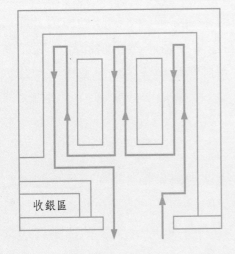

(e)直格型動線

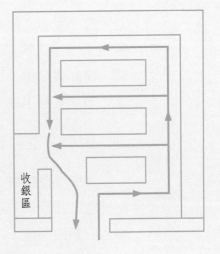

(f)橫格型動線

🔖 圖 5-3　各種小型賣場之顧客動線型態

(一)面對面販賣型動線

「**面對面販賣型動線**」是顧客在店面隔著販賣平台(高度以120～150公分為宜)與服務人員完成交易行為,賣場所展示的只是門面裝潢和平台的商品,顧客無法進入店內自由選購,是屬於一種最簡單的動線設計(如圖 5-3(a)所示)。使用這種動線的賣場都是極小面積的商店(約1～2坪)或者快速服務專賣店(店內為技術、後勤空間),如冰淇淋店、騎樓咖啡店、果汁吧、泡沫紅茶店、洗衣店、快速沖印行、金飾珠寶店、速食快餐店、書報攤等,這些商店都以簡單品項或服務作訴求,買賣雙方在短時間就可以完成交易。此種店內的規劃只有服務作業空間,售貨員採取主動提供商品或服務,而顧客僅從平台及店面的商品展示和項目價格表作參考點選,屬於比較靜態的動線方式。

(二)靠壁型動線

「**靠壁型動線**」是顧客沿著賣場周圍的路線進行選購,所有商品順著動線靠壁陳列,動線的末端靠近出口處設置收銀服務區(如圖 5-3(b)所示)。通常縱深型的小賣場最適合這種動線,當店面寬小於4公尺、中央空間不足以陳列商品時,將陳列架依階梯式寬度設計加高至180公分靠壁設置,可發揮最大的陳列作用及坪效,顧客在沒有中央貨架阻隔壓力下可一目了然選購商品。例如精品專賣、運動休閒用品等商店,可將量重體大的商品置放沿線陳列架的下方,而將輕小商品擺放於陳列架的上方。

(三)ㄇ字型動線

「**ㄇ字型動線**」是顧客繞著中央貨架且沿著賣場周圍的路線進行消費,商品除了順著動線靠壁陳列,也擺設在賣場中央位置,使顧客的動線形成一ㄇ字型(如圖 5-3(c)所示)。此種動線通常使用於店面寬6公尺左右的小型賣場,如西點麵包店將麵包、蛋糕、乳品等商品陳列於賣場四周,賣場中間設置高約 100～150 公分的雙層平台,展售特色或促銷商品,賣場內的一角設置收銀包裝區,可

有效掌握到及服務整個賣場。

㈣圓形動線

「**圓形動線**」是顧客繞著中央圓形服務台且沿著賣場周圍的路線購物，商品順著動線靠壁陳列，賣場中央設置圓形服務台，使顧客消費途徑形成圓形的動線（如圖 5-3(d)所示）。此種動線通常強調連貫性的商品陳列和全方位的服務，如服飾店將商品一致性的平放陳列及掛飾在賣場周圍，賣場中央的圓形服務台除了可以展示商品外，主要功能是收銀、解說、包裝等服務，其平台高度以80～120公分為宜。另外，此動線設計也很適合面對顧客服務頻率較高的行業，如手機通訊和電子商品等賣場。

㈤直格型動線

「**直格型動線**」是顧客沿著賣場周圍的主通道和繞著中間的商品區，直線來回環遊整個賣場（如圖 5-3(e)所示）。當店面寬 8 公尺以上，此種動線佈置是將商品陳列和通道安排成垂直平行，貨架區的規格和動線通道寬幅都力求一致性的搭配。直格型動線規劃是最有效利用空間的一種，店員有計畫的事先陳列商品，配合商品標示及指引看板，顧客很容易的在直線貨架選取所要的商品，很適合自助性較高的賣場，如便利商店、文具圖書等賣場。另外，因貨架直線排列搭配一致性的照明規劃，使由外而內的整體視覺效果表現特佳，提高賣場的明亮度及商品的展現力。

㈥橫格型動線

「**橫格型動線**」是顧客沿著賣場周圍的主通道和繞著中間的商品區，橫線來回環遊整個賣場（如圖 5-3(f)所示）。當賣場寬度不足以擺設直線貨架時，且顧客流量不是很大的行業，可規劃橫格型動線配置。橫格型動線的缺點：前排貨架會擋住後排貨架降低商品展示力，顧客不適應橫向的走動習性，比較無法連貫性的環遊整個賣場。但是，假如賣場是屬於半自助式的，顧客選購時尚須店員從

圓形動線
是顧客繞著中央圓形服務台且沿著賣場周圍的路線購物，商品順著動線靠壁陳列，賣場中央設置圓形服務台，使顧客消費途徑形成圓形的動線。

直格型動線
是顧客沿著賣場周圍的主通道和繞著中間的商品區，直線來回環遊整個賣場。

橫格型動線
是顧客沿著賣場周圍的主通道和繞著中間的商品區，橫線來回環遊整個賣場。

旁解說服務的型態，其商品並不需要很強的向外展現力，只需明亮清楚的店內展示，顧客的購買習性也只是局部選購而已，人潮流量也不大，無須預留大的迴轉空間（請比對圖 5-3(e)和圖 5-3(f)所示），此種賣場就很適合規劃橫格型動線。例如，藥妝用品店的橫格配置展現出明亮、乾淨，其整齊、清楚易見的陳列效果又不會像便利商店那麼透明化，保有健康隱私的氣氛，空間的平均分配也使商品陳列更豐富化。

二、中大型賣場顧客動線型態

中大型賣場顧客動線型態包括格式迂迴動線、開放型動線、枝狀型動線、商店街型動線等四種（如圖 5-4 所示）。規劃中大型賣場配置時應依據賣場型態和經營方式，加以定位採用何種動線型態較為適合，規劃人員也可參考各種型態的優缺點綜合設計使用或局部修正。不管是彈性的調整或制式的規劃，任何動線佈置都是為了讓顧客更方便選購商品及提高經營效益，事前的分析比較是有其必要性，表 5-1 提供以上四種動線型態的特性分析以供參考。

㈠格式迂迴動線

「**格式迂迴動線**」是顧客進入賣場沿著主要動線環繞整個主力商品區，接著來回環遊賣場中間的次要商品區，一直到收銀結帳區，整個動線形成有規律的迂迴路線（如圖 5-4(a)所示）。此種動線適合於零售業賣場，因為其展示區域的形狀規格，及通道的長寬都經過審慎的規劃計算，整齊一致性的賣點區，不僅達到最高的面積利用率，商品陳列面也擴大，消費者在短時間可以很輕易的找到所需要的商品。顧客在經過規劃的動線及商品陳列的賣場，完全可以採取自助式的選購方式，店內不需太多服務人員，可將人力集中在商品管理和賣場安全管理方面。然而，長期的自助選購方式會使賣場氣氛變得生硬，必須透過定期的促銷活動拉近與顧客的距離，活絡賣場氣氛，帶動買氣。

格式迂迴動線
是顧客進入賣場沿著主要動線環繞整個主力商品區，接著來回環遊賣場中間的次要商品區，一直到收銀結帳區，整個動線形成有規律的迂迴路線。

(二)開放型動線

「**開放型動線**」的商品及陳列設備呈現不規律形式擺設，採取不隔間完全開放的視覺型態，消費者可以自由自在的任意方向走動參觀，使顧客有休閒逛街的輕鬆心情（如圖 5-4(b)所示）。此動線適合於專賣店或者百貨公司，容易塑造專業高級的賣場形象，商品的陳列更能表現創意及販促氣氛。但是，開放式的動線設計雖然使顧客沒有空間壓力，卻也常因沒有特定路線而使顧客無法接觸更多商品，必須藉由銷貨員的主動服務才能提高顧客對商品的認識度。另外，因為強調創意的陳列設計與擺置，使設備裝潢成本增加及浪費較大的賣場空間。而且，動線過度的開放會使顧客不易找到所需要的商品，也不易掌控賣場活動導致商品失竊率提高。

(三)枝狀型動線

「**枝狀型動線**」是顧客沿著主要路線，自由進出兩側的展售攤位或專櫃，顧客形成樹枝狀的走動形式，兩側的專櫃或攤位各自隔間，但是門面不封閉採取開放式，使顧客能隨性隨機參觀選購（如圖 5-4(c)所示）。此種型態的攤位商品訴求以樣少單純為原則，及強調近距離的面對面販售服務。例如，美食街的攤位都有其重點小吃或餐飲訴求，以滿足消費者的比較和選擇。但是其缺點是獨立隔間展售使開辦費用增加，而且開放式門面致使商品監管不易，店面容易混亂、阻塞通道。

(四)商店街型動線

「**商店街型動線**」是以賣場公用的通道作為主要路線，通道周圍設置各種不同性質的商店，商店內再依照商品性質及陳列方式設計顧客選購動線，大型購物中心很適合規劃這種動線，塑造滿足不同顧客群的需求，聚集大量的消費人潮、創造商機（如圖 5-4(d)所示）。同一賣場內的每一家小商店幾乎都是有主題性的專門店，其商品特色、店面設計、促銷活動都足以提高對消費者的吸引力，顧

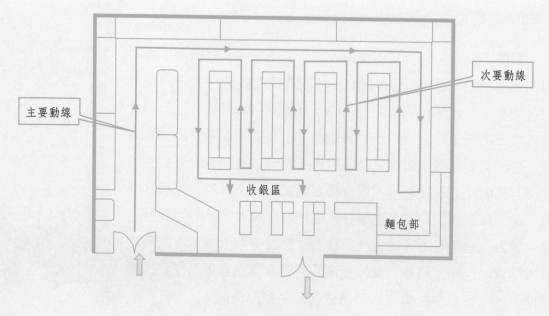

(a)格式迂迴動線

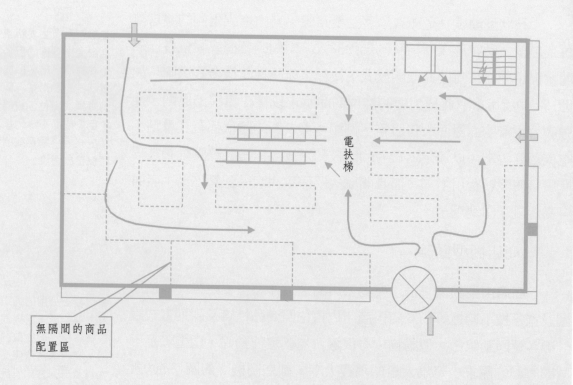

(b)開放型動線

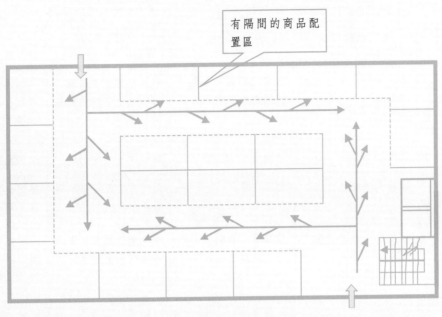

有隔間的商品配
置區

(c)枝狀型動線

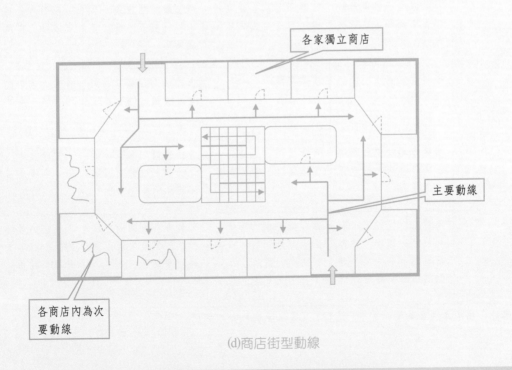

各家獨立商店

主要動線

各商店內為次
要動線

(d)商店街型動線

🏛 圖 5-4　各種中大型賣場之顧客動線型態

資料來源：參考 Anderson, Carol H. (1993), Retailing-Concepts, Strategy and Information. Minneapolis / Saint Paul, MN: West Publishing Company.

表 5-1　中大型賣場動線型態的比較

特性／動線型態	格式迂迴動線	開放型動線	枝狀型動線	商店街型動線
顧客活動情形	顧客依照店家所規劃的路線行進	顧客可輕鬆、任意方向的自由走動	顧客沿著主要路線，自由進出兩側的展售攤位或專櫃	顧客由公用通道選擇自己喜歡的商店參觀選購
動線形狀	直線型	曲線型	樹枝狀	混合型
陳列設備	標準規格組合	特別訂製	隔間訂製及規格陳列架並用	隔間訂製及規格陳列架並用
陳列方式	可整齊一致的擺置多樣多量的商品，缺少創意的陳列技巧	發揮有創意的陳列技巧，展示效果較佳	面向通道展售、表現各攤位的主題特色	按照業別自行裝潢訂製或搭配規格設備，較具視覺吸引力
店員需求	比較少	比較多	比較多	比較多
失竊率	容易以電子監視器監控賣場活動，降低失竊率	比較不易掌控賣場活動，容易造成失竊漏洞	攤位屬於開放式，不易執行監管，導致容易失竊	每家商店各自掌控，有效降低失竊率
空間利用	平面及立體空間都有效利用	浪費空間	主通道與各攤位之間會浪費較大的迴轉空間	各自為政的副動線，浪費較多空間
適用賣場	超級市場、便利商店、文具書店、家庭五金用品等	百貨公司、服飾店、傢俱賣場、鞋子賣場	各式專櫃或攤位，如化妝品、服飾、圖書、禮品、美食小吃	大型購物中心的商店街、專賣店、精品店
優缺點	消費自助性很高，有利於商品週轉，顧客行進時有約束感、定點選購時間較短	顧客有逛街的感覺，但也無所適從，找不到所要的商品	可發揮各專櫃的主題特色，但是主通道容易阻塞混亂	各商店的賣場魅力能夠吸引顧客，但是經營成本較高

資料來源：參考自周泰華、杜富燕，1997，《零售管理》。

客可以由主通道清楚看見每家商店的外觀，選擇所喜歡的商店進出。然而，為訴求各自專門店的營運主題特色，其裝潢、設備與管理成本比開放式型態高出許多。

三、餐飲店動線型態

餐飲店在動線規劃上與一般零售賣場完全不同，除了實用性的考慮之外，常運用曲線之美感來營造溫馨柔和的氣氛，因此規劃上比較有變化性，其配置方式有直式動線、橫式動線、點狀式動線、中場混合式動線、連座式動線等五種（如圖 5-5 所示）。

㈠直式動線

「**直式動線**」是餐桌緊靠兩邊牆壁與通道成垂直線，而顧客以直線入座與通道成平行線，由於顧客的視線與動線一樣是平行方向，不會受到通路走動的影響，能輕鬆自在的用餐，因此直式動線是最普遍被餐飲業者所採用的規劃方式（如圖 5-5(a)所示）。其優點為配置單純容易又節省空間，顧客入座簡單快速，服務員也因動線單純而提高服務效率。但是，另一方面卻因配置單調而缺少創意的氣氛。

㈡橫式動線

「**橫式動線**」是餐桌的排列方向與通道成平行線，而顧客以橫線入座，其座位與通道成垂直，靠牆座位的顧客視線是正視通道，而對桌的顧客卻是背對通道（如圖 5-5(b)所示）。其優點和直式動線大致一樣，相鄰兩桌可以併在一起更省空間，也可以設計矮隔板再相併，不僅節省空間又突出各桌的隱私性。其缺點也是配置過於單調，缺少氣氛，還有背對通道的顧客會產生被碰撞的心理壓力。

直式動線
優點為配置單純容易又節省空間，顧客入座簡單快速，服務員也因動線單純而提高服務效率。缺點為因配置單調而缺少創意的氣氛。

橫式動線
優點和直式動線大致一樣，相鄰兩桌可以併在一起更省空間，也可以設計矮隔板再相併，不僅節省空間又突出各桌的隱私性。缺點也是配置過於單調，缺少氣氛，還有背對通道的顧客會產生被碰撞的心理壓力。

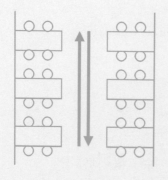

(a)直式動線

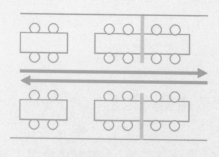

(b)橫式動線

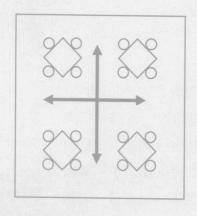

(c)點狀式動線

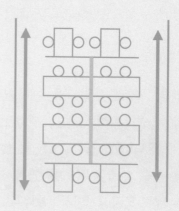

(d)中場混合式動線

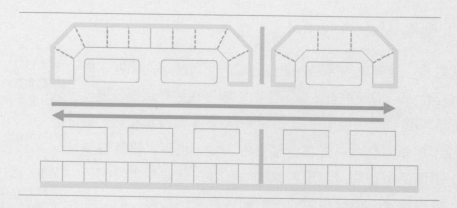

(e)連座式動線

📖 圖 5-5　餐飲店各種動線型態

㈢點狀式動線

「**點狀式動線**」是將餐桌椅以點狀的方式排列在整個賣場（如圖 5-5(c)所示），原則上可先作規則性定點配置，再利用剩餘的空間作不規則配置，空間利用可隨客席需要作合併或分開，客桌數可隨意調整運用，換言之即為空間利用的機動性較高，適合於大型辦桌式（流水席）餐廳。空間較小的餐飲店比較不適合點狀式動線，原因是動線通道浪費較多的空間又顯得零亂。

㈣中場混合式動線

「**中場混合式動線**」主要是將餐桌椅集中配置在賣場中間（如圖 8-5(d)所示），餐桌以直式或橫式整齊排列，區塊之間以隔板分開，不同的橫豎動線表現出活潑的變化性，凸顯優美的組合形式，塑造豐富感的賣場氣氛。

㈤連座式動線

「**連座式動線**」比較適合於自助式的西式速食店，或是年輕族群的時尚餐飲店如冷飲簡餐店，其將餐桌椅連座設計在一起，不僅節省很多的次通道空間，來客團體又可聚在一起享用餐點（如圖5-5(e)所示）。

第三節　動線通道計畫

壹、通道種類

賣場通道有主要通道（簡稱主通道）、次要通道（簡稱副通道）、收銀區通道、服務台通道及特販區通道等五種（如圖 5-6 所

點狀式動線
優點為空間利用的機動性較高，適合於大型辦桌式餐廳。缺點是動線通道浪費較多的空間又顯得零亂。

中場混合式動線
餐桌以直式或橫式整齊排列，區塊之間以隔板分開，不同的橫豎動線表現出活潑的變化性，凸顯優美的組合形式，塑造豐富感的賣場氣氛。

連座式動線
將餐桌椅連座設計在一起，不僅節省很多的次通道空間，來客團體又可聚在一起享用餐點。

示）。主通道與副通道是動線通道計畫最重要的項目，收銀區通道則視賣場規模大小作調整，服務台與特販區的通道常隨著行業型態的不同需求而改變，甚至有很多賣場的服務台通道與收銀區規劃在一起，特販區通道也沒有固定寬幅。所以，本章節將僅就主通道、副通道與收銀區通道等三部分作敘述。

「**主通道**」是指進入賣場的多數顧客所走的路徑（如圖 5-7 所示），一般都是進入賣場時直接引導通往主力商場或主力商品區。

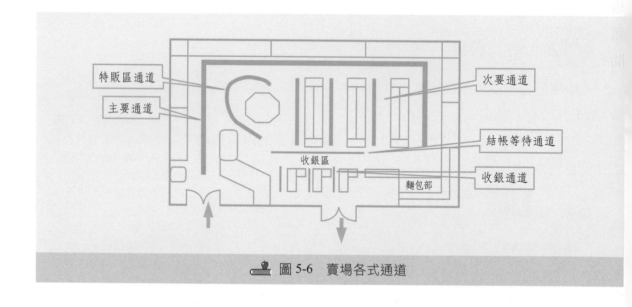

圖 5-6　賣場各式通道

圖 5-7　賣場主通道

列如，超級市場的主通道是規劃在賣場四周的冷凍冷藏生鮮蔬果食品區；「**副通道**」乃為進入賣場的少數或已分散的顧客所走的路線，顧客走完主要路線後接著被引導至較次要的商場或商品區（如圖 5-8 所示）。例如，超級市場的副通道是規劃在賣場中間的乾貨區；「**收銀區通道**」則是當顧客經由主通道與副通道後，購足所需的商品和獲取所要的服務時，很自然的被引導至靠近出口的收銀區，等待結帳完成所有的消費行為，此區的通道包含「結帳等待通道」和「收銀通道」兩種（如圖 5-9 所示）。例如，超級市場的收銀台與貨架區之間的空間為「結帳等待通道」，收銀台與收銀台之間的距離為「收銀通道」。

🔖 圖 5-8　賣場副通道

圖 5-9　賣場收銀區通道

貳、通道寬幅

　　規劃賣場內整體配置時，應先將出入口及收銀櫃台的正確位置設定好，接著規劃主通道與副通道的行經路徑，然後決定生財設備、陳列器具和展示櫥櫃的配置安排。假如將賣場比作社區規劃時，就如同先設定社區的出入口位置，接著闢建主要道路和次要道路，然後才蓋住宅及公共設施，主要道路可能闢建人與車流量較大的社區四周，而次要道路則開闢在住宅建築物之間。反之，倘若先把住宅等建築物蓋好再開闢道路的話（如同老舊的社區），整個社區的道路勢必彎曲寬窄不一，甚至出入口不明顯，造成居民的極度不方便。

　　社區道路及大馬路的寬度有 4 公尺、6 公尺、8 公尺、10 公尺、20 公尺、30 公尺、40 公尺等規定尺寸。賣場通道的寬幅雖然沒有標準的規定尺寸，卻有一定的適用寬幅。通常其寬度必須足以讓顧客擦肩而過，不致碰撞，以每人平均 40 公分的肩膀寬度為基準，同時應將購物籃和購物車的寬度尺寸也涵蓋併入計算（如圖 5-10 所示）。另外，配合賣場規模大小、人潮多寡、櫥櫃寬深高低、販賣型態等不同因素和需求作調整。

1200mm

📖 圖 5-10　賣場通道寬幅以每人平均 40 公分的肩膀寬度為基準，並計算購物籃車的寬度尺寸。

一、主副通道與收銀區通道之寬幅

㈠主通道寬幅

　　在賣場主通道走動的顧客較多，其寬度通常比副通道大 30 公分以上，然隨著賣場規模大小，主通道可歸納成三種常用尺寸。

　　面積約 15～50 坪左右的小型賣場如便利商店和麵包店，主通道以 900～1200mm 為最適宜。有些賣場受到店面寬度及櫥櫃之影響，而無法設定在最小 900mm 的主通道時，可考慮將賣場配置規劃成半自助式，以加大主通道尺寸（如圖 5-11 所示）。假如顧客流量屬於比較零星的賣場又有以上受限因素，其主通道最小尺寸也應控制在 800mm，否則比 800mm 還窄的通道顧客容易碰撞，造成購物時的不方便。

　　面積約 50～100 坪左右的中型賣場如社區超市，主通道以 1200～1800mm 較適當，假如賣場受到櫥櫃貨架之影響，可將縮減的尺寸平均規劃在較末端的主通道，並將末端靠壁陳列架設計為 45 公分深的貨架（如圖 5-12 所示）。

在賣場主通道走動的顧客較多，其寬度通常比副通道大30公分以上。

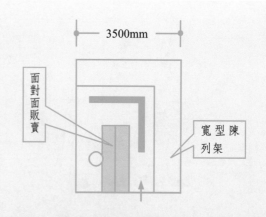

🔖 圖 5-11　受到面窄及櫥櫃影響之賣場,考慮規劃成半自助式販賣流
　　　　程,加大主通道尺寸。

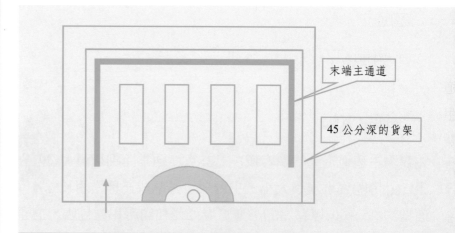

🔖 圖 5-12　賣場受到櫥櫃貨架之影響,將縮減尺寸規劃在末端主通道,
　　　　並將末端靠壁陳列架設計為 45 公分深。

　　面積約 200 坪以上的大型賣場如生活百貨量販店,主通道以
1800～2700mm 才能符合顧客流量的需要,然而大賣場常因較多的
柱子及不規格商品配置區的影響,導致主通道寬度分配不平均,可
依照商品的流通性及顧客停留選購的時間長短分配寬窄尺寸,但是
務必設計在 1800mm 以上,才足供顧客走動之需。另外,大型賣場
常在主通道設有面對面販賣區,其通道需特別加寬 60 公分,供營
業員面對面服務顧客(如圖 5-13 所示)。

圖 5-13 大型賣場之面對面販賣區應在主通道加寬 60 公分，供營業員面對面服務顧客。
照片提供：安勝商店設備股份有限公司。

(二)副通道寬幅

在賣場副通道走動的是屬於已分散的顧客，其寬度設計比主通道小，原則上最小的寬度不能小於 80 公分，以免因通道太窄而發生顧客互相擦撞或碰撞商品之現象。賣場面積及商品陳列多寡都是關係副通道寬窄的因素，若以賣場面積作區分，可歸類成以下三種常用的副通道尺寸。

15～50 坪左右的小型賣場，其副通道寬度設計在 800～900mm 為宜，也可依實際需要加寬至 1000mm 或 1100mm；另外有一種出入口設在店面中央位置的小型賣場（如專門店和精品店），為了吸引顧客入店的直接視線，乃將主通道改在賣場中央，而將副通道縮小規劃在賣場兩邊，但是最窄也不可小於 750mm，以免形成賣場死角，導致商品流通不良（如圖 5-14 所示）。50～100 坪左右的中型賣場之副通道寬度以 900～1200mm 較為適當，最小不要低於 850mm，有些中型零售賣場（尤其是超級市場）的人潮較多，副通道應配合主通道擴大而考慮加寬至 1300mm 或 1500mm。

200 坪以上的大型賣場，如綜合購物商場、大型超級市場等之副通道規劃在 1500～1800mm 才適合大量的顧客所需，尤其大型量販店為了方便顧客使用大型購物車，甚至將副通道設計在 2000mm

在賣場副通道走動的是屬於已分散的顧客，其寬度設計比主通道小，原則上最小的寬度不能小於 80 公分，以免因通道太窄而發生顧客互相擦撞或碰撞商品之現象。

以上，以提高量販的經濟規模（如圖 5-15 所示）。

㈢收銀區通道寬幅

　　收銀區通道包含「結帳等待通道」和「收銀通道」兩種。「**結帳等待通道**」就是收銀台前方的空間，其寬度需大於其他的購物通

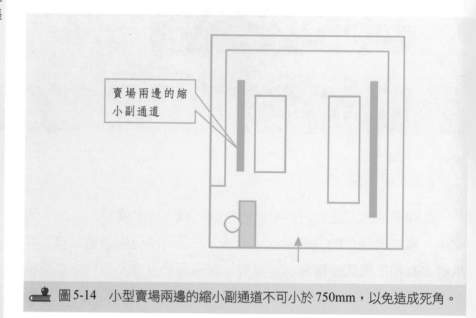

賣場兩邊的縮小副通道

　🔖 圖 5-14　小型賣場兩邊的縮小副通道不可小於 750mm，以免造成死角。

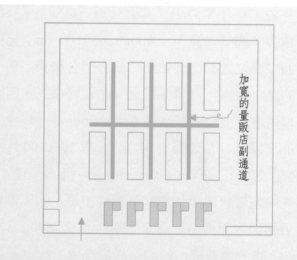

加寬的量販店副通道

　🔖 圖 5-15　大型量販店為方便顧客使用大型購物車，可將副通道設計在
　　　　　　2000mm 以上，以提高量販經濟規模。

道，使顧客有足夠的迴轉空間等待結帳；而「**收銀通道**」是顧客面
對收銀員所處的通路，也可說是複數收銀台之間的距離。以上兩種
通道的寬幅按照賣場規模、行業類別、販賣型態及顧客多寡的不同
而有差異。

　　有些行業的賣場並不太著重於收銀區通道，如餐廳、咖啡店、
傢俱店、廚房設備專賣店等，因其結帳的顧客量不多，且比較不會
集中在同一時間點，所以其收銀通道往往不會太刻意規劃。然而有
一些零售賣場卻因結帳顧客量多又容易在同一時間結帳，若是沒有
詳加規劃收銀區通道，容易導致管理不當，造成混亂。以下所述也
正是針對這些零售賣場的通道寬度加以歸類成三種型態來探討，
如便利商店、麵包店、五金百貨賣場、超級市場、量販店等各型賣
場。

　　約 15～50 坪左右的小型賣場，其結帳等待通道的寬度設計為
1200～1800mm 較為適當，此區不宜再設置其他商品貨架以免妨礙
收銀作業，若收銀台是設計成單一長型櫃台，則可考慮將刺激購買
性商品陳列在櫃台正面的內凹貨架，才不會佔據通道，影響結帳
（如圖 5-16 所示）。

櫃台內凹貨架

結帳通道

圖 5-16　小型賣場設置單一長型櫃台時，應將刺激購買性商品陳列在
　　　　櫃台正面的內凹貨架，才不會佔據通道，影響結帳。

50～100 坪左右的中型賣場,其結帳等待通道的寬度規劃在1800～2400mm 之間是理想的空間尺寸,若是在收銀台前設置有商品端架,其所需空間應另計,不可佔據等待通道及收銀通道(如圖5-17 所示)。

200 坪以上的大型賣場,其結帳等待通道的寬度規劃在2400～3000mm 之間或以上為宜,大型賣場因空間足夠和整體佈局的需要,收銀區前方常加大加寬另規劃特販賣點區以刺激買氣。另外,各型賣場若是設計兩個以上並排的收銀台,其中間收銀距離以60 公分為最適當寬度,太寬的收銀通道不易管理收銀作業,太窄又不方便顧客提物行走(如圖5-18 所示)。

針對以上所探討的主通道、副通道及收銀區通道之寬度,實際上有其相互關係,表5-2 列出此三種通道的寬度尺寸對照,可結論出主通道應該比副通道寬,而結帳等待通道則應比主通道還寬。

圖 5-17　中型賣場之收銀台前方若設有商品端架,其所需空間應另計,不可佔據等待通道及收銀通道。

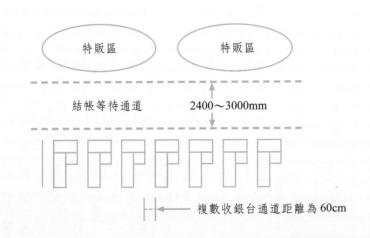

📖 圖 5-18　大型賣場之結帳等待通道及收銀通道之寬度尺寸

📖 表 5-2　賣場主副通道及結帳等待通道之寬度

賣場規模	主通道寬度（mm）	副通道寬度（mm）	結帳等待通道寬度（mm）
小型賣場（約 15～50 坪左右）	900～1200	800～900	1200～1800
中型賣場（約 50～100 坪左右）	1200～1800	900～1200	1800～2400
大型賣場（約 200 坪以上）	1800～2700	1500～1800	2400～3000

㈣餐飲店的通道寬幅

　　餐飲店因為消費型態、販賣方式、店員服務方式、顧客走動情形、顧客停留時間都與一般的零售賣場不同，所以整個動線規劃有很大的差別，其通道寬幅設計也都不一樣。

　　餐飲店的主通道除了顧客進出之外，最重要的是供給店員服務之用，如帶位、上菜、收拾餐具等服務，所以也可稱之為服務通道。另外，要特別注意的是顧客入座的寬幅距離，雖然是屬於次要通道卻是非常重要，因為顧客真正的消費區都在這裡，停滯時間也

比一般賣場久，所以寬幅尺寸設計比一般動線通道來得講究。

餐飲店的通道寬幅大致分為一般座位通道、和室座位通道、店員服務通道等三種。如圖 5-19 所示加以說明：「**一般座位通道寬幅**」的靠牆寬幅考慮比個人座椅寬的原因是背後靠牆沒有轉圜空間，所以設計為 600mm 是最理想，而靠服務員寬幅設計為 400～500mm 的個人座椅寬度，主要是此位置緊鄰服務通道尚可併用其當成活動空間；「**和室座位通道寬幅**」的靠牆寬幅一樣設計為 600mm，而靠服務員寬幅設計為 400mm 的個人座墊寬，此位置同樣是緊鄰同平面的服務通道，可併用其當成活動空間；「**店員服務通道寬幅**」可分成四種，一般座位的服務通道寬幅為 600～900mm、和室座位的服務通道寬幅為 600～1000mm、單向全身的服務通道寬幅為 900～1000mm、單向半身的服務通道寬幅為 400～500mm。

二、通道寬幅與櫥櫃之關係

根據日本店舖設計家協會（*1985*）研究指出各型賣場的通道寬度與展示櫥櫃的高度有絕對的相互關係，當在有限的空間要販賣多種商品而需要使用高型貨架時，其通道設計應考慮貨架高度的壓迫感而加寬尺寸，使消費者有更寬闊的選購空間，否則不僅員工補貨

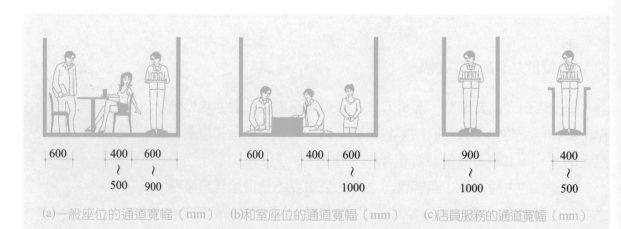

(a)一般座位的通道寬幅（mm）　(b)和室座位的通道寬幅（mm）　(c)店員服務的通道寬幅（mm）

圖 5-19　餐飲店的各型通道寬幅

不方便，顧客更是動彈不得（如圖 5-20 所示）。

　　原則上，通道的寬度不要小於展示櫥櫃的高度，假設當貨架高度為 1500mm 時，通道寬度應設計為 1500mm 以上（如圖 5-21(a)所示）；但是當貨架高度設計為 1800mm 時，通道寬度也應加寬到 1800mm 以上（如圖 5-21(b)所示）。然而受限於賣場面積及經營型態問題，很多商店並無法規劃與貨架同高的通道寬度，下一段將以圖解說明各種賣場的通道與櫥櫃之關係。

　　針對各種中小型賣場及量販店比較合理化的通道與櫥櫃關係，以下配合詳細的前視圖一一作圖解說明。

　　圖 5-22(a)所示「**小型服飾賣場**」的店面寬為 3500mm，兩側主通道規劃為 900mm，中間的衣飾平台櫃深度為 800mm，高度設計為 1350mm 是最理想的；若是設計太高與兩邊的靠壁高櫥櫃相對照，則整個賣場會造成很大的壓迫感。右邊靠牆玻璃櫥櫃深度 450mm×高度 950mm 為宜，玻璃櫃上方設計成活動式的商品架，其總高度約為 1800mm，活動架上方至天花板之間規劃成正面吊掛服飾展示區；左邊設計成深度 450mm 的木製上下陳列展示櫃，上

📖 圖 5-20　太窄的通道不僅員工補貨不方便，顧客更是動彈不得。

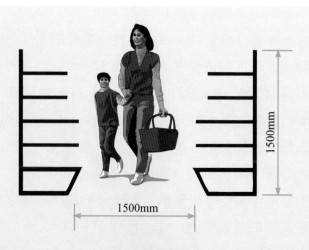

(a)當貨架高度為 1500mm 時，通道寬度應設計為 1500mm 以上。

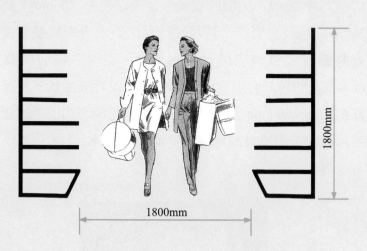

(b)當貨架高度為 1800mm 時，通道寬度應設計為 1800mm 以上。

圖 5-21　通道寬幅與櫥櫃高度之關係

櫃高度 1800mm 以上，可當成庫存區，下櫃高度為 1200mm。

　　圖 5-22(b)所示「**小型便利商店**」的店面寬為 5400mm，賣場中間擺設深度 900mm×高度 1350mm 或 1500mm 的雙面貨架兩排，兩邊牆面規劃深度 450mm×高度 1950mm 的單面貨架，整個賣場規劃成三條寬度為 900mm 的直線主要通道。以上所規劃的商品展示設備都可以採用活動式貨架組合而成，施工快速、美觀耐用，陳列空間可依商品規格彈性調整。

　　圖 5-22(c)所示「**小型藥妝用品賣場**」的店面寬為 4400mm，是國內最普遍的店面寬度，兩側主通道規劃為 900mm，中間規劃深度 800mm×高度 1350mm 的梯形玻璃櫃，右邊規劃面對面販賣區，販賣玻璃平台為深度 500mm×高度 950mm，服務員通道為 500mm，服務員後面靠右牆設計深度 350mm×高度 2100mm 的玻璃門展示櫥櫃，左牆設計為 350mm×高度 1800mm 的開放型單面貨架，其上方設計成儲存櫃。

　　圖 5-22(d)所示為「**中大型零售賣場**」使用的集中複數收銀台，主要收銀通道以 600mm 為最適當，太寬容易導致收銀管理缺失，太窄又會使顧客碰撞到機台設備，目前幾乎所有零售賣場都以此為標準尺寸。收銀置物台以高度 750mm×深度 500mm 為最理想，切勿過高以免造成顧客上下物品及收銀員過帳操作時的不方便。另外，收銀機平台以高度 650mm×深度 600mm 為最適合收銀員的服務操作。以上的收銀設備大都採用規格成型的專用櫃台組合而成。

　　圖 5-22(e)所示「**中型生鮮超級市場**」之主通道是在右邊的生鮮蔬果區，其寬幅設計在 1200～1800mm 較為適當，靠牆的冷藏展示櫃以高度 1920mm 的亞洲規格比較適合，有些賣場所採用的歐美規格，其最上層置物架太高並不適合國內的消費者；主通道中間的冷凍冷藏平台櫃，總高度以不超過 1350mm（含上層置物架）為原則。左邊副通道寬幅設計在 900～1200mm 最適合，中間可選用深度 900mm×高度 1800mm 的雙面貨架，靠牆選用深度 450mm×高度 2100mm 的單面貨架，單面與雙面貨架的層板可隨商品陳列需要彈性上下調整。

　　圖 5-22(f)所示「**中型百貨賣場**」之主通道是在面對面販賣的專櫃區其寬幅為 1800mm，玻璃專櫃平台以深度 600mm×高度 950mm 為理想規格，靠牆開放式展示櫃規格以深度 450mm×高度 1800mm 較適當，專櫃區服務員通道的寬度可設計在 600～950mm 之間。另外，設置在賣場中間的陳列架以深度 900mm×高度 1350mm 的木製雙面平台為設計重點。

　　圖 5-22(g)所示「**大型量販店**」之通道都特別加寬規劃以利顧客

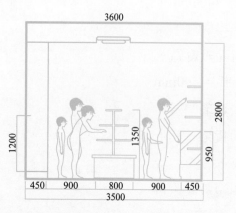

(a)小型服飾賣場之通道與櫥櫃的寬幅

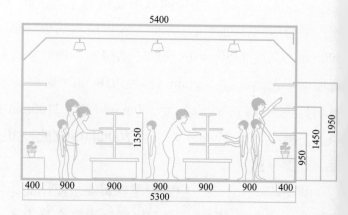

(b)小型便利商店之通道與櫥櫃的寬幅

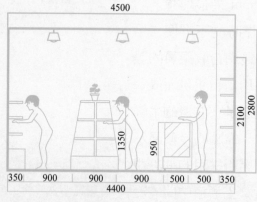

(c)小型藥妝用品賣場之通道與櫥櫃的寬幅

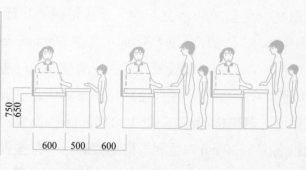

(d)中大型賣場之集中複數收銀台

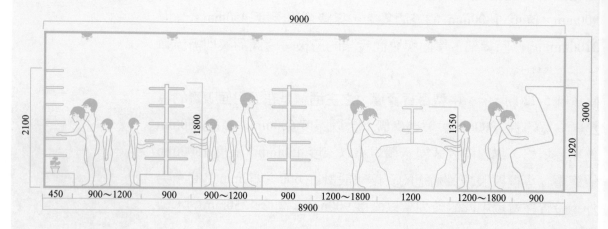

(e)中型生鮮超級市場之通道與櫥櫃的寬幅

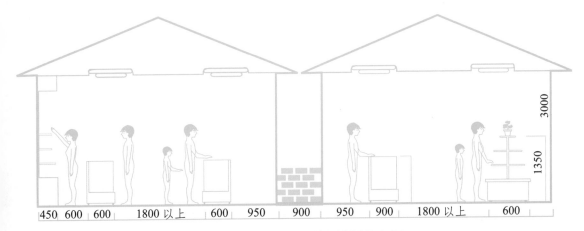

(f)中型百貨賣場之通道與櫥櫃的寬幅

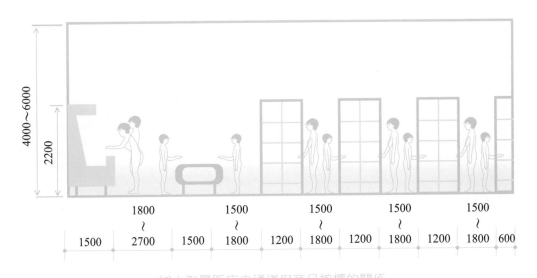

(g)大型量販店之通道與商品櫥櫃的關係

📖 圖 5-22　各型賣場之通道寬幅與商品櫥櫃的關係（單位：mm）

使用大型購物車，主通道設計在冷凍冷藏生鮮食品區為 1800～
2700mm，副通道設計在乾貨食品用品區為 1500～1800mm。因為
其經營型態強調量大便宜，所有展示設備都採用較大尺寸的歐美
規格以陳列多樣多量的商品，立式冷藏櫃為深度 1500mm×高度
2200mm的大規格，臥式冷凍櫃為深度1540～1840mm×高度800mm
的平行櫃，雙面陳列櫃為深度 1200mm×高度2200mm的倉儲架，
靠牆的單面陳列櫃為深度 1200mm×高度2200mm的倉儲架，這些

設備除了展示販賣功能之外，較高的上層都當成現場儲存用，以利及時補貨之用。

學習評量及分組討論

1. 小型賣場規劃動線時，應該注意哪些事項？
2. 中大型賣場規劃動線時，應該注意哪些事項？
3. 請簡述賣場裡的動線可分為哪三種？
4. 請按順序列出「顧客動線」的整個路線主要包括哪些？
5. 規劃顧客動線時，所應思考的設計問題有哪些？
6. 「小型賣場顧客動線」依動線的形狀可區分成哪六種型態？
7. 請舉例說明「面對面販賣型動線」？
8. 請舉例說明「圓形動線」？
9. 請舉例說明「橫格型動線」？
10. 「中大型賣場顧客動線」可區分成哪四種型態？
11. 請舉例說明「格式迂迴動線」？
12. 請舉例說明「開放型動線」？
13. 「餐飲店動線」依其配置方式可分成哪五種型態？
14. 賣場的通道有哪五種？
15. 請舉例說明「主通道」？
16. 請舉例說明「副通道」？
17. 何謂「收銀區通道」，其包括哪兩種？
18. 請依照賣場規模大小，列出三種常用的主通道尺寸？
19. 請依照賣場規模大小，列出三種常用的副通道尺寸？
20. 請簡述通道寬幅與櫥櫃的相互關係？
21. 以小組為單位，模擬繪製小型便利商店的顧客動線，並說明之？
22. 以小組為單位，模擬繪製中型現代化傢俱賣場的顧客動線，並說明之？
23. 以小組為單位，舉例討論中大型賣場各種動線型態的特性比較？
24. 以小組為單位，討論並舉例繪製大型量販店的收銀通道和結帳等待通道，並說明之？
25. 以小組為單位，練習將教室規劃為任一賣場，並將賣場配置、動線及通道，按照比例：1/100、單位：mm 繪製成平面圖？

第六章

後場行政作業區規劃

各節重點
第一節　行政管理區
第二節　倉儲與加工作業區
第三節　各式賣場之後場規劃
學習評量及分組討論

學習目標
1. 瞭解後場的整體區域設施及功能。
2. 熟悉行政管理區的設施機能及規劃重點。
3. 瞭解倉儲與加工作業區的設施機能、作業流程及配置規劃重點。
4. 能夠瞭解並區分各種中小型賣場的後場規劃之重點及差異性。

　　「**後場**」就是位於賣場後方的區域設施，其主要功能在於支援前場營運時所必須進行的作業流程。後場通常包含行政管理、倉儲與加工作業等兩大區域。行政管理區有辦公室、員工休息室、化妝室、機電室等；而倉儲與加工作業區主要有倉庫及貨品加工作業區等。

第一節　行政管理區

壹、辦公室

　　「**辦公室**」主要是整個賣場營運的管理據點，其管理功能涵蓋人事行政、財務出納、進出貨品、電腦系統、賣場監控、經營策略、販促企劃等。在複合功能的辦公室裡之設備及設施大致有辦公桌椅、電腦系統設備、事務機器、保險櫃、監視系統控制設備、資料櫃、美工器材、文具器材、會客室、廠商洽談室、茶水間等。

　　辦公室區域大小及功能規劃隨著不同的賣場規模、行業別及經營型態而有所差異。例如，大型量販賣場應具備很齊全的各種管理功能之辦公設施，其辦公區域也佔較大的比例。然而，很多小型賣場或連鎖分店，基於賣場空間受限和作業流程的簡化，都僅設置簡單的辦公桌椅以供文書作業，甚至直接將辦公室的基本管理功能附屬在收銀服務區裡。

貳、員工休息區

　　「**員工休息區**」主要是提供給賣場員工用餐聯誼、放鬆心情及其他生活功能的地方。此區域的設施與設備有休息室、交談聯誼室、化妝室、更衣室、餐廳、宿舍等。由於這些設施對員工的健康

及生活教育有直接關係，也影響員工在賣場的工作士氣及服務品質，所以，設備上的質量和飲食生活等環境的講究，對員工的身心都有很大的影響程度。尤其對較大的賣場來講，隨著員工人數的增加更必須設置更齊全的功能設施。例如，個別設置餐廳和宿舍，方便照料遠途通勤者，以降低缺勤率和強化員工教育訓練。若對員工人數較少的小賣場而言，基本的生活功能設施（如化妝室和休息室）也不可免。

參、機電室

機電室
即是設備的機器房和電器控制室的總稱。

　　所謂「**機電室**」即是設備的機器房和電器控制室的總稱。賣場裡有很多的機電設備及生財器具，其主要機組和電器控制系統都是設置在後場區域。通常小賣場的機電設備較少，規劃時都會將機組和電器控制設計在同一機電室。然而，對大賣場而言，因為機電設備和電路系統繁雜，為方便檢修及安全起見而必須將機電室分開規劃成機器房和電器控制室。不論哪一種型態的機電室都必須配置適當的消防器材，且由專人管理進出，更不可與其他設施或商品混雜在一起。然而，很多小賣場常為了利用空間，而將機電室當成小倉庫使用，形成賣場安全管理上的重大缺失。

第二節　倉儲與加工作業區

壹、倉庫

倉庫
是賣場庫存商品的地方，其作業功能有進貨、驗收、上架儲存、拆裝、打包、賣場補貨、盤點、退貨等要項。

　　「**倉庫**」是賣場庫存商品的地方，其作業功能有進貨、驗收、上架儲存、拆裝、打包、賣場補貨、盤點、退貨等要項。
　　倉庫大小規模的規劃應依照商品週轉率、銷售計畫、安全庫存

計畫及賣場整體空間而定。然而，必須注意的是商品種類與內容也是影響規劃結構的因素。例如，商品的大小、形狀、重量、類別、保存溫度、儲存架、儲存設備等都是在規劃時就應考慮的要項。

　　常見的倉庫區是分成乾貨區及濕貨區（冷凍冷藏食品）。乾貨區可依照商品的大小、形狀、重量及類別，而使用適當的多層貨物架、平台或塑膠棧板。而濕貨區則必須設置冷凍冷藏庫以保存食品品質及鮮度。

貳、加工作業區

　　所謂「**加工作業區**」是指賣場商品在販售前，必須經由加工、包裝、洗滌、調理、烹飪或烘焙等處理作業過程的區域，其通常都被規劃在後場。而後場需要設置加工作業區的大都是屬於食品賣場。例如，速食店、咖啡店、簡餐店、餐廳、西點麵包店、生鮮超市及其他的食品專賣店等。

　　加工作業區的大小和配置方式，隨著賣場的規模及商品種類、品項多寡而決定。例如，速食店的加工作業區僅需要簡易的廚房調理空間；而生鮮超市則需要洗滌、處理、刀切、解凍、包裝、標價、烹調、油炸，且需要將蔬果、精肉、鮮魚等分開處理，所以其加工作業區需要規劃較大且完整的空間。

> 加工作業區
> 是指賣場商品在販售前，必須經由加工、包裝、洗滌、調理、烹飪或烘焙等處理作業過程的區域，其通常都被規劃在後場。

第三節　各式賣場之後場規劃

　　後場之功能隨著行業別及經營型態的不同，其規劃上也大有差異。本節將以圖例說明麵包店、便利商店、生鮮超市、餐廳、速食店、三 C 電子專賣店、藥妝店等幾種賣場的後場規劃。

壹、麵包店之後場規劃

麵包店之後場規劃
其重點規劃以烘焙作業
為主。

「**麵包店之後場規劃**」如圖 6-1 所示，其重點規劃以烘焙作業為主。後場入口之左側為麵粉置放區、原物料食材及烘焙器材（含包裝材）之存放區。右側規劃為攪拌食品機器、烘焙設備（烤爐及發酵箱）。中間位置規劃作業平台，以供麵包、西點、蛋糕等食品之製作加工之用。在後側之位置規劃為冷凍冷藏區，以儲存冷凍麵糰及冷藏食材。

此規劃要項主要考慮烘焙製作流程之順暢，首先原物料及食器材入庫上架，方便中央操作區之取得。加工作業完成後可送至後方冷凍冷藏儲存、及逕自利用右測之設備機器進行烘焙作業。等烘焙至成品時，即可取出再回到平台進行包裝作業，最後送至前場展售。

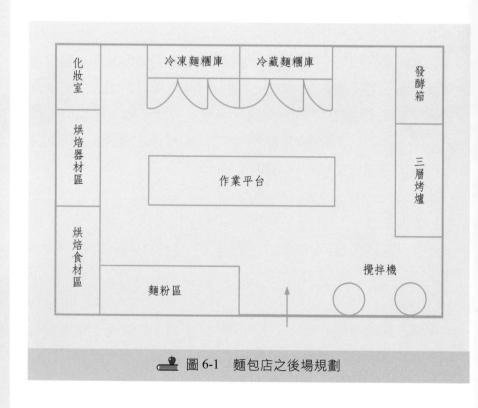

圖 6-1　麵包店之後場規劃

貳、便利商店之後場規劃

　　「**便利商店之後場規劃**」如圖 6-2 所示，此規劃以連鎖超商之簡易後場為主。前後場之間以走入式冷藏展示櫃（由後場進入冷藏櫃補貨）及冷凍展示櫃區隔開，展示櫃後方僅留一後勤通道，而靠牆處設置商品儲存架、冷凍儲存小冰櫃及行政辦公桌椅，通道末端設有員工化妝室。

　　此規劃主要考慮小賣場的空間受限，後場僅規劃基本的行政設施及儲存架。儲存架僅庫存少量的暢銷商品，其餘多數商品都經由物流系統配送至前場。

便利商店之後場規劃
此規劃以連鎖超商之簡易後場為主。

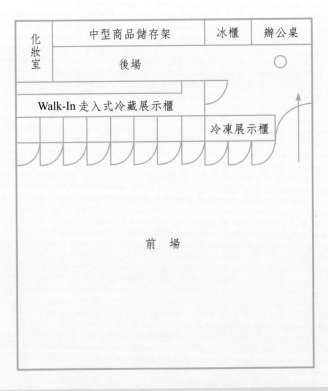

🖾 圖 6-2　便利商店之後場規劃

參、生鮮超市之後場規劃

「**生鮮超市之後場規劃**」必須考慮到行政管理、乾濕貨倉儲、加工作業、機電設施等多項功能，其規劃的困難度及重要性可說是居目前零售業之最。如圖 6-3 所示，後場之左側規劃為乾貨倉庫、行政辦公室、員工休息區（含化妝室），左後方為設備機器房及電器控制室；後場之右側規劃為冷凍冷藏（濕貨）庫存區、蔬果加工處理區、精肉加工處理區、鮮魚加工處理區。另外，此區之牆面則設置解凍、洗滌調裡、刀切、烹飪、油炸等作業設施。

此規劃尚須考慮貨品進出的空間與動線，如圖示之貨品由後門進貨，進貨區留有足夠的驗退空間，而乾貨倉庫靠近前場以方便補貨。右側濕貨區之貨品從進貨時，需先入冷凍冷藏庫保鮮儲存，然後分成蔬果類、精肉類、鮮魚類等三區分別處理加工，切勿混淆處理以免成品產生異味。

超市後場的洗滌及烹飪區靠牆設計，易於排給水和油煙排放。同時採用防滑地板，並且設計漏式水溝（參考圖 7-7），以利每天清洗排放污水。

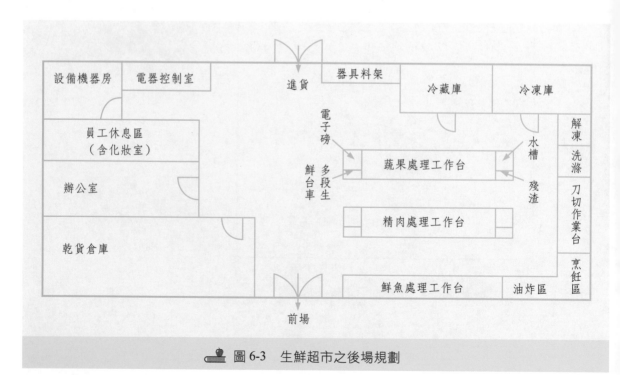

圖 6-3　生鮮超市之後場規劃

肆、餐廳之後場規劃

　　「**餐廳之後場規劃**」如圖 6-4 所示，此規劃以烹飪調理作業為主要項目，俗稱為大廚房。各類食材由後門進貨區驗收後，直接保存於後場左側之冷凍冷藏區。大量裝箱或保存期限較久的鮮貨品，應存放於大型冷凍冷藏庫裡；小量且每日常用之鮮貨品及其他食材則儲存於開門式冷凍冷藏櫃，方便取拿使用。後場之中央位置規劃不鏽鋼調裡作業台，作業台應設計雙層上架方便置放器皿。後場之右側規劃為主烹飪區，設置有洗滌調理台、油炸鍋、快速爐灶、高湯鍋爐等設施。

　　餐廳後場的用水及油煙都比一般後場多，其洗滌及烹飪區如同超市後場，將這些設施靠牆設計易於排給水和油煙排放。同時採用防滑地板，更需要設計漏式水溝（參考圖 4-7），以利每天清洗排放污水。

餐廳之後場規劃
此規劃以烹飪調理作業為主要項目，俗稱為大廚房。

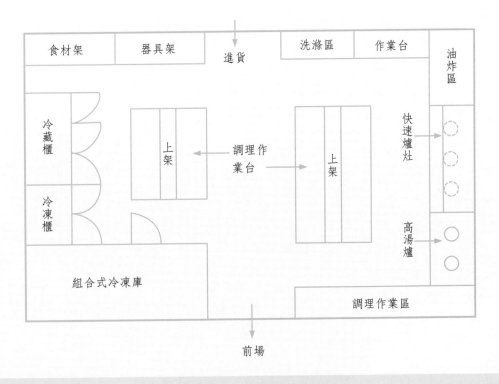

圖 6-4　餐廳之後場規劃

伍、速食店之後場規劃

「**速食店之後場規劃**」在此以小型速食店為案例，如圖 6-5 所示，中央位置規劃為原食材之處理作業區；後場右側為熱食調理區，包括快速鍋爐、油炸機及熱食調理作業台；後場左側為冷食調理區，包括製冰機和冷食調理作業台；左後方則規劃擺放器材和食材的置物架；食材架右邊設置一台六門式冷凍冷藏櫃。小型速食店的後場功能類似餐廳後場，只是設施規模較小，且功能也較簡易。

陸、三Ｃ電子專賣店之後場規劃

三Ｃ電子專賣店之後場規劃如圖 6-6 所示，此規劃考慮到行政管理、倉庫、維修、拆裝等功能均衡配置。後場右側規劃為行政辦公室及倉庫，此倉庫以存放體積較大的商品為主。而體積較小的貨品（如線材及零配件等），則規劃存放在左側的中型物料架上。

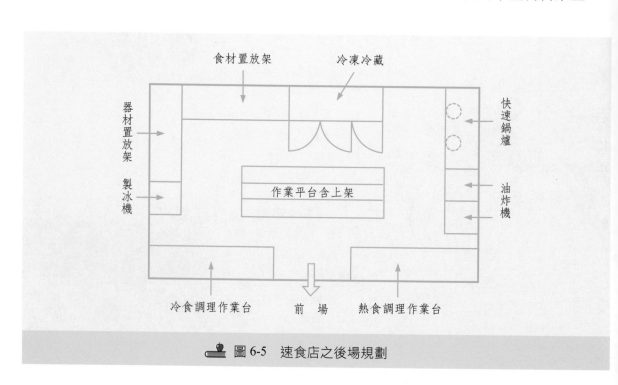

圖 6-5　速食店之後場規劃

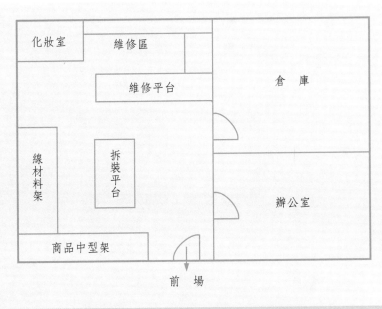

🔖 圖 6-6 三 C 電子專賣店之後場規劃

三 C 賣場的維修服務比一般賣場重要，所以在後場的後方（即是倉庫左方），設置一維修部是此後場規劃的必須考量。

柒、藥妝店之後場規劃

藥妝店之後場規劃如圖 6-7 所示，此規劃分成三大部分。後場右前方（面向前場）設置藥品調劑室，調劑室後方才規劃辦公室及化妝室。後場左側之 L 型牆邊分設藥品及化妝品存放架，而左側中央設置一平台以利貨品拆裝之用。

「**藥妝店後場的儲存架**」規劃以多層設計為宜。因藥妝品體積較小，多層貨架易於商品分類管理，也可避免藥妝品受壓損。

藥妝店後場的儲存架規劃以多層設計為宜。因藥妝品體積較小，多層貨架易於商品分類管理，也可避免藥妝品受壓損。

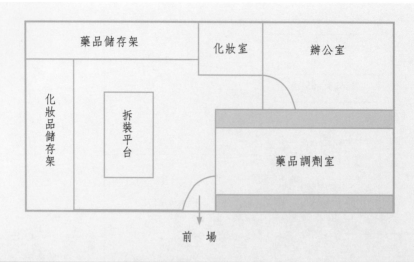

🔖 圖 6-7　藥妝店之後場規劃

學習評量及分組討論

1. 何謂「後場」，其主要功能及包含區域為何？
2. 請舉例說明「辦公室」的規劃重點？
3. 請舉例說明「員工休息區」的規劃重點？
4. 針對大賣場而言，規劃「機電室」時應該注意哪些重點？
5. 倉庫的作業功能有哪些？
6. 請舉例說明「加工作業區」的規劃大小和配置方式？
7. 以小組為單位，討論規劃一「服飾精品店」的後場，繪圖並說明之？
8. 以小組為單位，討論規劃一「五金百貨行」的後場，繪圖並說明之？
9. 以小組為單位，討論規劃一「麻辣火鍋店」的後場，繪圖並說明之？

第 3 篇

賣場販促氣氛規劃

第七章

賣場色彩計畫

📚 **學習目標**

1. 可以定義色彩的屬性。

2. 充分理解色彩的心理感覺，並能加以運用。

3. 瞭解多種配色類型，並能掌握適當的配色原則。

4. 運用用色原理及色彩美感原理發展賣場整體的色彩計畫。

5. 配合企業識別系統強調應用在賣場的內外裝色彩計畫。

　　雖然每個人天天都會接觸到很多的色彩，也對色彩產生視覺感官上的喜好、排斥與聯想。然而，大部分人對色彩理論性的原理，乃是沒有系統性的認識，導致在運用時會有模稜兩可的問題，甚至難以規劃出完整的色彩計畫，而隨性的作變更。基於賣場的色彩負有吸引顧客第一印象的重要功能，本章將分成「色彩基礎理論」、「色彩的心理感覺」、「配色的類型與原則」及「賣場色彩計畫執行重點」等四部分來探討，希望有助大家循序漸進的學習到合理化、系統化的基礎原理，進而將色彩有條理、有組織的應用到實際需求的賣場，使賣場發揮最大的行銷績效。

第一節　色彩基礎理論

　　色彩理論對一般人來說會覺得有點吃力和乏味，然而，只要靜下心來先尋求對色彩的感覺和知覺，很快就能從中獲取樂趣而進入理性思考與分析的領域。學習色彩最大的好處，是能夠理解色彩的構成、色彩的相互調和、加強辨色能力及色彩運用的技巧。在此將要敘述的色彩基礎理論包括色彩的種類及色彩的屬性。

壹、色彩的種類

　　世界上可以辨別的色彩有數百萬種，但是這麼多的色彩卻無法一一納入人們的記憶，所以色彩學家將其簡化分成兩大種類。第一種類為「無彩色」，其中包括白色、黑色、灰色等沒有色彩的顏色；第二種類為「有彩色」，其中包括黃色、紅色、綠色等純色色彩及其他一般色彩（*太田昭雄、河原英介，1988*）。

學習色彩最大的好處，是能夠理解色彩的構成、色彩的相互調和、加強辨色能力及色彩運用的技巧。

貳、色彩的屬性

色彩學的色彩有三種屬性（亦稱色彩三要素）。「色相」屬性是在分別色彩必要的名稱；「明度」屬性就是色彩明暗的性質；「彩度」屬性是色彩的純度，也就是色彩的飽和狀態。以上三種屬性分別說明如下。

一、色相（Hue）

色相 所指的是色彩的色澤名稱，僅是區分不一樣的色彩，與色彩的明暗強度沒有關係。

「**色相**」所指的是色彩的色澤名稱，僅是區分不一樣的色彩，與色彩的明暗強度沒有關係。其可分為有彩色與無彩色兩大領域，無彩色有如白、灰、黑等色；有彩色如紅、橙、黃、黃綠、綠、藍綠、藍、紫藍、紫、紅紫等形成一個完整的色相循環。圖 7-1 為曼塞爾（Munsell）色相環，環中的英文代號分別為 R ＝紅、YR ＝黃紅（橙）、Y ＝黃、GY ＝黃綠、G ＝綠、BG ＝藍綠、B ＝藍、PB ＝紫藍、P ＝紫、RP ＝紅紫。每個色相細分成 10 等分，其中間位置代表各色相的本色，也就是純色並沒有混雜左右鄰色。以紅色為例，5R 就是真正的純紅色，左邊的色系會逐漸偏向紅紫色，右邊的色系會逐漸偏向黃紅色（橙色）。也就是說，在紅色系裡，4R 以下的色系會帶有紫色成分，而 6R 以上的色系會帶有黃色成分。

二、明度（Value）

明度 即為色彩的明暗度，也就是色光的強弱。

「**明度**」即為色彩的明暗度，也就是色光的強弱。色光量比較強時，色彩就比較亮；色光量比較弱時，色彩就比較暗。例如，綠色所反射出來的光量較強時，其色彩就是比較亮的翠綠色；若是綠色所反射出來的光量較弱時，其色彩就是比較暗的墨綠色。

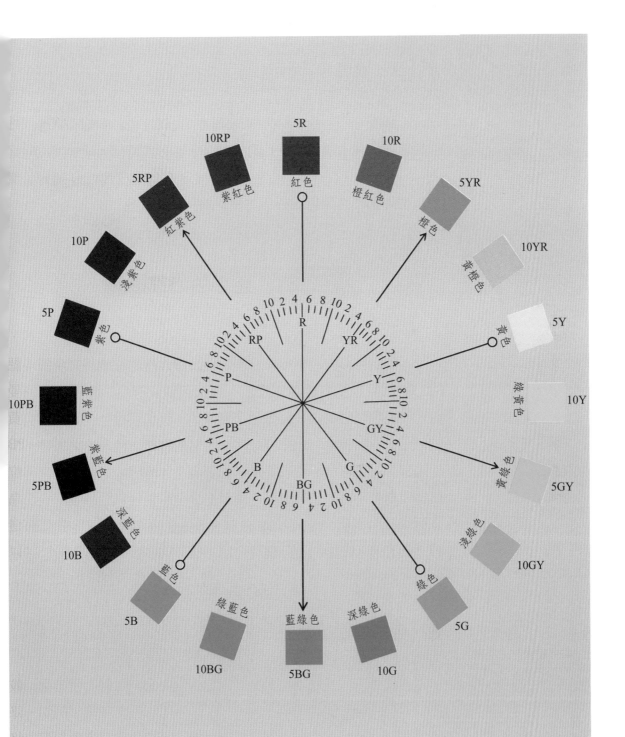

圖 7-1 曼塞爾（Munsell）色相環

彩度
即是色彩的純度或濃度
，也就是色彩的飽和狀
態。

三、彩度（Chroma）

「**彩度**」即是色彩的純度或濃度，也就是色彩的飽和狀態。以紅色來講，其中黑色或白色含量越多，其彩度越低而成混濁的暗紅色；若是黑色或白色含量少，其彩度越高就變成比較鮮明的鮮紅色；假如都不含黑色或白色，便是飽和的純紅色。

第二節　色彩的心理感覺

人們對色彩的敏感度會有情緒性及機能性的感覺，這些對色彩的心理感覺包括有暖色與寒色、興奮色與沈靜色、膨脹色與收縮色、明亮色與陰暗色、鮮豔色與鈍厚色、輕色與重色、柔和色與堅硬色、色彩明視度、色彩喜好度、色彩的聯想與色彩的象徵等。基於消費者對色彩的心理感覺是影響賣場營運的因素之一，所以，對賣場規劃者而言，學習調配色彩及充分理解對色彩的感覺方式，是拉近消費者與賣場之間距離的方法，更是塑造賣場販促氣氛的技巧。為了讓大家能夠充分理解運用，以下依序對各種的色彩心理感覺作詳細說明。

壹、色彩的對比感覺

一、暖色與寒色

暖色系
色彩容易使人有溫馨暖
和的感覺，如紅色、橙
色和黃色。

色彩給人們的直接反應是冷暖的感覺，所以在色相環裡若以溫度感作區分，其色彩可分為暖色系與寒色系（如圖 7-2 所示）。「**暖色系**」的色彩容易使人有溫馨暖和的感覺，如紅色、橙色和黃

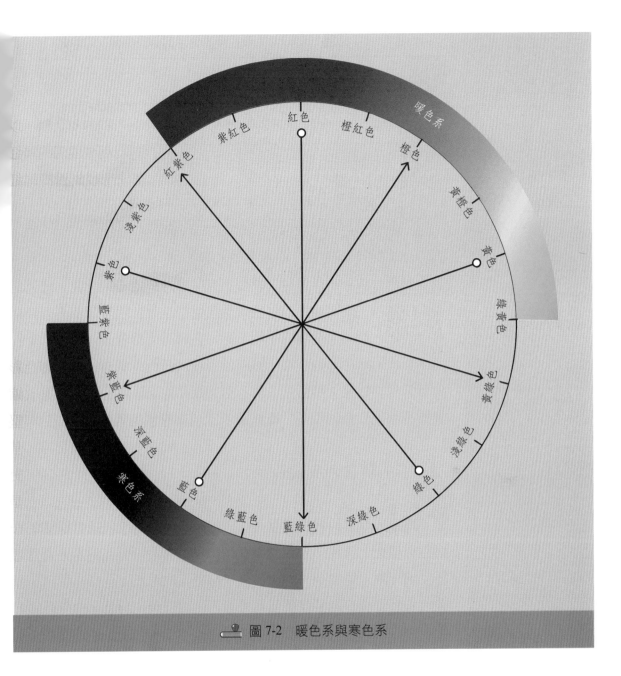

紫紅色　紅色　橙紅色

暖色系

橙色

紅紫色

黃橙色

淺紫色

黃色

紫色

綠黃色

藍紫色

黃綠色

紫藍色

淺綠色

深藍色

綠色

藍色

深綠色

綠藍色　藍綠色

寒色系

🔖 圖 7-2　暖色系與寒色系

色;而「**寒色系**」的色彩卻讓人感覺寒冷涼爽,如藍色、藍綠色和
藍紫色。然而,介於暖色系與寒色系之間的中性色彩(如綠色和紫
色)就沒有冷暖的感覺。但是,假如中性色彩偏重暖色時就會有暖
和感,如紅紫色及綠黃色;或者傾向寒色時就會有寒冷感覺,如藍
綠色及藍紫色。

　　暖色與寒色對其他的色彩心理感覺有很直接的影響,如表 7-1

表 7-1　「暖色與寒色」的心理感覺

暖色	色彩名稱	紅色、橙色、黃色、紫紅色、紅紫色、橙紅色、黃橙色、綠黃色
	心理感覺	興奮、飽滿膨脹、活潑前進、爽朗明亮、鮮豔美麗
寒色	色彩名稱	藍色、紫藍色、藍紫色、綠藍色、藍綠色
	心理感覺	沈靜、凹陷收縮、空曠後退、陰冷黯淡、鈍厚穩重

列示出「暖色與寒色」所產生的心理感覺。此外，無彩色中的黑色、白色、灰色同樣是讓人感受不到有寒冷或溫暖的感覺，但若是要嚴格歸類，則明度高的白色會使人覺得涼爽，明度低的黑色較具有溫暖感，而灰色是屬於中性色彩。在賣場的佈置設計，春夏季的商品應採用寒色系作訴求，如游泳用具以藍色海水為背景，讓消費者有清涼的感覺；相反的，秋冬季的商品則應以暖色系來襯托，如春節禮品以紅色作襯托，更能顯示出溫馨喜慶的氣氛。

二、興奮色與沈靜色

會讓人產生興奮的顏色大都是暖色系的顏色，包括有鮮紅色、紅色、橙色、黃色、紅紫色和紅綠色等，其中以鮮紅色為最強烈；相反的，讓人覺得沈靜的顏色都是寒色系的顏色，包括有藍色、藍紫色和藍綠色，尤其以藍色為最強烈的沈靜色；另外，中性色彩的紫色和綠色比較不具強烈興奮與沈靜的性質，其適中的特性讓人有柔和之感，即使長時間凝視也不覺得疲倦。

三、膨脹色與收縮色

通常暖色系會帶給人們飽滿膨脹、活潑前進的感覺，而寒色系則有凹陷收縮、空曠後退之感。所以，小賣場若搭配寒色系的設計，可使賣場空間感覺寬敞些；大賣場可儘量搭配暖色系，才不致

會讓人產生興奮的顏色大都是暖色系的顏色，包括有鮮紅色、紅色、橙色、黃色、紅紫色和紅綠色等，其中以鮮紅色為最強烈。
讓人覺得沈靜的顏色都是寒色系的顏色，包括有藍色、藍紫色和藍綠色，尤其以藍色為最強烈的沈靜色。

暖色系會帶給人們飽滿膨脹、活潑前進的感覺，而寒色系則有凹陷收縮、空曠後退之感。

使賣場覺得太過空洞，讓顧客有豐富感、活潑化，進而刺激購買慾。

四、明亮色與陰暗色

在一家賣場裡，使用高明度及高彩度的暖色系色彩作為設計訴求，會有爽朗明亮的感覺；若是採用低明度及低彩度的寒色系色彩，則會使人覺得陰冷黯淡。另外，濁色調及灰色調也會使人有灰暗的感覺。因此，賣場設計之初應慎選符合該行業及顧客需求的色彩。

五、鮮豔色與鈍厚色

一般較鮮豔美麗的顏色都是高彩度的色彩，而低彩度的色彩就顯得鈍厚穩重。一般來講，年輕人會比較喜歡鮮豔色，有活潑的感覺；而年紀較大的人比較喜歡鈍厚色，有穩重的感覺。

六、輕色與重色

色彩明度的高低會給人對色彩有輕重的感覺。明度高的色彩給人較輕薄的感覺，如白色、粉紅色、淡黃色、淺藍色等，其中以白色為最輕的色彩；明度低的色彩給人較厚重的感覺，如黑色、咖啡色、土黃色、深藍色等，其中以黑色為最重的色彩。賣場裡牆壁和櫥櫃的立面裝潢，常以重色設計下腰面，以輕色設計上身面，如此可使立面有穩固之感；反之則有頭重腳輕、搖搖欲墜的感覺。

七、柔和色與堅硬色

色彩的柔和與堅硬，主要是由明度和彩度所產生。明度較高、彩度較低的色彩使人感覺較為柔和，比較黯淡的「純色」如黑色、藍色、紫色都會使人覺得很堅硬。若是以感性作訴求的賣場如餐

廳、美容院,可以採用調和色系如粉紅色,就會使賣場產生協調柔和的氣氛。

貳、色彩明視度

「**色彩明視度**」就是色彩的可視程度。在同樣的光線、距離與大小圖形條件之下,人們對某些單色或配色感覺很明顯看得見,如「黑配黃色」,然而對某些顏色卻感到模糊不清,如「黃配白色」或「灰配綠色」。色彩明視度對賣場來講較適用於重點特販區(如海報看板的顏色)、提示或警告區(如消防逃生及停車設施警示)及遠距離視覺區(如外裝及招牌)。

表 7-2 「明度與彩度」所產生的心理感覺

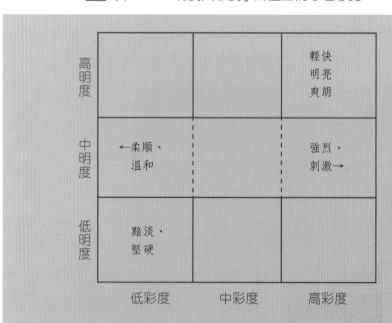

資料來源:太田昭雄、河原英介,1998,《色彩與配色》。

參、色彩喜好度

　　每個人對色彩的喜好程度，不可能完全相同。然而，根據年齡層、男女性別、職業別、教育程度，甚至生理與心態狀況，可以歸納出某些群體對色彩喜好的共通性。依照色彩學與心理學專家對不同年代的群體所做的調查，發現每個時期的人對色彩的喜好有某些程度的共通性（如圖 7-3 所示）。英國心理學家 Winch 在倫敦針對 2000 名 7～15 歲的學童所做的測試結果，發現男童對色彩喜好的順序為綠→紅→藍→黃→白→黑；而女童喜好的順序為綠→紅→白→藍→黃→黑。另外調查顯示，幼童所喜愛的紅色，等到他們稍長卻轉而偏愛綠色，同時女孩比男孩較喜愛白色。日本心理學家橘覺勝在日本對成年及老年人所做的測試結果，發現成年期對色彩喜好的順序為藍→紫→紅→綠→橙→黃；而老年期喜好的順序為藍→紫→綠→紅→黃→橙。另一位日本心理學家青木誠四郎以 17 種色彩對成年男性及成年女性做測試，其結果顯示藍色系頗受成年人的喜愛，再者為紅、黃色系，而橙色系反而比較不受喜愛。圖 7-3 針對此部分的測試僅列出前 6 順位色彩供參考比對。

順位	男兒童期	女兒童期	成年期	老年期	男性成年期	女性成年期
1	綠	綠	藍	藍	淺藍	紫
2	紅	紅	紫	紫	藍	紅
3	藍	白	紅	綠	綠藍	綠藍
4	黃	藍	綠	紅	紫	藍
5	白	黃	橙	黃	紫紅	淺藍
6	黑	黑	黃	橙	紅	綠

圖 7-3　不同年齡層對色彩的喜好程度

資料來源：參考自林文昌，1994，《色彩計畫》。

肆、色彩的聯想

每個人在生活中所看見的各種顏色，其所代表的意義常會累積在個人的記憶裡，這些記憶的累積使人再看到某種顏色時會思考到相關的事物，甚至想到更多的方向與範圍，這樣經由顏色記憶的思考發展稱之為「**色彩的聯想**」。例如，在一家生鮮賣場裡，紅色讓我們想到生鮮魚肉，綠色讓我們想到蔬菜水果，藍色讓我們想到冷凍食品……等等。雖然，每個人對同顏色所產生的聯想並不一定一樣，然而經由具體事物常表現在現實生活的顏色，卻也讓人們有類似的色彩聯想。圖7-4大致歸類出男性及女性對各種色彩的聯想。

伍、色彩的象徵

人們純粹經由想像而對各種顏色訂出所代表的意義，這些色彩想像雖沒有具體的事物，卻具有群體性的看法，所以色彩學家把這些對色彩的抽象性思考稱之為色彩的象徵（如圖7-4所示）。

第三節　配色的類型與原則

兩種或兩種以上的色彩相互配在一起，稱之為「**配色**」。配色的好壞關係到實物的生命力與價值性，例如，好的配色技巧用在賣場的內外裝，能夠使賣場顯得活潑生動、新穎華麗；反之，則使賣場顯得低俗粗糙、缺乏個性。假如運用在商品上，容易吸引消費者眼光並提升商品賣相。所以，調和的配色是用色的最後目的，更是所有色彩工作者的最終目標。以下針對配色的多種類型和配色時應該掌握的原則加以敘述。

色相	標準色	男性對各種顏色的聯想	女性對各種顏色的聯想	色彩的象徵意義
紅		熱情、唇、夕陽、夏日、戀情、國旗、命運、血	口紅、戀愛、喜悅、衣服、熱情、禮物、火、危險、生鮮魚肉	喜悅、熱情、愛情、誠心、熱心、童心、溫暖、火、血、危險
橙		橘子、柿子、胡蘿蔔、黨派、磚瓦	晚霞、秋意、幼稚園、玩具、柿子、果園	積極、朝氣、活潑、躍動、喜樂、溫情、華麗、焦躁、庸俗
黃		蛋黃、香蕉、奶油、光、明朗、金髮、城市	黃金、月亮、菊花、春天的陽光	忠誠、光明、希望、愉快、輕薄、平和
綠		和平、夏天、登山、鄉村、田園、綠葉、蔬果	草原、新鮮、安全、公園、春天	環保、和平、親愛、平實、青春、新鮮、安全
藍		海洋、湖水、天空、冬天、寒冷、清爽、理智	寒冷、海洋、湖水、天空、冷靜	冷靜、沈著、深遠、寒冷、誠實、虔誠
紫		葡萄、牽牛花、教會	紫色的花、衣服、茄子、紫菜湯	神秘、高貴、優雅、不安、權威、輕率
白		正義、白紙、雲、白襯衫、護士、醫生、虛無的感覺	雪、白兔、純潔、乾淨、白雲、婚紗禮服	潔淨、純真、明快、神聖、信仰、柔弱、空虛
灰		污染的天空、病人、憂鬱、惡夢、煙、砂石	陰天、影子、老舊房子、老鼠、水泥	寂寞、沈默、失望、平庸、病老
黑		黑暗、骯髒、嚴肅、絕望	悲傷、失戀、夜晚、不吉利、恐怖	堅固、穩重、肅穆、黑暗、絕望、罪惡

🍵 圖 7-4　色彩的聯想與象徵

資料來源：參考自西川好夫，1972，新・色彩の心裡。

壹、配色的類型

　　配色的類型可歸納成單色相的配色、同色系的配色、類似色的配色、對比色（補色）的配色、多色相的配色、漸層式的配色、有彩色與無彩色的配色、共同情感的配色、大自然的配色、聯想與象徵的配色等十種。圖 7-5 以圖示明列四種常用的配色類型。

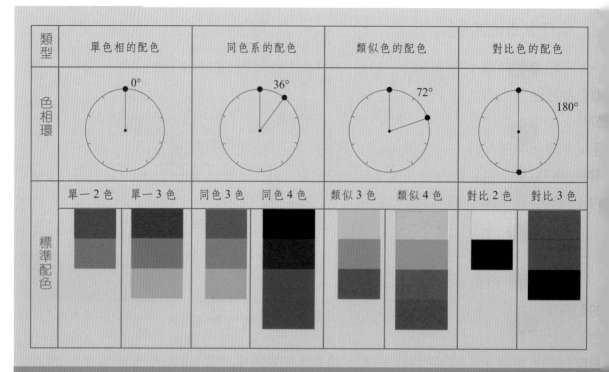

圖 7-5　四種圖示配色的類型

1. 單色相的配色

「**單色相的配色**」就是只在單一的色彩本身作明度和彩度的調和變化，例如，萊爾富便利商店的標準色就是以單一紅色作調和搭配。單色相的搭配變化比較簡潔有序，但是使用過多則會流於單調乏味。

2. 同色系的配色

通常色相環中 36 度內同色的所有單色相相互的調和作用，稱之為「**同色系的配色**」。但是假如同色系的色彩過多或過少，則其色相環角度會因此加大或縮小。例如，紫藍、深藍、藍、綠藍同屬於藍色系，其色相環角度為 54 度〔**按：曼塞爾（*Munsell*）色相環**〕。同色系配色比單色相配色來得活潑有變化，並且可利用明暗度及彩度加以發揮漸層效果，讓色調更明顯、高雅。

單色相的配色
就是只在單一的色彩本身作明度和彩度的調和變化。

同色系的配色
色相環中 36 度內同色的所有單色相相互的調和作用，稱之為同色系的配色。

3.類似色的配色

色相環中 72 度之間所有的單色相相互的調和作用，稱之為「**類似色的配色**」，如紅紫、紫紅、紅、橙紅、橙色等，或黃、綠黃、黃綠、淺綠、綠色等。類似色系的色彩本身協調性較高，所以主副色並不是很明顯。另外，由於色彩飽和度也較高，很自然的產生活發有勁的感覺，但若是使用不當則流於輕浮俗氣，所以應考慮面積的比例與背景主題之間的重點搭配。

4.對比色（補色）的配色

色相環中 180 度的相對色相相互的調和作用，稱之為「**對比色的配色**」，如紅色配綠色、紫色配黃綠色、藍色配橙色等。這種配色的對比最為強烈，然而不管兩色或三色的對比配色，其在明度及彩度調和上應有「高低」與「強弱」之分，或者在面積的使用有大小之別，讓此配色很明顯的呈現出賓主關係。例如，7-11 便利商店就是使用對比色搭配，使其色調呈現出明朗、活躍的感覺。

5.多色相的配色

「**多色相的配色**」就是三種以上不同的色相相互產生調和作用。此種配色都以第一或第二色相當主色，第三色相以外當成副色，通常副色都是經由主色的類似色或對比色演變而來。另外，也有依實際需求採用多色平均搭配，如四色平均調和、五色平均調和等。

6.漸層式的配色

「**漸層式的配色**」就是多種顏色以階段性的變化相互調和，其目的在加強色彩之間的和諧。所以當兩種或多種色彩之間無法取得協調時，可加上循序漸進的變化色，讓整個色帶顯得簡潔有序、平順和諧。漸層式的配色通常可運用色相、明度、彩度及綜合來作漸層變化。例如，以色相作漸層時，只要按照色相環的順序在主色之

間加上間色，使整個色調形成有相關性、連接性的色帶，如紅、橙紅、橙、黃橙、黃、綠黃、黃綠、淺綠、綠、深綠等色，即形成一個完整的漸層式配色。

7.有彩色與無彩色的配色

此種配色的技巧，通常是有彩色的顏色（如紅、黃、綠……等色）比較鮮明而被當成主色，無彩色的顏色（如白、灰、黑……等色）比較中性而被當成輔助色。這裡所要強調的是運用無彩色的中性特點襯托出有彩色的主色，例如，以灰色當大面積的背景色來襯托紫色的優雅，或者以白色來隔開明視度較低和不協調的兩色。

8.共同情感的配色

在某特定族群或年齡層所共同喜歡的配色，稱之為「**共同情感的配色**」。例如，國情文化的配色、宗教性的配色、傳統性的配色及流行趨勢的配色。

9.大自然的配色

以大自然的實體原色作為相互搭配，或者加以延伸其他類似色，如天空、海水、花草、樹木、晚霞及月亮等色彩。

10.聯想與象徵的配色

運用對相關事物實體或抽象所記憶思考的色彩作相互搭配，稱之為「**聯想與象徵的配色**」。

貳、配色的原則

配色的原則有如下幾種：

1.瞭解色彩的基礎理論（如色彩屬性、心理感覺、色彩的聯想與象徵），運用色票記號（如曼塞爾號碼）說明色彩。

2. 瞭解使用者或需求者的偏好。

3. 先決定基本色彩（主色），再規劃細部的色彩（副色及輔助色）。

4. 先決定色彩的明度和彩度（如明亮、鮮豔、灰暗或肅穆），再決定色相。

5. 運用分離效果強化色彩的明視度，如在紅綠之間加上白色，或在橘黃之間加上綠色，如此，可分離兩個主色及提高辨視度。

6. 以無色彩或明度較淡的色彩當背景色，比較容易襯托出有色彩及彩度高的主色。

7. 配色的數目不要太多，以 2～3 色最適宜。例如，一家賣場的企業標準色為 3 色，應以 1 色來決定整體的氣氛，其餘 2 色作為輔助色，因為賣場的設備器材與商品很多，若識別標準色太多，容易造成混淆，失去主體性。

8. 彩度高的顏色運用在室內宜小面積使用，可增加調和感；若是運用在室外可大面積使用，以提高明視顯眼程度（如賣場的外觀及招牌）。

9. 運用調和色及漸層色（如淡桃紅、鸚鵡綠、孔雀藍），塑造平靜緩和和創意的氣氛。

10. 儘量不使用「不慣看」的顏色作搭配（如暗褐色、土黃色或亮紫色），因為這些不常看的顏色會令人覺得不自然而失去親切的感覺。

11. 將大自然及實物的色彩應用在配色上（如藍天、綠草、木紋等自然色），給人眼熟的印象，顯得格外自然親切。

12. 以流行色或慣看色為參考加以變化，再局部設計出有創意的配色，讓色相或色調顯得更有風格魅力。

第四節 賣場色彩計畫執行重點

執行賣場色彩計畫時要有原理和原則作依據,而且要能夠活用用色技巧,更應依照實際需求,隨時間與空間的轉換作有系統的適度調整改變,才能發揮計畫的最大效果。以下列舉當執行賣場色彩計畫時應該注意的重點事項,其中包含「依據用色原理與色彩美感原理」、「以企業識別系統為主軸」、「賣場外裝的色彩」、「賣場內裝的色彩」等四大項。

壹、依據用色原理與色彩美感原理

執行色彩計畫時雖可靈活運用用色技巧,然而必須以基礎理論為依據,才會有具體和明確的方針。這些理論基礎可歸納為色相、明度、彩度、對比及配色等五項來加以論述(如表 7-3 所示),此稱之為用色原理;另外,為能發揮出更美好的色感以吸引消費者及刺激購買慾,更應著重於色彩美感的運用原理,如表 7-4 所示。

貳、以企業識別系統為主軸

一家賣場的企業識別系統包括企業標誌、標準字體、標準色彩、企業造型、象徵圖案與版面編排模式等。這個系統有一貫性的本質在傳達企業的特性給消費者。尤其在視覺的傳達,每一個系統識別都必須經由企業色彩的訴求直接傳達給消費者,所以執行色彩計畫時,應該以此系統為主軸展開整體性的搭配,如賣場的外觀色彩與商標辨識、招牌色系與版面編排、門面色樣裝飾、賣場內的裝潢配色、器具設備配色、商品促銷包裝與廣告宣傳的色彩運用。運用時應掌握以下三個原則:

📖 表 7-3　用色原理

原理類別	細分類
色相原理	色相數目：單色、雙色與多色相等。 色彩純度：原色純色與間色等。
明度原理	色彩質分類：有彩色明度、無彩色明度。 明暗度分類：高明度、中明度與低明度。
彩度原理	高彩度、中彩度、低彩度、無彩度。
對比原理	色相對比、明度差對比、彩度高低對比、面積大小對比、寒暖色對比。
配色原理	單色配色、同色配色、類似色的配色、對比色配色、多色配色、漸層配色、有彩色與無彩色的配色、共同情感配色、大自然的配色、聯想與象徵的配色。

📖 表 7-4　色彩美感原理

原理類別	
統一性	有計畫的重複使用標準色，使賣場內外有一致的協調美感，並可表現出主色的識別意義。
平衡性	在色彩的心理感覺（如寒與暖、興奮與沈靜、輕與重）力求均衡，使色彩的質量發揮適度的對稱效果。
比例性	調整明度及彩度的份量差距、調整色彩面積搭配的大小。
單純性	用色過多有時會造成畫蛇添足的缺失，色彩簡潔明朗反而可表現賣場的個性化及強調出主題的氣氛。
韻律性	運用中間色的搭配，將色彩的色階漸層變化有規則性的使用，可使色彩連貫產生節奏感，令人感覺平順舒適。

● **色彩辨認性**

　　對於賣場色彩的運用，應能明顯強調出具有企業的獨特辨認性。要增加這色彩的辨認性，首先應作市場調查與分析，然後決定並強調主要色彩，同時搭配輔助色彩藉以區別其他業者，使主色發揮最大的辨認效果。

對於賣場色彩的運用，應能明顯強調出具有企業的獨特辨認性。

所運用的色彩除了要引起消費者的注意之外，更應對視覺者產生刺激作用，建立明確的印象。

為求符合潮流趨勢，在統一性的規劃中可作適度變化，同時在不同賣點區或部門的變化中也應力求統一，不失主題訴求。

● 色彩記憶性

所運用的色彩除了要引起消費者的注意之外，更應對視覺者產生刺激作用，建立明確的印象。色彩使用上要讓視覺者產生深刻印象，除了用色的獨特性與個性化之外，應使用面積對比、補色對比、明度對比及彩度對比等技巧來強化消費者的記憶。同時，使用時應講求簡潔有力，色相數目不要太多，宜強調重點主色，方便消費者記憶。

● 色彩統一性

賣場色彩運用的範圍非常廣泛，從建築物的外觀到賣場內的裝潢、設備器材與商品包裝、管理用品與廣宣文物、促銷媒體及氣氛佈置等。這麼多的運用範圍，事先都需要統籌規劃，部門之間才不會顯得格格不入、雜亂無章。另外，為求符合潮流趨勢，在統一性的規劃中可作適度變化，同時在不同賣點區或部門的變化中也應力求統一，不失主題訴求。

參、賣場外裝的色彩

一家賣場之所以能夠吸引過往行人的注意，主要是它的外觀造型和色彩。因此，賣場外裝色彩有宣傳、誘導及吸引消費者親近的功能，其設計範圍包括賣場正面、廣告招牌及賣場外牆，而且，設計的重點必須考慮以下事項：

- 符合商品項與行業別。
- 針對顧客市場的偏好色彩。
- 凸顯賣場的個性。
- 必須有醒目效果，但是切勿過度表現而導致唐突古怪。
- 維持與商圈街景的協調性。

肆、賣場內裝的色彩

　　賣場內的色彩是表現店內氣氛的主要因素,雖然它的基本概念和外裝的情形相同,但是它所要考慮的層面比外裝還來得細膩重要,否則容易造成日後改裝的麻煩。賣場內的色彩計畫主要包括天花板、地板、牆壁面和設備器具等,表 7-5、表 7-6、表 7-7 列舉多種賣場之有關地板、天花板、牆壁面和設備器具的色彩搭配供參考。所舉例的這些色彩都是主色,當讀者執行色彩計畫時可延伸其他調和色及輔助色系,以發揮配色的最大效果。

表 7-5　賣場內裝的色彩搭配——百貨日用品類

賣場種類	便利商店	超級市場	五金百貨行	玩具禮品店	文具書局	藥　局	醫療器材行	服飾賣場	大型量販賣場
天花板	白色	白色	象牙白	象牙白	象牙白	白色	白色	鵝黃色	灰色
地　板	灰白色	鵝黃色	孔雀藍	淺綠色	鵝黃色	珍珠灰	綠藍色	灰白色	鵝黃色
牆壁面	象牙白	象牙白	象牙白	淺黃色	灰白色	象牙白	白色	象牙白	灰白色
設備器具	銀白色	銀白色	灰藍色	蘭花紅	褐色	淡青色	銀白色	灰白色	深藍色

表 7-6　賣場內裝的色彩搭配——餐飲類

賣場種類	網路咖啡店	簡餐咖啡店	西點麵包店	生機飲食專門店	水果專賣店	泡沫紅茶店	早點漢堡快餐店	中式餐館	日式料理店
天花板	灰白色	灰色	象牙白	淡黃色	象牙白	灰白色	橙黃色	金黃色	淺褐色
地　板	紫藍色	褐色	紅磚色	藍綠色	淺灰色	紅磚色	橙色	紅磚色	淺紫色
牆壁面	淺灰色	象牙白	黃灰色	淺綠色	淺灰色	淺灰色	黃色	象牙白	象牙白
設備器具	銀白色	木紋色	木紋色系	銀白色	銀白色	深咖啡	銀白色	咖啡色	木紋色

表 7-7　賣場內裝的色彩搭配——休閒飾品類

賣場種類	快速沖印店	自助洗衣店	唱片樂器行	鐘錶眼鏡行	三C電子專賣店	兒童用品服飾	珠寶店	女仕用品店	美容美髮店
天花板	白色	象牙白	灰白色	象牙白	灰白色	粉紅色	象牙白	淺黃色	象牙白
地　板	灰白色	灰白色	灰黑色	淺灰色	鵝黃色	綠色	棗紅色	紫色	淺黃色
牆壁面	象牙白	粉紅色	象牙白	純白色	象牙白	黃色	象牙白	淺黃色	粉紫色
設備器具	綠色	灰白色	銀白色	咖啡色	銀白色	褐色	褐色	銀白色	灰白色系

學習評量及分組討論

1. 請各舉三種顏色來說明色彩的種類？

2. 請簡述色彩的三要素？

3. 請以曼賽爾（Munsell）色相環來舉例說明色相的涵義？

4. 色彩的對比感覺包括哪幾項？

5. 「暖色與寒色」對人會產生什麼心理感覺？

6. 請舉例說明「輕色與重色」的運用？

7. 色彩明視度適用於哪些賣場的範圍？

8. 請舉例說明配色的價值性？

9. 配色的類型有哪幾種？

10. 請舉例說明何謂「單色相的配色」？

11. 請簡述色彩美感的五種原理？

12. 以企業識別系統發展賣場色彩計畫時應掌握哪三個原則？

13. 賣場外裝的色彩設計應考慮哪些事項？

14. 以 2 人一組，討論並繪圖表示出暖色系與寒色系？

15. 以小組為單位，討論列出每位組員對色彩的喜好度？

16. 將男女同學分成不同的小組，討論對各種顏色的聯想及色彩所象徵的意義？

17. 以小組為單位，依據曼賽爾（Munsell）色相環來討論「同色系的配色」、「類似色的配色」、「對比色的配色」？

18. 以小組為單位，討論配色的原則並模擬運用在賣場規劃上？

第八章

賣場照明計畫

學習目標

1. 能夠瞭解並描述賣場照明計畫的主要目的。

2. 瞭解各種常用的賣場照明方式。

3. 依據照明設計流程發展簡略的賣場照明計畫。

第一節　賣場照明目的

　　日常生活中大家都有過停電造成黑暗的不方便經驗，同樣的道理，在昏暗的賣場裡，消費者是不可能光臨惠顧的。然而，假如只強調單一的明亮度還是不足以吸引顧客，而是需要經過各種相關理論與實務的需求規劃，才能算是完整的照明計畫。

　　很多不同行業的賣場所需要的照明種類及明亮度都不一樣，甚至在同一賣場的照明也因商品訴求的差異而有不同的設計。比如說，電子商品賣場強調的是明亮的冷光，而簡餐咖啡店需要的是柔和幽雅的氣氛燈光；在同一超級市場裡就要設計多種不同的照明，以凸顯區域效果及商品特色，如生鮮蔬果區需要用植物燈光及魚肉專用燈，促銷區則另外加強重點照明，乾貨區採用較平均的亮度等。

　　總之，「**賣場的照明設計**」是在協調空間環境，以吸引顧客，刺激消費。其功能表現從店面的招牌和櫥窗到賣場裡面的各式各樣照明，都是為了提升賣場形象和商品魅力，以及塑造商店的販賣氣氛與強化賣點的訴求力，以引起消費者的注意，刺激顧客購買慾，達到商品展售的目的。根據石曉蔚研究（*1998*）將賣場照明目的歸類為建立賣場形象（Store Image）、吸引顧客注意（Customer Attraction）、營造販賣氣氛（Merchandising Atmosphere）、商品評鑑（Commodity Appraisal）、便利銷售（Convenient for Selling）等五種，茲分述如下。

壹、建立賣場形象（Store Image）

　　照明設計在賣場規劃中扮演著整合的角色，其配合整個經營策略建立賣場形象和商品的價值定位。通常低度照明的環境氣氛比較柔和高雅，加上配合高對比的重點照明能夠凸顯商品的定位與塑造

賣場的照明設計
是在協調空間環境，以吸引顧客，刺激消費。

照明設計在賣場規劃中扮演著整合的角色，其配合整個經營策略建立賣場形象和商品的價值定位。

商品的附加價值,如金飾珠寶店以低度柔光訴求高貴的氣氛,並以重點燈光強調出商品的價值。相對的,中高度照明所表現的環境比較傾向於大眾平實的氣氛,其商品定位與價值屬於流行導向或者是一般性商品,如量販店的高度平均照明所表現的是量大便宜的形象訴求。

貳、吸引顧客注意(Customer Attraction)

賣場應用燈光的亮度對比、光影變化及色彩表現,很能夠吸引顧客的注意,從店頭的廣告招牌及展示櫥窗的視覺資訊,經由照明的效果來吸引消費者的目光,激發他們入店參觀選購的興趣;再到賣場內適當亮度的環境照明,然後以高於三倍環境照明的明亮度投射於商品陳列區,形成顧客視覺的焦點,強調出商品的特色和質感。

> 賣場應用燈光的亮度對比、光影變化及色彩表現,很能夠吸引顧客的注意。

參、營造販賣氣氛(Merchandising Atmosphere)

假如賣場的照明只有單調的光線是激不起顧客的購買慾,而必須配合行業特色、商品組合、裝潢陳列等需要,設計出適合消費者的心理與行為的氣氛照明,才能帶動顧客的消費情緒和購買慾望。例如,在三 C 電腦賣場,高照度的冷光束可以塑造科技進步的氣氛,常是牽動消費族群買氣的環境因素。

> 賣場的照明必須配合行業特色、商品組合、裝潢陳列等需要,設計出適合消費者的心理與行為的氣氛照明,才能帶動顧客的消費情緒和購買慾望。

肆、商品評鑑(Commodity Appraisal)

有些賣場除了氣氛照明之外,還需配置顯色照明供顧客檢視商品的本色、樣式規格、質感及說明。例如,金飾珠寶和服飾賣場,顧客常需藉由適當照明來還原商品的顏色、檢視商品的本質,此時商品照明的演色品質重於吸引注意的設計。

> 賣場除了氣氛照明之外,還需配置顯色照明供顧客檢視商品的本色、樣式規格、質感及說明。

五、便利銷售（Convenient for Selling）

賣場的照明應以方便各賣點區銷售為設計原則，不一樣的商品區與賣點區都有不同的照明設計。例如，量販店的收銀區應有適當照明，方便收銀員結帳、登錄及包裝作業；又如面對面生鮮販賣區，靠顧客邊的生鮮陳列櫃以魚肉專用燈光照明，而售貨員販售位置則應有較高度的照明以方便服務作業。

賣場的照明應以方便各賣點區銷售為設計原則，不一樣的商品區與賣點區都有不同的照明設計。

第二節　賣場照明的方式

照明的方式從投光的角度及方向，可區分為下投式、上投式、前投式、後投式等四種方式。

壹、下投式照明（Down Lighting）

「**下投式照明**」是光線由上向下投射，此是最普遍被採用的一種照明方式，尤其在商業空間的賣場更是最主要的基礎照明。其依照賣場機能需求，可分成整體照明、局部照明、工作照明等三種類型。

下投式照明
是光線由上向下投射，此是最普遍被採用的一種照明方式，尤其在商業空間的賣場更是最主要的基礎照明。

一、整體照明

「**整體照明**」是將燈具有秩序的排列在整個天花板上，使光線平均分布於環境空間，所以又稱「環境照明」，通常適用於大空間且不講究局部照明的賣場。整體照明之燈具配置方式大致分為直線排列、橫線排列、回形排列、矩形排列、星狀排列、十字形排列及棋盤式排列等七種（如圖 8-1 所示），其光源以日光燈及嵌燈燈系為主，藉由螢光束以提升賣場的明亮度。為了達到佈光均勻，燈具

整體照明
是將燈具有秩序的排列在整個天花板上，使光線平均分布於環境空間，通常適用於大空間且不講究局部照明的賣場。

(a)直線排列（長形日光燈）

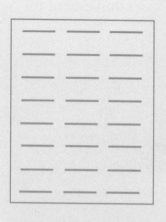

(b)橫線排列（長形日光燈）

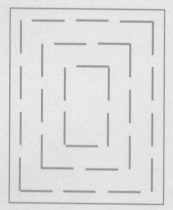

(c)回形排列（長形日光燈）

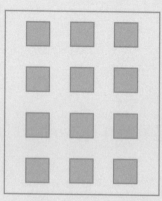

(d)矩形排列（方形日光燈）

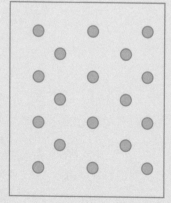

(e)星狀排列（嵌燈）

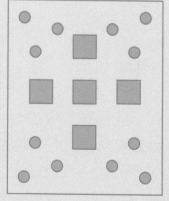

(f)十字排列（方形日光燈與嵌燈
　並用）

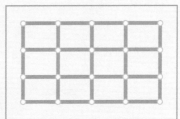

(g)棋盤式排列（日光燈與白熾燈燈並用）

📖 圖 8-1　整體照明之燈具配置方式

與燈具的間距以 1 公尺為宜，且應設置在動線通道上方，切勿置於商品架上方造成昏暗陰影；另外，燈具與牆壁的距離以 0.5 公尺為宜，可增加牆面反射率，若是牆面設有商品器材，則燈具應避開在器材上方而設於通道上方。

二、局部照明

「**局部照明**」是針對區域機能性的需要所設置的照明，可減少非工作區或賣點區的照明浪費，如傢俱賣場的照明是直接設置在傢俱展示區，通道的照明是彙集各展示區的光線（如圖 8-2 所示）。局部照明之光源以白熾燈燈系（如石英鹵素燈）為主，藉由溫暖柔和的光色提升賣場的氣氛，如果與整體照明一起使用，必須降低周圍的環境照度，提高強調係數在 5：1（如局部照度 3000lux：環境照度 600lux）以上，才能發揮局部照明的功能。

三、工作照明

「**工作照明**」是提供個別作業面的照明，在賣場裡如收銀台、服務台、個別面對面販賣區及作業加工區，此光源以日光燈為主，隨個別需求可單獨控制點滅，為了在工作的範圍增加亮度以方便服

局部照明
是針對區域機能性的需要所設置的照明，可減少非工作區或賣點區的照明浪費。

工作照明
是提供個別作業面的照明，在賣場裡如收銀台、服務台、個別面對面販賣區及作業加工區。

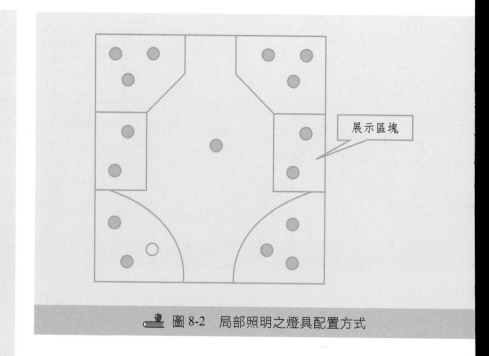

🔖 圖 8-2　局部照明之燈具配置方式

務者或工作者作業，燈具可視需要按裝在近距離，並搭配環境照明的協調性以維持工作區與周圍空間的舒適亮度對比。然而，為避免因近距離反光而影響工作者的視覺能力，應加裝或選用有檔光板的燈具，以降低反射情況。

貳、上投式照明（Up Lighting）

上投式照明
是一種光線由下往上投射，然後經由上方壁板、天花板或其他遮蓋物反射的照明方式。

　　「**上投式照明**」是一種光線由下往上投射，然後經由上方壁板、天花板或其他遮蓋物反射的照明方式。此方式是屬於間接照明，可增加立面高度感，同時避免直接光線的眩光刺眼，塑造出柔和溫馨的環境氣氛，使用的燈具以石英鹵素燈管及螢光燈為主。上投式照明因有間接照明的特性，很適合使用在柔和環境的商業空間，如餐廳、咖啡店、珠寶店等。但是使用時需要注意以下幾點事項：

- 反射面應選用柔和材質避免光滑過亮，導致強光反射而刺眼。
- 採用淺色的反射面，提高反射效果。
- 投光角度必須調整正確，切勿直射視覺者而產生反效果。

- 經常清理燈具，以免積塵過多產生模糊光線。
- 反射高度不可太低，以免光線過度集中導致陰暗及生硬的不良效果。以天花板為例，其高度約 2.8m 左右為宜。

參、前投式照明（Front Lighting）

「**前投式照明**」是從被照物的前方投光的一種照明方式，其依據燈光分佈的情況又可分成牆面照明、強調照明、光束照明和陰影照明。牆面照明（Wall Lighting）的投光方式是由上而下均勻的照在整個牆面上，表現出整體的照明度。強調照明（Accent Lighting）則是加強被照物的照明度，根據石曉蔚（*1998*）研究指出，要達到視覺強調的目的，被照物的照明度至少比背景照明度高出五倍以上（參考表 8-1），而利用其明暗的對比效果，吸引視覺者對被照物的注意。光束照明（Beam Lighting）是配合各種配件變化出不同的光線顏色、形狀和圖案，利用這些多樣的光線提高戲劇性的視覺效果。使用光束照明需要注意的是，強調係數應為 15：1 以上，才可凸顯光束的特性變化（參考表 8-1）。陰影照明（Sadow Lighting）主要在塑造立體的層次效果，利用投光在被照物或背景所反射的陰影，產生三度空間的特殊變化。以上每一種的照明方式所衍生的視覺效果各不相同，將其應用在賣場的各部門也發揮出不同的功用（如表 8-2 所示）。

前投式照明
是從被照物的前方投光的一種照明方式，其依據燈光分佈的情況又可分成牆面照明、強調照明、光束照明和陰影照明。

表 8-1　強調係數與視覺效果

強調係數 （物體／背景）	視覺效果	環境照度 （*lux*）
2：1	不引起注意	500/1,000
5：1	引起低度注意	500
15：1	引起中度注意	250
30：1	引起高度注意	100/250
50：1	戲劇性效果	< 100

資料來源：節錄自石曉蔚，1998，《室內照明設計應用》，p.43。

🏛 表 8-2　前投式照明應用在賣場的視覺效果

照明方式	視覺效果	賣場應用範圍
牆面照明	● 使空間感覺比較寬敞 ● 使牆面上的物體或商品有視覺整合效果，不會特別突出 ● 使牆面的凹凸粗糙變得更平整	正面招牌 賣場內四周牆壁面 展示台的背牆
強調照明	● 有指引的效果 ● 凝聚視覺者的注意力 ● 提示加深視覺者的印象	停車場 賣場內轉角區 特販促銷區 收銀台及客服台
光束照明	● 提高被照物的戲劇性表演效果 ● 塑造主題活潑性 ● 增加節慶的熱鬧氣氛	展示櫥窗 展售表演台 重點商品區
陰影照明	● 立體藝術效果 ● 反射植栽盆景自然美化的佈置效果 ● 塑造溫馨及藝術的氣氛	天花板 背景牆柱

資料來源：Israel, L. J. (1994); Munn, D. (1986).

肆、後投式照明（Hind Lighting）

後投式照明
是一種光源由被照物後方投射出來的照明方式，其依據燈具裝設位置又可細分成剪影照明、背後照明、結構性照明等三種方式。

　　「**後投式照明**」是一種光源由被照物後方投射出來的照明方式，其依據燈具裝設位置又可細分成剪影照明、背後照明、結構性照明等三種方式。剪影照明（Silhouette Lighting）的燈光是直接照在背景表面，而物體本身是暗的，藉由背景光線凸顯物體的形狀。例如，泡沫紅茶店的壁櫥利用剪影照明加深視覺者對物體輪廓的印象，顯示出茶具的幽雅格調。背後照明（Back Lighting）的燈光是裝在半透明材質空間裡（如壓克力、塑膠板、玻璃），經由這些材質產生透光以表現材質上的圖文形狀，如賣場的店頭招牌及廣告燈箱。為求光線均勻分布效果，背後照明的光源都使用照明面較大的日光燈，且燈管分佈距離都設置在 30 公分以內，避免因距離過大而產生陰影。結構性照明（Structural Lighting）是藉由美觀的結構性物件遮掩燈具，使光源集中於被照區，達到投光區與被照區的整

豐效果。所使用的物件如金屬片、裝潢木板、塑膠格柵及其他遮光板，賣場裡的專櫃區常使用此結構性照明，達到美觀實用的佈光目的。

第三節 賣場照明計畫

當今的商業環境，各種賣場的競爭非常激烈，競爭的條件從商圈地段的評估，到經營型態的定位及賣場整體規劃的設計，都是不可或缺的關鍵因素。當中，賣場規劃除了商品配置、動線規劃及內外裝潢之外，照明設計可說是扮演營造販促氣氛的重要角色，更是表現整體賣場形象的靈魂要素。

早期賣場的照明只是照亮的功能角色，現代賣場的照明設計除了照亮功能之外，更肩負吸引人潮和提升買氣的重要任務，已然成為競爭優勢的條件之一。本章節針對賣場照明整體計畫分成四部分加以探討，首先擬定照明設計流程並考慮照明計畫時應該注意的事項，接著規劃賣場實際需求的照明種類，然後依序規劃店頭照明及店內照明等各細部的設計。

> 現代賣場的照明設計除了照亮功能之外，更肩負吸引人潮和提升買氣的重要任務，已然成為競爭優勢的條件之一。

壹、照明設計流程

賣場照明規劃應按有計畫性的順序流程實施，才能提高設計的準確性，符合商圈市場的需求，吸引顧客光臨惠顧。

首先，明確定位賣場的經營型態及商圈環境的訴求，然後構想賣場的照明環境，其包括每一賣點區的亮度與光色的分佈狀態；接著，構想照明的方法，如一般環境的基本照明、強調照明和專用照明等；再規劃照明的條件（包含光源性能標準、照明度標準及分布、演色及光色的穩定性、各種照明的搭配），和選擇照明器材（包括燈具設備和裝飾配件、調光控制器具等）；然後決定照明配

置方式和計算檢討照明度的分布,最後預算整個照明計畫的成本。從構想照明方法、規劃照明條件及選擇照明器材到決定照明配置方式都需要交叉檢討分析整個計畫的正確性和必須性,然後以實物實測來計算照明度分布的精準性,方可預算出適用的設備和合理的成本。以上完整的設計流程如圖 8-3 所示。

貳、照明計畫考慮事項

賣場照明計畫過程中,應考慮整體效果與效率的因素,不只是取向於流行趨勢或依賴施工者的經驗,要符合賣場定位的照明標準、色溫及色相的類型、能源效率高及無光害的光源燈具和安全適用的施工品質,茲說明如下。

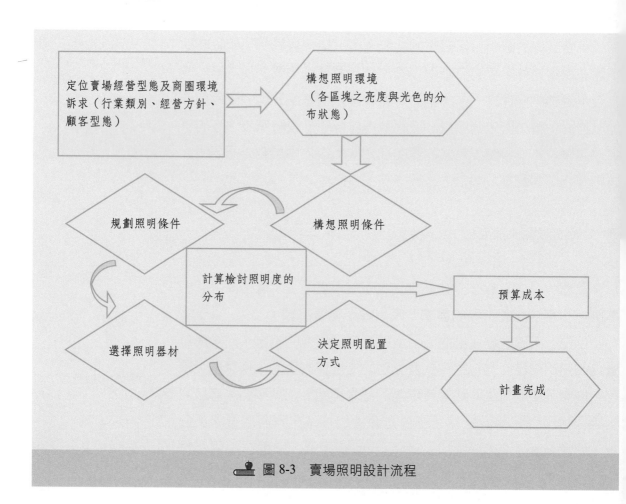

圖 8-3　賣場照明設計流程

1. 詳細規劃整個賣場的照明需求，採取整體照明與局部照明協調並用原則。

2. 照明是一家賣場耗電量最大的設施，選擇適當用途的光源與燈具，並配合有效的照明管理是節約能源的重要措施。為了得到最適切的照度，光源體與照明器具有各式各樣的組合，務必依照實際需求作選擇，尤其某些賣場全面使用鹵素燈，不僅效果不彰，高熱的燈源增加冷氣空調的負擔，造成能源浪費。

3. 賣場牆壁及天花板儘量選用反射率較高的淺色材質，可提高室內照明效率和節約照明用電，內裝材質及材料表面處理色的反射率標準如表 8-3 所示。

4. 舒適的遮光角度與亮度，不僅可避免顧客眩光刺眼，又可完全表現出商品的魅力。

5. 適度利用建築物的自然採光不僅可減少照明用電，又可降低因燈具散熱的空調負載。

6. 針對商品特性選用適當的光源，避免因光線輻射產生照明光害。例如，白熾燈的紅外線不利於生鮮蔬果等食品，應選用植物燈光源。

7. 考慮燈管更換及燈具維修問題，並排定相關人員定期檢修擦拭，以提高反射率，維持賣場的適當照度。

8. 配合燈具配件發揮更大的應用彈性，除了可達到裝飾功用，主要是在控制眩光和塑造光束的效果。

9. 將不同點滅時間及用途的照明設施，分開設計不同的迴路（線路控制）可發揮使用效率的省電功用。

10. 選擇設計良好、品質穩定的安定器，才能完全發揮光源的特性及確保光源之使用壽命，降低電氣安全威脅。雖然電子式安定器費用比傳統鐵心式安定器費用較高，但是電子式安定器因為具有省電、重量輕、防災及延長燈管使用壽命等其他優點，在國內已漸漸被許多新規劃的賣場所接受。

表 8-3　內裝材質及材料表面處理色的反射率標準

內裝材質的反射率標準				內裝材料表面處理色的反射率標準			
材質	反射率（％）	材質	反射率（％）	顏色	平均反射率（％）	亮面處理反射率（％）	暗面處理反射率（％）
白壁	65	白色漆	65	黃	50	20	30
淺色壁	50～60	淡色漆	35～55	褐	25	50	8
濃色壁	10～30	濃色漆	10～30	紅	20	35	10
磚面壁	15	黑色塗料	5	綠	30	60	12
灰色石綿板	30	金屬漆	55	青	20	50	5
灰色壁布	40	銀	92	灰	35	60	20
水泥壁	25	銅	75	白	70	80	--
白磁磚	60	合金類	75				
白系木	40～55	鍍烙	65				
染色木質面	30～55	鋁	65				
疊蓆	40	不鏽鋼	60				
亞麻	15～30	玻璃鏡面	85				

資料來源：日本店鋪設計家協會監修，1985，《商業建築企
　　　　　劃設計資料集成：設計資料篇》。

參、賣場照明需求

　　針對賣場的行業型態、賣場風格、商品定位及市場訴求，將賣
場所有需要的照明歸類成「基本照明」、「強調照明」和「專用照
明」等三種。基本照明為賣場整體之基本照度的基礎，目的是在構

戎人員流動與賣場環境的相互關係；強調照明主要是凸顯商品周圍
的亮度，提高商品的展示效果或對特定主題物表現裝飾效果；專用
照明係針對某些商品的特殊性能加以維持其品質和演色性。

一、基本照明

　　「**基本照明**」用於賣場公共性的區塊，如停車場、休息區、收
銀區、通道等一般性的照明。此種照明可選擇發光效率很高的線性
光源，如TL5 螢光燈是新一代的直管型螢光燈，其 16mm 的細管徑
設計，很適合設計在賣場某些狹隘的燈槽、商品架層板等區域之基
本照明。另外，PLT螢光燈是屬於泛照性光源，其是管型螢光燈的
縮小版，具有高瓦數、高亮度但體積精緻小巧的特性，很適合在賣
場設計為各式嵌燈之基本照明。以上兩種螢光燈都有絕佳之演色
性，同時也具備多種光色，適合內裝色調的搭配以營造賣場的氣
氛。通常基本照明都會使用單一白光或冷白光的照明系統，主要以
平均照度和明亮為設計原則。其環境照度依據賣場定位區分成三種：

1. 表達簡潔、效率和便宜的低階賣場以 500～1000lux的照度範圍為適合。
2. 傳達平實、中價位的中等賣場以 250～500lux 的照度範圍較為理想。
3. 區隔商品及顧客訴求的高級賣場以低至 100～250lux 的照度範圍，才能營造較精緻、高價位的氣氛。

二、強調照明

　　「**強調照明**」主要在凸顯專業服務的形象，故加強展示區燈光
與周圍環境照明的明暗對比，以提高商品展示的戲劇性效果。此種
照明可選擇 CDM 陶瓷複金屬燈，其利用更耐高溫的陶瓷材料來代
替原本的石英玻璃做成光源的放電管，改善原本複金屬燈使用一段
時間後，因充填於放電管中的複合金屬外洩而造成顏色偏移的現

象。此外，CDM 陶瓷複金屬燈有更好的演色性及光色穩定性、發光效率更高及更長的使用壽命，加上其發光體很小，近似點光源，燈具的配光設計更精確，非常適合設計為投光燈，作為賣場強調對比的重點照明之使用。強調照明的效果是以強調係數（強調照明：環境照明）高低為基準，以賣場高中低三種等別歸類常用的強調係數如下：

1. 強調係數越高越能區隔目標市場、提高商品的價值感，如高級精品店的強調係數為 30：1（3000*lux*：100*lux*）。

2. 而環境照度中等的展示區，其強調係數為 10：1（3000*lux*：300*lux*）比較能夠吸引顧客的注意，如婚紗攝影賣場和西式餐廳等。

3. 強調係數越低的賣場表示其環境照明度很高，不容易表現出強調照明的效果，尤其像量販店的高環境照度，若需要加強局部的重點展示區，務必將強調係數保持在 5：1（3000*lux*：600*lux*）以上，才能發揮局部照明的功能。

三、專用照明

照明搭配得宜會提升商品的賣相，但是設計不協調也會使商品的顏色走樣，甚至使商品品質產生變化。所以有些商品應該依照其適應特性設計「**專用照明**」，才能表現商品的個性化及保持原品質。例如，在麵包店裡如使用一般環境照明的白色燈光，麵包所呈現的白晰顏色容易讓人失去口慾（如圖 8-4(a)上層所示）。圖 8-4(a)下層使用烘焙業專用的橘黃色燈光（俗稱麵包燈，如圖 8-4(b)所示），其光色使麵包呈現精緻好吃的視覺效果，此專用麵包燈的優點是柔和、穩定、不閃爍，其高功率、低電流的電子式安定器及隔熱鋁合金燈罩設計，不會因過熱而破壞麵包品質，更可節省30%～35%的用電量。

(a)一般白色燈與麵包燈之照明效果比較

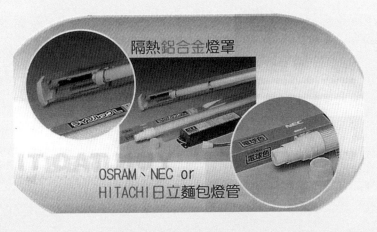

(b)烘焙業專用的橘黃色麵包燈

🔖 圖 8-4　麵包專用照明燈

圖片提供：川島國強有限公司。

四、賣場展示照明的要求

賣場展示設計照明的要求有適當的照明度、適當的照明方式、選用適當的光色及避免造成眩光等四個條件。

1. 適當的照明度

依照不同的展示內容,設計適當的照明度。

2. 適當的照明方式

依據展售商品的特性、陳列方式、展售類別,運用適當的照明
方式提升展示效果。

3. 選用適當的光色

根據商品特性及品質需求,選用適當的光色,提高商品的價值。

4. 避免造成眩光

在賣場裡必須避免照明的直接眩光和反射眩光,直接對消費者
的眼睛產生刺激。如圖 8-5(a)所示,光源的角度若設計不當,直接
對玻璃的反射眩光會刺激到顧客的眼睛,影響展售效果。而圖 8-5(b)
所示,將照明配置在櫥櫃內,光源就不會經由玻璃的反射而產生眩
光,刺激到眼睛。

肆、店頭照明計畫

依照店頭的機能設施可將其照明區域分成外觀照明、招牌照
明、櫥窗照明、騎樓照明等四大部分來加以設計。

一、外觀照明

賣場外觀是接近消費群的最前線,其照明的主要功能在吸引消
費群的注意,引領他們進入賣場,另一方面也是將明確的企業識別
建立在消費者的印象裡,以顯示賣場的經營特色和風格。外觀照明
除了在夜間使用之外,平常視線不良的區域都應保持其可視度,考
慮的範圍包括賣場建築物正面、入口處及停車場,主要是指引行人

(a)不當的光源會產生反射眩光，刺激到顧客的眼睛。

(b)適當的光源可避免產生反射眩光，刺激到顧客的眼睛。

📖 圖 8-5　光源的角度設計對反射眩光的影響

和開車的消費者清楚辨識及進出賣場，其照明設計大都以簡單明亮為原則。總之，外觀照明設計應考慮照度充足和分佈均勻，光色宜人，避免眩光刺眼，誘導行車及節約能源等條件。

二、招牌照明

招牌照明的形式大致有霓虹燈、燈箱及正面投光等三種。

「霓虹燈」隨著不同的字樣及燈色，表現出活潑、年輕、跳躍

的氣氛,很適合娛樂場;其利用夜間與周圍環境的強烈對比,使立體字的背襯霓虹營造出高貴帶有點隱私、寧靜又不失柔和的感覺,常是餐飲業的設計主流。

「燈箱」是賣場使用最普遍的招牌照明,其利用透光性壓克力或軟性面材製作成箱型招牌,照明從燈箱內直射面板產生亮度效果。燈箱內之燈管以白色光日光燈較為理想,其規格以 40W 與 30W 最通用。為求招牌明亮度平均和美觀,燈箱內的燈管排列是主要重點,排列平均,其招牌的光線分佈就很均勻明亮,反之則會使招牌產生陰影現象。排列時燈管不宜交叉,最適當的設計為直式排列或橫式排列,其標準行距為 30 公分(如圖 8-6 及圖 8-7 所示),直式排列時,兩燈管之間的燈頭(鋁頭)需要重疊 5 公分左右。有些燈箱使用鏤空字塑鋼板或金屬鋼板當面材,燈光在透光與非透光之間形成有層次的照明效果,提升賣場的格調與精緻形象。

「正面投光」都用於較大篇幅的外觀看板上,看板本身以帆布、木質及其他面材製作而成,燈光以外伸懸掛從正面投射,或由看板的下方投射,此種照明都選擇高照度的燈光較適合。

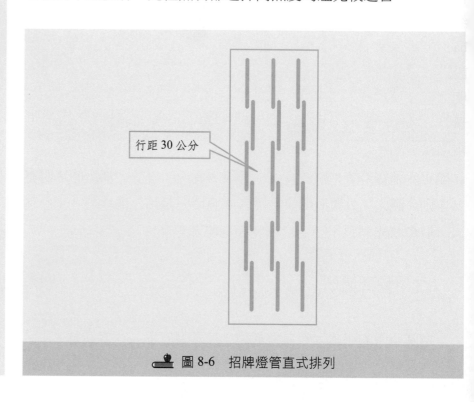

行距 30 公分

圖 8-6　招牌燈管直式排列

行距 30 公分

圖 8-7　招牌燈管橫式排列

三、櫥窗照明

　　櫥窗是顧客接觸店面時最先感受到明亮的地方，除了講究整體性照度外，更常利用其他輔助照明妝點出櫥窗的魅力，將顧客的視線吸引到所展示的商品上。櫥窗以背景結構來區分成開放式（Open-back Windows）和封閉式（Closed-back Windows）兩種，前者沒有設計背景牆，直接透視賣場內的景物，形成開放的展示空間，其照明位置設置在櫥窗的上方及兩側（如圖 8-8 所示）；後者設計有背景牆，形成一個獨立展示空間，其照明位置設置在櫥窗的上下方、兩側及背景牆的上下方（如圖 8-9 所示）。

沒有設計背景牆，直接透視賣場
內的景物，形成開放的展示空間

圖 8-8　開放式櫥窗之照明位置設置在櫥窗的上方及兩側
　　　　（俯視圖）

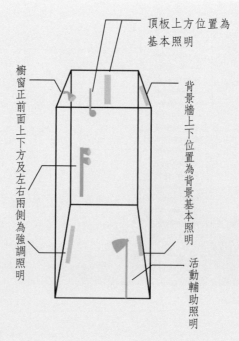

頂板上方位置為
基本照明

櫥窗正前面上下方及左右兩側為強調照明

背景牆上下位置為背景基本照明

活動輔助照明

(a)封閉式櫥窗之照明設計（立體側邊透視圖）

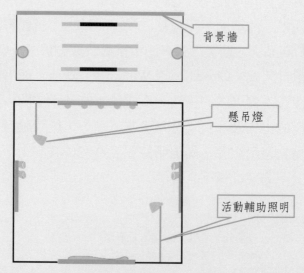

背景牆

懸吊燈

活動輔助照明

(b)封閉式櫥窗設計有背景牆，形成一個獨立展示空間，其照明位置設置
在櫥窗的上方、前下方、兩側及背景牆的上下方（俯視圖及前視圖）

圖 8-9　封閉式櫥窗照明設計

　　展示櫥窗的照明以散射性和指向性光源相互搭配使用的效果最好，以下用封閉式櫥窗為例作說明。「散射性光源」大都利用櫥窗的頂板上方及背景的上下位置，設計為櫥窗的基本照明，如圖 8-9 所示，此光源都採用螢光燈和白熾燈居多，裝置角度不可向外或加裝適當的遮光板以避免光線直射觀看者。「指向性光源」都利用櫥窗的前上下方或左右兩側，設計為櫥窗的強調照明或局部照明，如圖 8-9 所示。櫥窗的前上方以單獨投射燈或軌道燈營造視覺的焦點，前下方利用嵌入底板燈槽的腳燈照明來消除基本照明投射展示品所產生的陰影；至於櫥窗的左右側可按裝立式螢光燈或軌道燈，以塑造生動的立體感或利用兩邊不同的演色性強化戲劇性的視覺效果。另外，設置活動立式的照明燈以輔助固定燈照不到的位置。

四、騎樓照明

　　大部分賣場的騎樓照明以明亮為原則，除了方便顧客走動，也彌補店內與街道之間距所產生的昏暗。騎樓照明之燈管排列以橫式設計為宜，既是與街道平行而固定在騎樓天花板。無論單店面、多店面或三角窗店面的騎樓，燈管橫式排列可加大照度面積及節省燈管排列數量，也降低顧客進入店面的眩光刺激。

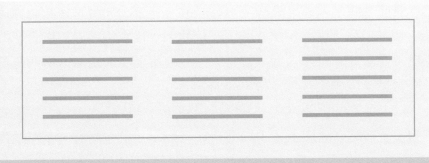

📖 圖 8-10　騎樓照明之燈管排列以橫式設計為宜

伍、店內照明計畫

　　賣場空間的照明設計，需符合顧客訴求對象，針對其心理差異和喜好，規劃不同的照明方式，譬如青年學生喜歡活潑刺激及有平衡感的聚光燈，中年人需要輕鬆柔和的嵌燈，藍領階層喜好耀眼的基本照明，女性朋友愛好藝術造型的白熾燈，每一種不同的需求照度與擺設位置都有一定的相互關係。除此之外，再根據顧客的消費行為，著重在商品陳列、動線通道、壁面及服務特區等區隔照明，並協調相互之間的照明效果，才能發揮賣場整體的販促氣氛，有效提升商品的展示效果，刺激誘發顧客的消費慾望。

一、商品陳列照明

　　賣場裡的商品不外乎陳列於貨架、櫥櫃、層板或平台，這些陳列器具涵蓋各種展示面，如高架多層展示面、低櫃平型面、單邊展示面、雙邊展示面、直線展示面或斜線展示面等等。各種不同的陳列方式和展示面，直接影響照明方法的運用。以下將陳列方式歸類幾種形式加以說明照明規劃的方式。

㈠雙面直立多層商品架之照明設計

　　雙面型商品架都為縱高多層的設計，其展示面有平線和斜線兩種，前者如超級市場和便利商店的乾貨架，後者如書局和影音店的雙邊斜面架。此型陳列架大都密集排列在賣場中央區域，照明應設計雙管螢光燈固定在天花板向下投射。

　　以上所談的照明方式，其燈具排列有直式與橫式兩種。「**直式排列**」是按裝在通道上方（如圖 8-11 所示），其雙燈管向下左右兩側散光（如圖 8-13 所示），此排列方式不可固定在商品架的正上方，否則會因上層高架的遮光形成中下層的商品照度不足。「**橫式排列**」為燈具與陳列架垂直，連結按裝在天花板上並橫跨通道與商品架（如圖 8-12 所示），採用的燈管固定面應為平型，使光線直接下投（如圖 8-14 所示），不會偏射產生眩光而刺激顧客的眼睛。

直式燈具排列
是按裝在通道上方，其雙燈管向下左右兩側散光。

橫式燈具排列
為燈具與陳列架垂直，連結按裝在天花板上並橫跨通道與商品架。

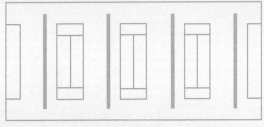

📖 圖 8-11　雙面直立多層商品架之照明——直式排列

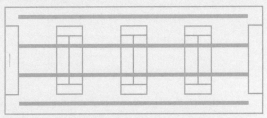

📖 圖 8-12　雙面直立多層商品架之照明——橫式排列

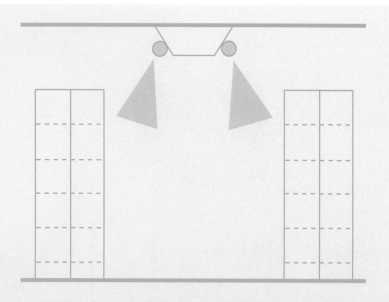

📖 圖 8-13　雙面直立多層商品架之照明——直式排列，
　　　　　其雙燈管向下左右兩側散光。

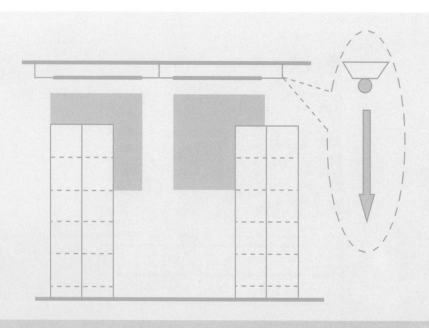

📖 圖 8-14　雙面直立多層商品架之照明——橫式排列，其採用的燈管
　　　　　固定面應為平型，使光線直接下投，不會偏射致使顧客產
　　　　　生眩光。

㈡單面直立多層牆櫃之照明設計

　　單面直立多層牆櫃是指沿靠賣場四周牆面而設計的單面商品展售架，此牆櫃通常由木製裝潢、鐵製組合架、玻璃展示櫥等設計而成，其展示面大都是面向通道。為顯示商品的特色，這些櫥櫃的照明設計大致可分成外伸前照式、裝置在櫥櫃與通道中間之上方、裝置在櫥櫃內等三種方式。

　　外伸前照式的設計如圖 8-15 所示，燈具固定在櫥櫃天花板的外側，同時燈管的外側加裝遮光板，使光線集中由上向下照射在內側的商品上。第二種為裝置在櫥櫃與通道中間之上方的設計，如圖 8-16 所示，燈具以橫式排列固定在天花板上，所採用的燈管固定面應為平型，使光線直接下投（參考圖 8-14 所示），不會偏射產生眩光而刺激顧客眼睛。另外一種為裝置在櫥櫃內的設計，如圖 8-17 所示，燈具都加裝在櫥櫃外側內角，除了可緩和賣場照明對玻璃的反射之外，尚可強調櫥櫃內商品的展示效果。此種照明適宜採用螢光燈或光纖照明，避免櫃內高溫損及商品或因玻璃傳熱燙傷顧客。

　🏆 圖 8-15　單面直立多層牆櫃之照明——外伸前照式

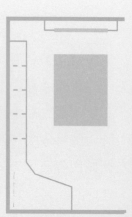

圖 8-16　單面直立多層牆櫃之照明──裝置在櫥櫃與通道中間之上方

(三)平型櫥櫃之照明設計

賣場常見的平型櫥櫃有密閉型玻璃櫥櫃、四邊展售平台及雙邊展售平台等。雖然三種都是屬於水平展示面，但是下投照明照射在密閉型玻璃櫥櫃時，會因玻璃鏡射產生反光，所以櫥櫃內需加裝櫃內照明燈以緩和反射的情況（參照圖8-17所示），櫃內照明適宜採用螢光燈或光纖照明，避免櫃內高溫損及商品或因玻璃傳熱燙傷顧客。四邊展售平台通常為木製設計陳列台，照明設計直接採用下投式照明是很理想的方式，不會有反光現象，又可直接襯托商品質

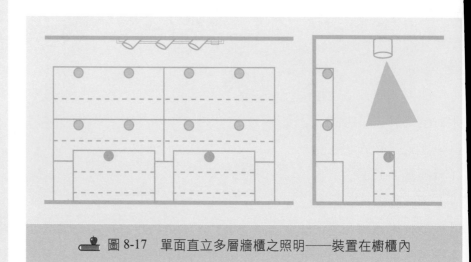

圖 8-17　單面直立多層牆櫃之照明──裝置在櫥櫃內

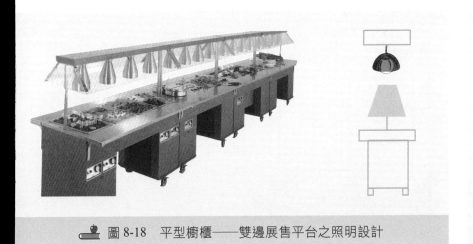

📖 圖 8-18　平型櫥櫃──雙邊展售平台之照明設計

感。圖 8-18 所示為雙邊展售平台，其照明設計在高度 150cm 的上架底板，此高度為一般成人的眼睛水平以下，可避開下投式照明對人所產生的陰影。

二、動線通道照明

　　動線通道依照主要動線、次要動線、等候動線及收銀動線等都有不同的照明設計方式。主要動線的通道照明如圖 8-19 的①所示，因其通道寬幅較寬且是主力商品的陳列區，其燈具排列以橫式固定在通道天花板由上向下直接照射，強調明亮為原則，採用的燈管固定面應為平型，使光線直接下投（參考圖 8-14 所示），不會偏射產生眩光而刺激顧客眼睛。另外，左側的商品櫥櫃外沿，可視需要加裝強調照明（如虛線所示），增加商品展示效果。

　　次要動線的通道照明如圖 8-19 的②所示，因其通道較窄且多條平行排列於賣場中間，通常都陳列較次要且多項的商品，其照明設計以直式排列固定在通道上方天花板，以雙燈管向下左右兩側散光（參考圖 8-13 所示），光線可均勻分布在兩邊商品架上。

　　等候動線及收銀動線的通道照明如圖 8-19 的③和④所示，其設計以橫式排列的基本照明為主，通常都使用單一白光或冷白光的明系統，主要以平面直接照射來達到收銀區的明亮度為原則。

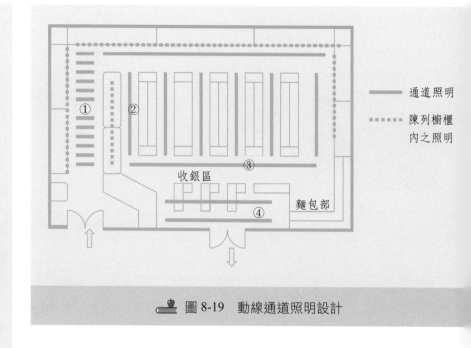

通道照明

陳列櫥櫃
內之照明

收銀區

麵包部

📖 圖 8-19　動線通道照明設計

三、壁面及柱子的照明設計

　　牆壁面的照明通常是為了強調某種商品的特色風格或主題訴求，而設計出比較有創意的氣氛效果。如圖 8-20 所示是為了凸顯歐式麵包的風格，特別在牆壁面裝飾精緻的歐式圖案，然後配合管形嵌燈聚焦照明，更能營造北歐的特殊氣氛。當然隨著不同的商品別，壁面照明設計表現出的氣氛都各有特色，其所選擇的燈具大都是嵌燈與聚光燈居多，再依據商品的演出特性強調不同演色性的光源。

　　賣場柱子的照明設計以聚光燈向上投及向下投方式最適合，主要以增加賣場的氣氛為主，同時也降低柱子在賣場的障礙感。圖 8-21 所示就是為了增加賣場的藝術氣氛，先在柱子的上半段裝潢具親和力與藝術感的飾品（高度以不妨礙顧客走動為原則），然後配合飾品板的下投式聚光燈營造柔和的溫馨氣氛，以平衡賣場基本照明的生澀感，也緩和柱子在賣場突兀的不適感。

圖 8-20 牆壁面的照明

圖 8-21 柱子的照明設計

學習評量及分組討論

1. 賣場照明的主要目的可歸類為哪五種？
2. 請舉例說明照明對營造販賣氣氛的影響？
3. 照明的方式從投光的角度及方向，可區分為哪幾種？
4. 何謂「整體照明」，其燈具配置方式可分成哪幾種？
5. 採用「上投式照明」時需要注意哪幾點事項？
6. 「基本照明」的環境照度依據賣場定位可區分成哪三種？
7. 以小組為單位，討論賣場照明計畫所應該考慮的事項，並繪製其設計流程？
8. 以小組為單位，討論「強調照明」如何運用於小組所選定的賣場？

第九章

商品陳列規劃

學習目標

1. 具有商品陳列的概念。

2. 瞭解商品陳列的類型。

3. 學習商品陳列時如何配置分類。

4. 知道並能運用商品陳列的各種方式。

5. 能夠掌握商品陳列的原則與要領。

第一節　商品陳列的概念

　　商品排列的好壞不僅會影響賣場的視覺效果，更會直接影響消費者的購買意願。適當的商品陳列可以吸引顧客注意、誘導其購買，而展示陳列的方式是依照販促計畫，挑選代表性商品配合有視覺創意的陳列技巧，達到促進販賣的目的。

　　商品排列設計的概念步驟如圖 9-1 所示，1→4 為「**展示演出階段**」，主要目的為使商品更生動及戲劇化以吸引消費者注意；2→5 著重於「**正面陳列階段**」，主要功能在告知商品的特色與價值，讓消費者能正面觀賞，產生慾望；4→7 則強調在「**橫向陳列階段**」，主要功能是讓消費者可以選擇比較，獲取其信賴（如圖 9-2 所示）。陳列設計時只要善加運用此「A-I-T-D-C-T-A」的顧客心理階段，都能發揮出很好的陳列功效。

展示演出階段
主要目的為使商品更生動及戲劇化以吸引消費者注意。

正面陳列階段
主要功能在告知商品的特色與價值，讓消費者能正面觀賞，產生慾望。

橫向陳列階段
主要功能是讓消費者可以選擇比較，獲取其信賴。

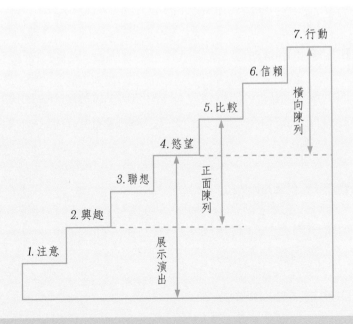

📖 圖 9-1　商品陳列設計的階梯概念圖

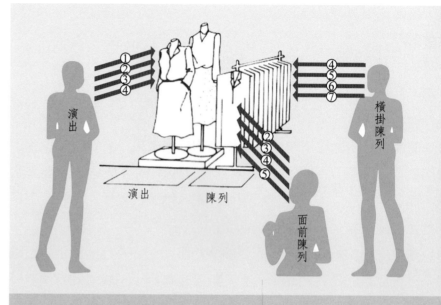

🖱 圖 9-2　商品陳列面的位置功能

資料來源：張輝明，1998，《展示設計實務》，p.84。

● A-注意（Attention）

分析消費者的行為並針對顧客訴求，構想出最能夠引起消費者特別注意的陳列位置和演出設計。

● I-興趣（Interent）

抓住消費者的第一視線後，以色彩和裝飾搭配商品組合陳列，告知消費者商品的特徵與購買的好處，提高消費者進一步對商品的興趣。

● T-聯想（Thinking）

當消費者對商品有興趣後，會產生多方面的聯想，如需求性、實用性、消費預算……等等。

● D-慾望（Desire）

陳列在顧客面前的商品，應能夠塑造良好的商品形象與附加價

，以強化消費者聯想的肯定性，才能讓消費者產生對商品的擁有
望。

● **C-比較（Compare）**

消費者對商品有慾望後，就會採取品牌、品質、價格、樣式等
多方面的比較。

● **T-信賴（Trust）**

當比較後有了優勢的結果，自然對該賣場的陳列商品產生信賴
與記憶。

● **A-行動（Action）**

消費者對商品產生信賴的下一個步驟，很快就會決定做出購買
的行動。

第二節　商品陳列的類型

商品陳列依照商品特性和訴求對象可分成以下五種基本型態：

1. 重點展示陳列

將主要訴求商品以特別陳列方式展示，表現出創意、新穎、生
動、戲劇化，使特定商品引人注目，達到販促效果。通常高級服
飾、精品、新產品或換季代表性商品等，最常使用重點展示陳列
（如圖 9-3 所示）。

2. 一般陳列

日常性的共通商品或流通性較強的一般商品，都陳列在開放性
的規格貨架上販賣。此陳列雖然沒有特殊創意，卻應長期固定在同

重點展示陳列
將主要訴求商品以特別
陳列方式展示，表現出
創意、新穎、生動、戲
劇化，使特定商品引人
注目，達到販促效果。

一般陳列
日常性的共通商品或流
通性較強的一般商品，
都陳列在開放性的規格
貨架上販賣。

一位置且擺設整齊有序,方便顧客輕易取拿,如超市的一般乾貨區（如圖 9-4 所示）。

3. 強調陳列

於某商品群之中挑選較具賣相的單一商品,在重點陳列與一般陳列之外的活動空間或角落進行定期定量的強調性展示陳列,以凸顯單項商品的特色,進而帶動周邊商品的販促（如圖 9-5 所示）。

4. 量感陳列

節慶換季或特販促銷時,以多量的商品陳列在一起,可表現出商品的量販氣氛和價廉形象,如水果店和超市的堆積陳列及割箱陳列（如圖 9-6 所示）。

5. 複合陳列

量感陳列與重點陳列或強調陳列技巧合併使用,稱為複合陳列。此方式可發揮多方面的販促功能,但是若設計不良或訴求不分明,則會導致反效果。

圖 9-3　高級服飾店的重點展示陳列

☝ 圖 9-4　超市日用品的一般陳列

☝ 圖 9-5　休閒服飾的強調陳列

☝ 圖 9-6　飲料特販的量感陳列

圖片提供：扶桑產業株式會社；安勝商店設備股份有限公司。

第三節　商品陳列的配置分類

　　運用商品的配置分類來陳列，是將商品特色介紹給消費者之最經濟簡便的方法。經過分類配置後的商品，不僅可降低賣場的商品管理費用，更能加深消費者的商品印象，促進選購。商品陳列的配置有以下十二種分類：

1. 商品種類別

　　依照賣場所有的商品種類區分陳列，如超級市場的生鮮食品、家庭日常食品、清潔用品、五金百貨、冷凍冷藏食品等，再從以上大分類區分成中小分類來陳列，此種類別也是最基礎的陳列區分方式。

2. 原料別分類

　　在同一商品種的中分類裡，有多種不同的製造原料時，就可依此原料來區分陳列，如飲料類可分成果汁飲料、運動飲料、碳酸飲料、茶品飲料及礦泉水等。

3. 用途分類

　　按照商品的不同功能用途來區分陳列，如家庭五金類可分成塑膠用品、廚房用具、修繕工具、管線材料等，從這裡再分成細部功能陳列，如廚房用具又分成切、洗、煮、烤等。

4. 尺寸規格分類

　　依照商品的尺碼規格來陳列，使消費者能一目了然，挑選適合自己的尺寸，如服飾的 S、M、L 等尺寸。

5.價格分類

依照商品本身的定價高低來陳列，以較大型商品或量販品最能發揮效果，如洋酒、禮盒、運動休閒鞋或其他的特價品。

6.品牌分類

依照品牌和廠牌來陳列，大都強調在同性質不同廠商的產品，如鮮乳、洗髮精、沐浴乳等。

7.對象別分類

依照不同的使用者將商品分開陳列，如鞋子可分類成幼兒、學齡兒童、青少年、成年人等使用對象。

8.節慶別分類

依照固定節日、特別紀念日和換季時來作陳列，不僅可營造賣場的氣氛，又可達到特販促銷的效果。

9.男女老幼性別分類

依照性別樣式分開陳列，可明顯區隔訴求市場，表現訴求區塊各自的風格。

10.款式分類

將同款式的商品集中陳列在一起，方便消費者作比較，挑選自己所需要的款式。

11.品質分類

按照商品品質的高低來陳列，如鐘錶行的高貴手錶集中陳列靠近服務櫃台，次要商品則擺設在一般櫥櫃裡。

12.色彩別分類

將商品本身的色彩加以搭配組合，也可以陳列出具有視覺創意、刺激購買的效果。例如，將顏色較明亮的商品陳列在前面，暗色商品陳列在後面；或者明亮商品擺置上層，暗色商品擺置下層，有穩重之感覺；也可由暖色系依序排列到寒色系，方便消費者選購。

第四節　商品陳列的方式

依照各行各業不同商品的需求演出，各種陳列的方式也都表現出具有特色的格調，以下針對賣場裡常見的十四種陳列方式加以詳述。雖然每一種陳列都有其各自的功能效益，但共同的目的卻都是在極盡表現商品、吸引消費者的青睞與惠顧。

1. 正面與橫掛陳列

以服飾掛架為例，將商品正面展示，把衣服的特徵明顯表現給消費者清楚知道，稱之為「**正面陳列**」；將正面展示的同款式商品，以數量、顏色、尺寸等變化橫掛在正面樣品後面的衣架上供消費者挑選，稱之為「**橫掛陳列**」（如圖 9-7 所示）。

2. 壁面陳列

利用牆壁面配合商品的特色、外型規格、保存條件及固定方式作陳列，可發揮立體展示的效果，此稱之為「**壁面陳列**」。依照商品的特徵需求，壁面陳列設計方式大至可分成吊掛、開放櫃及貨架、活動層板架、玻璃櫥櫃、冷凍冷藏展示櫃等幾種方式陳列，每一種都有其不同風格的展示效果（如圖 9-8 所示）。

3. 柱子陳列

「**柱子陳列**」是利用賣場裡的柱子作商品陳列，可消弭柱子在賣場的阻礙性，也可營造特殊的販賣氣氛。例如，以柱子設計為不同的主題陳列，也可設計柱面當掛勾陳列（如圖 9-9 所示）。

柱子陳列
利用賣場裡的柱子作商品陳列，可消弭柱子在賣場的阻礙性，也可營造特殊的販賣氣氛。

4. 端架陳列

將商品陳列在整排貨架的前後端正面，是為「**端架陳列**」（又稱檔頭架陳列）。端架陳列通常是在強調該整排貨品的主題或該商品線的新產品，以具有高週轉率、高毛利之重點商品為主。陳列演出時，以新穎、量感、特價等販促技巧吸引消費者購買（如圖 9-10 所示）。

端架陳列
將商品陳列在整排貨架的前後端正面，是為端架陳列。

5. 一般陳列

賣場裡流通性較高、較普遍的商品都陳列在共通性的規格商品架上，稱之為一般陳列，陳列時以整齊有序、易於取拿為原則（如圖 9-11 所示）。

6. 平台陳列

具有小量多樣、高級精美、文化藝術等特性的商品，都會搭配有創意的平台，結合空間理念來陳列展示，營造特殊氣氛，表現商品的特徵和質感（如圖 9-12 所示）。

7. 櫥櫃陳列

將商品擺置在玻璃櫥或其他功能、材質等櫥櫃裡，配合照明及飾品用具展示給消費者，稱之為「**櫥櫃陳列**」。通常專賣店裡屬於價值性和保全性較高的商品，或者需要保濕、保溫等特殊條件的商品，其使用櫥櫃陳列的機率較高（如圖 9-13 所示）。櫥櫃陳列雖然可營造個性販促氣氛和保全商品質感，但是需要配合服務員的解說，否則會降低消費者的購買意願。

櫥櫃陳列
將商品擺置在玻璃櫥或其他功能、材質等櫥櫃裡，配合照明及飾品用具展示給消費者，稱之為櫥櫃陳列。

8.掛勾陳列

掛勾陳列適合於細長輕薄等缺乏立體感的商品，如襪子、牙刷、小五金、文具等，也適合容易被擠壓受損的商品，如軟片、球拍等（如圖9-14所示）。另外，圓形和不規則形狀的商品應配合專用掛勾陳列，可提高展售效果和節省陳列空間（如圖9-15所示）。

9.掛籃陳列

賣場裡有一些外型膨鬆、重量輕、且需要陳列多種品牌的商品，如包裝麵條與碗麵，可使用單層或雙層掛籃將不同品牌區分放置籃子，方便顧客挑選（如圖9-16所示）。

10.堆量陳列

大型商店及批發賣場為了創造業績，常將某些商品加以量化、堆積陳列，以營造量販價廉的購買氣氛（如圖9-17所示）。一般堆量陳列應該注意安全性，避免商品翻倒掉落造成反效果。

11.突出陳列

在明顯寬敞的主通道上刻意突出擺放有代表性的少量商品，以阻擋效果引起消費者特別注意此區的商品，稱之為「**突出陳列**」（如圖9-18所示）。

12.書報陳列

通常書報雜誌都陳列在固定規格的書報架上，分為上下兩層，上層擺放暢銷的報刊雜誌，下層則放置流通性較低的書籍。此種書報陳列架大都擺設在賣場出入口附近，故又稱之為「**店頭陳列**」（如圖9-19所示）。

13.收銀台陳列

收銀櫃台除了結帳服務之外，還另外設計有陳列功能。其陳列技巧隨著不同業種而有差異，然其陳列方式通常以桌上、櫃台後的

堆量陳列
大型商店及批發賣場為了創造業績，常將某些商品加以量化、堆積陳列，以營造量販價廉的購買氣氛。

突出陳列
在明顯寬敞的主通道上刻意突出擺放有代表性的少量商品，以阻擋效果引起消費者特別注意此區的商品，稱之為突出陳列。

達櫥及櫃台正前方的展示為主，其目的在於刺激正等待結帳的顧客
之衝動性購買慾（如圖 9-20 所示）。因此區所陳列的都是小商品或
采全性高的商品，所以收銀員可就近方便管理及服務顧客。

14.特殊陳列

　　當某些商品的外型及陳列性能無法適用於一般陳列櫥櫃時，或
者此商品具有特殊的展售機能和目的，其必須配合專用之陳列設
備，才能達到展售的效果。如圖 9-21 所示之葡萄酒陳列架，除了特
殊設計的酒瓶固定托架之外，整座陳列架的安全結構及創意外觀都
表現十足的商品風味。

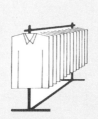

圖 9-7　以正面樣品為主訴求、橫掛商品供挑選的陳列方式

圖 9-8　壁面陳列方式

🏺 圖9-9　柱子陳列方式

資料來源：中日販賣株式會社，1988，"*Chunichi: Foods & Variety System*".

🏺 圖9-10　端架陳列

🏺 圖9-11　一般陳列

🔖 圖 9-12　平台陳列

資料來源：三采文化出版事業有限公司提供。

🔖 圖 9-13　櫥櫃陳列

資料來源：三采文化出版事業有限公司提供。

🔖 圖 9-14　各式掛勾陳列

🔱 圖 9-16　掛籃陳列

🔱 圖 9-17　堆量陳列

🔱 圖 9-18　突出陳列

📖 圖 9-19 書報陳列

📖 圖 9-20 收銀台陳列

📖 圖 9-21 特殊陳列

第五節　商品陳列應掌握之原則

在賣場裡執行商品陳列時應該掌握空間的運用、視覺的表現、商品的自我表現、陳列的關係位置、展示與演出的差異、陳列器具的運用等原則，以及有效使用隔物板、一致性的商品標價，陳列具有差異化、高利潤及有特色的商品等多項陳列要領。

壹、空間的運用

配合賣場經營的理念和定位，善加運用賣場中的牆壁面、柱面、陳列器具、展示台，使每一個空間在整體協調性下，都能發揮最有效的利用價值，表現出商品陳列的生命力。如圖9-22所示為小型服飾賣場，首先利用寬敞的壁面陳列共通性商品，並且在牆上沿裱裝相關圖片，襯托商品的美感；在牆柱上設計小型櫥櫃，擺置服飾配件等精緻商品；門面角落位置將重點商品強調在展示台上演出；賣場中間以服飾吊架及雙層木製台等器具，陳列流通性較大的商品。

貳、視覺的表現

商品陳列需要依靠照明與色彩的視覺搭配，才能完全發揮商品展示效果。商品藉由照明的直接或間接投射，產生陰暗的立體變化，凸顯商品的存在感。另外，運用色彩給人不同的感覺，配合光的物理作用來決定色彩的特徵，以控制商品的顏色變化，產生各種不同的展示陳列效果，這便是照明與色彩的視覺表現關係。

商品陳列需要依靠照明與色彩的視覺搭配，才能完全發揮商品展示效果。

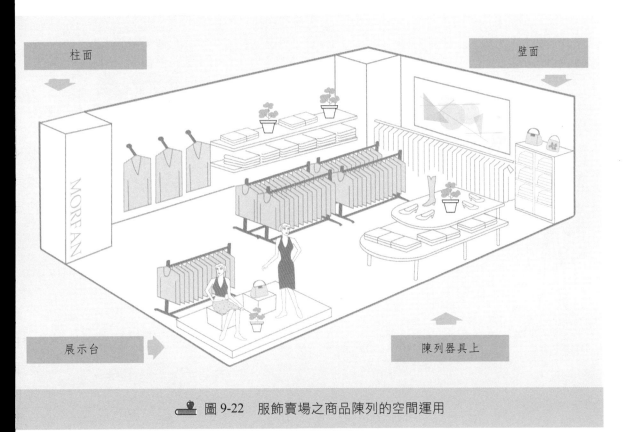

柱面

壁面

展示台

陳列器具上

MORFAN

🔖 圖 9-22　服飾賣場之商品陳列的空間運用

參、商品的自我表現

　　商品本身是不具有生命力，必須藉由陳列的關係位置、演出的程度、器具與飾品的運用，才能自我表現，告知消費者商品的存在與價值。

肆、陳列的關係位置

　　將高毛利和週轉率較高的商品陳列於重點位置，而相關性商品應陳列在相互鄰近區域，且暢銷商品應平均配置在所有通道上，使每一條動線都有吸引顧客的商品。另外，立體陳列位置如圖 9-23 所示：

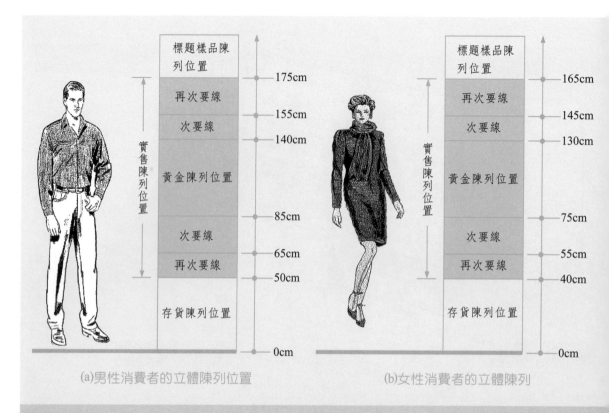

(a)男性消費者的立體陳列位置　　(b)女性消費者的立體陳列

圖 9-23　商品立體陳列位置圖

● 黃金陳列高度

男性為 85～140cm；女性為 75～130cm。

● 次要陳列高度

男性為 65～85cm 及 140～155cm；女性為 55～75cm 及 130～145cm。

● 再次要陳列高度

男性為 50～65cm 及 155～175cm；女性為 40～55cm 及 145～165cm。

● 存貨陳列高度

男性為 50cm 以下；女性為 40cm 以下。

● 標題樣品陳列位置

男性為 175cm 以上；女性為 165cm 以上。

　陳列的關係位置除了注意高度機能之外，陳列的深度及角度也是關係展售效果的重要技巧。如圖 9-24 所示係針對家庭主婦消費的生鮮食品適當陳列深度及角度，最上層之陳列深度為 35cm、角度為 25°；第二層深度為 40cm、角度為 18°；第三層深度為 45cm、角度為 15°；第四層深度為 50cm、角度為 10°。

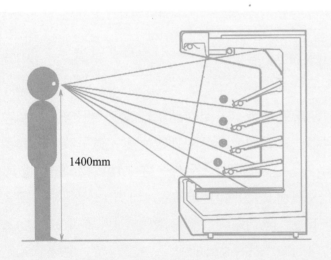

1400mm

商品陳列深度	商品陳列角度
35cm	25°
40cm	18°
45cm	15°
50cm	10°

📖 圖 9-24　生鮮食品陳列深度及角度

伍、展示與演出的差異

　　商品表現的方法有展示與演出兩種，前者為將商品原有的價值與型態，不需任何的裝飾搭配直接表現給消費者知道；後者為運用裝飾、配色及照明等技巧，特別是將商品的利用價值有計畫性的告知消費者，強化販促效果。

陸、陳列器具的運用

　　為了豐富消費者的視覺效果，運用陳列配件和器具，可強調商品的實用特色與生活化特徵。陳列器具的涵蓋範圍包括材料配件、裝飾用品、應用道具、吊架、櫥櫃及專用設備等，根據商品的特色及商店的性質加以妥善運用，必能表現出有效益的演出功能。

柒、其他陳列要領

有效使用隔物板
可使商品整齊陳列，不僅方便顧客選購，又可防止現場缺貨問題。

　　「**有效使用隔物板**」可使商品整齊陳列，不僅方便顧客選購，又可防止現場缺貨問題。商品陳列定位後，應一致性立即在右上角貼上原價和特價並防止脫落。另外，在立體貨物架的黃金段應陳列具有差異化、高利潤及有特色的商品；上段以陳列希望顧客注意的商品為主；下段以陳列週轉率高、體積較大、較重的商品為主。大部分商品的陳列順序都採由小而大、由左而右、由淺而深、由上而下等之原則。

學習評量及分組討論

1. 商品陳列概念可分成哪幾個階梯概念？

2. 商品陳列有哪幾種基本型態？

3. 請舉例說明「量感陳列」？

4. 商品陳列的配置有哪幾種分類？

5. 賣場常見的商品陳列方式有哪幾種？

6. 何謂「端架陳列」，其陳列重點為何？

7. 以小組為單位，討論課本以外的五種具有創意的陳列方式？

8. 以小組為單位，討論說明「文具圖書廣場」商品陳列時，所應掌握的重要原則？

第十章

POP 廣告運用計畫

各節重點

學習目標

1. 能夠定義企業識別系統，並應用在賣場規劃上。
2. 清楚區分賣場應該標示的項目類別。
3. 瞭解 POP 廣告在賣場所扮演的角色。
4. 定義 POP 廣告在賣場的主要目的與訴求。
5. 認識各種賣場 POP 廣告的販促用品。
6. 學會賣場實用的手繪式 POP 小型海報。

「**賣場販促氣氛**」除了必須由外而內掌握：整體色調與潔淨的美感、配置與陳列的富裕感、溫馨創意的親切感、明亮舒適的寬闊感等四個主要原則之外，再運用有系統性的賣場廣告計畫，更能完全牽動消費者的購買意願。這些動靜態的販促氣氛技巧包含有賣場企業識別系統、標示指引、販賣促進的POP廣告等計畫，以及適當的音樂、適溫的冷氣空調、試吃活動、得宜的服務等有效的賣場氣氛要領，更是顧客再次光臨的關鍵。

賣場販促氣氛
必須由外而內掌握：整體色調與潔淨的美感、配置與陳列的富裕感、溫馨創意的親切感、明亮舒適的寬闊感等四個主要原則。

第一節　賣場企業識別系統

「**企業識別系統**」的英文全名為Corporate Identification System，簡稱 CIS。此系統是企業為了明確表達其經營的屬性，而將比較抽象的企業價值觀和經營理念，規劃設計成具體可見的傳達符號，然後透過多種不同的媒體管道塑造理想的企業形象，進而提升企業競爭能力。換句話說，它是綜合了企業的屬性、價值觀，經由視覺符號的應用，以推廣企業的目標和傳遞品牌承諾。

企業識別系統
是企業為了明確表達其經營的屬性，而將比較抽象的企業價值觀和經營理念，規劃設計成具體可見的傳達符號，然後透過多種不同的媒體管道塑造理想的企業形象，進而提升企業競爭能力。

早在 1980 年代台灣各型製造產業紛紛導入企業識別系統的規劃設計，作為經營戰略的主要利器，更是提升國際市場形象的必備條件，如統一企業公司、宏碁電腦、捷安特等知名企業。1990 年代隨著經濟產業結構的改變，零售與服務產業發展走向連鎖化、專業化，各型各式的賣場如雨後春筍般的矗立在我們生活的每一個角落。緊接著市場自由化、國際化更隨著千禧年的來臨，使跨國企業的生產技術、經營管理、行銷實力、商品情報等資訊，強烈明顯的出現在台灣市場，讓本土企業倍感競爭壓力。然而仔細觀察這些跨國企業及新起的本土企業，為讓顧客有耳目一新的感覺及創造一致的形象，在他們的行銷體系都有一套完整的企業識別系統，這系統充分的運用到實體通路，以應付目前的市場競爭和追求企業未來的發展。

本節針對企業識別系統運用在實體通路的賣場，分別介紹「企業識別系統的構成要素」與「企業識別在賣場的應用範圍」兩大部分。第一部分著重於視覺識別的基本要素，包括企業標誌、標準字體、標準色、企業造型設計、裝飾圖案等。第二部分則強調企業識別應用在賣場的外場、內場及行政管理等方面。

壹、企業識別系統的構成要素

企業識別系統的基本構成因素包括理念識別（Mind Identity，簡稱 MI）、行為識別（Behaviour Identity，簡稱 BI）與視覺識別（Visual Identity，簡稱 VI）等三種（如表 10-1 所示）。

「理念識別」是企業識別系統的基本精神，就像是企業的心，如企業使命、企業願景、經營理念、精神標語、經營策略及方針等。

「行為識別」好比企業的手，將經營的理念方針藉由管理、制度、教育及活動表現出來，如商品研發、營運管理制服、服務作業流程、員工教育訓練、公益活動、廣告宣傳、市場調查及促銷活動等動態的具體行為。

「視覺識別」有如企業的臉，是一套有系統化、標準化的視覺傳播符號及文案。企業無形的經營理念就經由這些規劃設計過的文案符號，直接明顯的傳播給社會大眾。另外，當進行動態的行為識別時，也應運用視覺識別的文案符號，使整個動態和靜態的企業活動更有組織化，達到吸引、識別、記憶、認同的目的。

根據心理學家的研究報告，視覺器官接收外界刺激所獲得的訊息比率約佔所有知覺器官的 83%以上，可見視覺識別的設計是多麼重要。有鑑於此重要性，視覺識別更應完整地展現於零售及經銷實體通路的賣場。

理念識別
是企業識別系統的基本精神，就像是企業的心，如企業使命、企業願景、經營理念、精神標語、經營策略及方針等。

行為識別
好比企業的手，將經營的理念方針藉由管理、制度、教育及活動表現出來。

視覺識別
有如企業的臉，是一套有系統化、標準化的視覺傳播符號及文案。企業無形的經營理念就經由這些規劃設計過的文案符號，直接明顯的傳播給社會大眾。

📖 表 10-1　企業識別系統三要素

構成要素	說　　明
理念識別 （Mind Identity）	它是企業識別的原動力，藉由共同理念的建立，來塑造特有的企業文化，如企業使命、企業願景、經營理念、精神標語。
行為識別 （Behaviour Identity）	將企業的經營理念運用於企業內部與外部的活動，激發員工共識，展現企業魅力，如商品研發、營運管理制服、服務作業流程、員工教育訓練、公益活動、廣告宣傳、市場調查及促銷活動。
視覺識別 （Visual Identity）	視覺識別是將企業無形的經營理念藉由文案符號具體直接的傳播給社會大眾，如企業標誌、標準字體、標準色、企業造型設計、象徵圖案。

貳、企業識別在賣場的應用範圍

　　企業識別的運用是整體性與系統性，必須透過完善的規劃與設計，依賣場的經營理念及方向來建立各項系統。企業識別在賣場應用的範圍甚廣，通常賣場在識別系統設定上，從外場到內場及行政管理都可應用在動態和靜態的物體上。

　　外場的應用範圍涵蓋賣場外觀造型、建築物外觀色系、廣告招牌、指引標示、宣傳旗幟、櫥窗門面、外場特販區等。

　　內場的應用範圍有內部裝潢、生財設備及器具、展示櫥櫃、商品標示、包裝器皿、購物袋、購物車籃、贈品系統、POP 促銷用品等。

　　行政管理方面可將識別系統運用在員工制服、證件系統（如員工識別證、出入證、停車證等）、文書事務用品、管理設備及器具、促銷宣傳及媒體廣告、賣場車輛系統等。

　　以上賣場所有可運用的範圍，皆應依據賣場既定的企業標誌、企業標準字體、企業標準色、企業造型設計、企業裝飾圖案等視覺

企業識別在外場的應用
涵蓋賣場外觀造型、建築物外觀色系、廣告招牌、指引標示、宣傳旗幟、櫥窗門面、外場特販區等。

企業識別在內場的應用
有內部裝潢、生財設備及器具、展示櫥櫃、商品標示、包裝器皿、購物袋、購物車籃、贈品系統、POP 促銷用品等。

企業識別在行政管理的應用
可將識別系統運用在員工制服、證件系統（如員工識別證、出入證、停車證等）、文書事務用品、管理設備及器具、促銷宣傳及媒體廣告、賣場車輛系統等。

識別系統來設計應用，才能發揮賣場整體的協調性，達到企業經營的識別效果。

第二節　標示指引計畫

舉凡賣場內外有很多不同的空間格局機能、流通資訊和商品種類訴求，必須透過標示才能發揮指引、告知、明示與宣傳等功能，直接傳達給消費者，使消費者能明確知道賣場佈局及商品分類位置。賣場標示計畫依其功能性大致分成引導告知標示、消防安全標示、商品標示、服務管理標示等四類。

標示製作的應用材質範圍很廣泛，標示板面有塑膠板、壓克力板、保麗龍板、金屬板、木板、塑膠帆布、LED電子顯示幕及霓虹燈管等。圖文標誌的表現材質最常使用的有廣告貼紙（卡點西得）、平版印刷、噴漆製作等。標示牌架通常的固定方式以立地式、懸掛式及直接固定在牆壁上或噴貼地板上最為常見。

壹、引導告知標示

「**引導告知標示**」大都使用在賣場外，主要設置在停車場，包括有停車場標誌、車輛導行方向、空位及滿位標示、樓層標示、計程車等候區標示等。這些標示的目的在指引行駛方向，使顧客有順序的安全進出賣場，也告知停車位狀況和賣場各個樓層的進出位置（如圖 10-1 所示）。同時也標明一些安全提醒標語及關懷用語，如「施工中、請勿靠近」、「小心行車高度」、「請小心駕駛、謝謝惠顧！」等。假如賣場有工程進行中，除以警示語提醒外，還需設置工事警示燈和安全欄架（如圖 10-1 所示）。

🔖 圖 10-1　停車場和工地的引導告知及警示標誌

另外，設置在賣場門口的標示除了招牌和櫥窗廣告之外，還包括有各樓層的營業項目介紹、開店和打烊的告示牌（如圖 10-2 所示），還有賣場活動相關訊息告知，如商品發表會或舉辦促銷活動。

貳、消防安全標示

賣場使用時，應依照建築相關法規設置消防安全等標示，這些標示設備包括避難系統圖、消防及避難設備位置標示、出口標示燈及逃生口引導指標等。

消防安全標示設備
包括避難系統圖、消防
及避難設備位置標示、
出口標示燈及逃生口引
導指標等。

1. 避難系統圖

將各樓層的安全逃生路線繪製成平面圖，張貼在賣場明顯位置及逃生門處，此圖的避難路線務必要正確、清楚、易懂，才能發揮避難效果，確保安全。

2. 消防及避難設備位置標示

在每一種消防及避難設備上方或左右側，以明顯易懂的圖文標示名稱，同時以簡單正確的圖文示範說明該項設備的使用及操作流程（如圖 10-3 所示）。此消防設備的標示如消防栓、滅火器、急救袋、救護箱、逃生安全梯等之標示和使用說明。

🏷 圖 10-2　賣場開店和打烊的告示牌

🏷 圖 10-3　消防及避難設備位置標示

3.出口標示燈

各樓層通往戶外及安全梯或另一防火區的安全門上方應設置逃
生門標示燈（如圖 10-4 所示）。

4.逃生口引導指標

在通往逃生門的走廊或通道的明顯位置、轉彎處和樓梯口應標
示固定的避難方向指標（如圖 10-5 所示）。

5. 其他安全標示

當賣場裡進行工程施工或局部改裝時，除了需設置固定的安全標示之外，仍須配置相關管理員配戴職責臂章，維護工地安全。若賣場有意外發生時，應立即派出避難輔導員應變處理災難，輔導員應配戴容易辨識的臂章（以紅色為宜），以協助所有賣場人員安全避難。另外，營業中的賣場若有通道濕滑或正在清理，可放置警示立錐提醒顧客小心，避免發生意外（如圖 10-6 所示）。

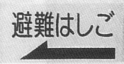

📖 圖 10-4　出口標示燈

📖 圖 10-5　逃生口引導指標

📖 圖 10-6　安全管理臂章及警示立錐

參、商品標示

常用的商品標示大致可分成壁面標示、陳列櫃標示、懸掛標示、POP 架標示等四類。

1. 壁面標示

「**壁面標示**」大都用於分別商品的大分類，如區分生鮮區、乾貨區、冷凍食品區等。此標示的篇幅較大，都直接繪製或以廣告材質固定在牆壁（如圖 10-7 及圖 10-8 所示）。

🔖 圖 10-7　直接繪製在牆壁上的商品標示

🔖 圖 10-8　以廣告壓克力板固定牆上的商品標示牌

2.陳列櫃標示

圖 10-9 是直接將商品名稱標示在冷凍冷藏展示櫃上方,消費者可以很輕易的選擇所要的商品。另一種是將商品名稱與價格標示在陳列架的前飾板上,顧客很清楚的知道每一欄排列的細分商品明細(如圖 10-10 所示)。

3.懸掛標示

賣場的天花板是最好利用來區別商品的中分類,將商品標示牌懸掛在各賣點區的上方天花板(如圖 10-11 所示)。

賣場的天花板是最好利用來區別商品的中分類,將商品標示牌懸掛在各賣點區的上方天花板。

🍎 圖 10-9　固定在冷凍冷藏櫃上方的商品標示牌

🍎 圖 10-10　嵌入陳列架飾板的商品標示牌

📖 圖 10-11　懸掛在賣場天花板的商品中分類標示牌

4. POP 架標示

配合各式的 POP 架將標示牌擺置在商品周圍，此種標示大都用於凸顯單項商品的特色（如圖 10-12 所示）。

肆、服務管理標示

賣場的服務管理標示使用範圍非常廣泛，舉凡公共設施標示、賣場服務標示、行政管理標示等。這些標示的版面較小，大都以特徵符號表示，讓消費者近距離一眼就可識別。

1. 公共設施標示

賣場內外的公共設施標示牌，如化妝室標誌牌、公共電話牌、殘障人士服務標誌，或者禁止攜帶動物進入賣場標誌、禁止卡車進入、禁止吸煙區等警示標誌（如圖 10-13 所示）。

2. 賣場服務標示

在賣點區裡標示咖啡飲茶區、用餐區、電梯位置、吸煙區、顧客服務區、收銀結帳區等標示（如圖 10-14 所示）。

圖 10-12　配合 POP 架標示單項商品的特色

圖 10-13　公共設施標示

圖 10-14　賣場服務標示

3.行政管理標示

此種標示在於提醒員工內部自我管理，如請隨手關燈、節約用水用電、請保持走道暢通、進貨區、驗貨處、廠商洽談室等標示牌，這些管理標示都使用在辦公室、加工作業區、倉庫儲存區、機電室等（如圖 10-15 所示）。

第三節 販賣促進的 POP 廣告

當今繁榮進步的工商社會，使商品的流通已從傳統的製造→零售→消費者之單向買賣模式，演變成賣場與顧客的雙向互動消費行為，而在這交易平台擔當媒介角色的就是所謂店頭廣告的 POP。

POP 是 Point of Purchase Advertising 的前三個單字縮寫，所代表的意義為「購買據點的廣告」。廣義來講，就是在賣場所有能夠促進販賣的廣告物體，都可以稱之為 POP 廣告。現在的消費者不喜歡店員的跟催糾纏或討價還價，而喜歡藉由 POP 廣告來得知商品的相關資訊，享受自由購物的樂趣。所以，賣場裡的 POP 扮演著無聲銷售員及營造販賣氣氛的功能。

POP 廣告
就是在賣場所有能夠促進販賣的廣告物體，其扮演著無聲銷售員及營造販賣氣氛的功能。

| 請隨手關燈 | 進貨區 | 驗貨處 | 廠商洽談室 |

圖 10-15　行政管理標示

壹、POP 廣告的目的與功能

　　賣場的POP是最直接、最能促進販賣的最終廣告，其主要目的是將完整的商品資訊傳達給消費者，幫助消費者在購物時的比較選擇。除此之外，它還附有多種不同的功能，茲列舉如下：

1. POP廣告就好像無聲的銷售員，可以彌補賣場人員的不足。
2. POP廣告可以搭配廠商的整體性推廣活動及賣場本身的促銷活動，提高商品形象和增加營業額。
3. POP 廣告隨時為消費者作商品資訊的傳達，獲取顧客的信賴，爭取市場競爭力。
4. POP廣告可搭配中長期的商品計畫和廣告計畫，以達成賣場的營運目標。
5. POP 廣告可以使消費者瞭解賣場特有風格和經營理念。
6. POP廣告促使消費者對商品的注目與理解性，提高購買慾。
7. POP廣告傳達商品的品牌、價格、材質、特點與內容，並詳述商品的使用方法。
8. POP廣告營造出賣場的氣氛、表現出季節感，同時也增加商品的演出效果和物美價廉的訴求。

貳、POP 廣告的種類與訴求型態

一、POP 廣告的種類

　　POP廣告隨著視覺距離的遠近和被訴求對象的差異，在內容企劃、設計手法、製作材質及方法都有不同的廣告屬性。換言之，POP廣告的種類非常多，運用時應以訴求對象來設計適當的廣告訴諸消費者。在繁多的種類當中，賣場裡常見的 POP 廣告有櫃台式POP、垂吊式 POP、櫥窗 POP、動態 POP、布條旗幟 POP、立地式

POP、印刷 POP、手繪式 POP 等八種（如圖 10-16 所示），茲分述如下。

1. 櫃台式 POP

此種POP 通常是擺置在收銀台的小型廣告牌或桌上型置物架，以廣告牌或置物架的特殊造型配合文字圖案的標示，吸引等待結帳顧客的注意，激發顧客的臨時衝動購買動機。例如，便利商店櫃台上所擺置的電池、底片、口香糖等展售架。

2. 垂吊式 POP

此種POP 大都固定在賣場的天花板垂直而下，其有營造主題氣氛的功能。例如，開幕期間或換季時，在天花板佈置大量相同的POP，使整個賣場呈現主題訴求。

3. 櫥窗 POP

此種POP 是在櫥窗裡面擺置立體廣告物或商品，配合櫥窗玻璃上的文字和圖案來訴求賣場形象或商品宣傳，以引起店頭來往的消費者注意，進而入店參觀選購。

4. 動態 POP

此種POP 都是屬於立體結構組合的廣告物，運用機電等原理將廣告物設計成局部可動式，以製造趣味性吸引顧客注意。例如，餐廳門口擺設的創意財神爺造型，設計成自動蹲下和站立，站立時雙手打開恭喜發財的布條，向過往消費者道賀。又如火鍋店常在店頭放置假爐火POP 道具，其布條製的爐火經由小風扇向上吹，達到生動好奇的主題廣告效果。

5. 布條旗幟 POP

此種POP 有立式旗幟和懸掛式旗幟兩種。「**立式旗幟**」大都佈置在外場，以塑造店頭的販賣氣氛或宣傳賣場的主題活動。「**懸掛**

式旗幟」若使用在賣場內都設計成小型精緻樣，以裝飾點綴為主要功能；若是使用在賣場外則以大而醒目的標題為廣告訴求，如開幕旗幟和大拍賣旗幟。

6. 立地式 POP

此種POP如設置在店門口的立地店招看板及價格看板。另外，如大型商品看板，是按商品實際比例放大製作成立式看板，設置在特販區商品旁邊，藉由物大化及立體感的廣告效果，凸顯新商品的展示宣傳。

7. 印刷 POP

此種為經由製版印刷而成的POP廣告，通常用於賣場需要量較多且使用時間較長時，可節省成本和確保廣告內容的製作品質。尤其當上游廠商或總公司在推展商品專案活動，都會統一製作印刷POP，提供給零售賣場或分店使用。

8. 手繪式 POP

此種POP是每個賣場針對自家商店需要、符合賣場主張及商品個體訴求所設計出來的廣告。「**手繪式POP廣告**」具有機動性、經濟性及親切感的特性，適合量小變化多且有速效性的製作限制，不需花很多的時間和費用就可現場完成的一種廣告。

二、POP 廣告的訴求型態

隨著不同的POP種類，其廣告訴求型態也有所差異，這些差異都有其不同的廣告意義和價值，如下段詳述。然而，無論哪一種訴求型態，都必須考慮如何使POP廣告在短短幾秒鐘，能夠讓消費者注意吸收並且印象深刻，所掌握的原則應為簡單易懂、清楚美觀。

懸掛式旗幟
若使用在賣場內都設計成小型精緻樣，以裝飾點綴為主要功能；若是使用在賣場外則以大而醒目的標題為廣告訴求。

手繪式 POP 廣告
具有機動性、經濟性及親切感的特性，適合量小變化多且有速效性的製作限制，不需花很多的時間和費用就可現場完成的一種廣告。

櫃台式 POP

垂吊式 POP

櫥窗 POP

動態 POP

布條旗幟 POP

立地式 POP

印刷 POP

手繪式 POP

圖 10-16　賣場 POP 廣告種類

1. 說明性廣告

如促銷活動時間表、價目表、商品性能或品質說明、統計圖表等。說明性廣告的內容比較繁複，需要以條列式的文字敘述清楚，文字、格式及圖案力求詳細簡潔，不宜花俏複雜，目的在於使消費者閱覽時清楚分明，不會造成消費者猜疑或一知半解，需要服務員另加講解。

2. 促銷性廣告

如特價折扣、換季清倉拍賣、新產品展售及節慶促銷等活動所使用的廣告，目的在於刺激消費者的衝動性購買慾。這種廣告的內容著重於價格與數量的超值性訴求，文案表現以商品名及價格數字為醒目的標題，再以相關生動的圖案或插畫作點綴裝飾，增加廣告的可看性，達到促銷目的。

3. 傳達性廣告

如賣場內的廣告口號、精神標語及標示牌，目的在於提高消費者與服務人員的共識及傳達指引人員的行走。此廣告儘量以單色的明顯字樣或特殊符號標誌，標示在賣場內行人易見之處。

4. 形象廣告

以企業識別系統（如企業標誌、標準字體、標準色）作基礎，或響應公益活動作訴求所設計的廣告，其內容沒有促銷活動等商業行為，主要目的在強化企業的形象。

5. 感性訴求廣告

配合特殊節慶或議題，以感性的內容向消費者表達關懷，同時以間接方式達到促銷宣傳效果。例如，在母親節期間的廣告，以親情關懷作訴求內容，達到母親節商品促銷之目的。

説明性廣告
目的在於使消費者閱覽時清楚分明，不會造成消費者猜疑或一知半解，需要服務員另加講解。

促銷性廣告
內容著重於價格與數量的超值性訴求，文案表現以商品名及價格數字為醒目的標題，再以相關生動的圖案或插畫作點綴裝飾，增加廣告的可看性，達到促銷目的。

傳達性廣告
儘量以單色的明顯字樣或特殊符號標誌，標示在賣場內行人易見之處。

形象廣告
主要目的在強化企業的形象。

6. 氣氛營造廣告

如開幕期間以喜氣隆重之內容及廣告素材，將整個賣場點綴出新開張的歡樂氣氛。又如秋天換季期間以中秋月圓或楓葉為廣告題材，在賣場的重點區營造出秋天的氣息，傳達秋季產品的訊息給消費者。

參、賣場 POP 販促用品

賣場的 POP 廣告如果只是靠著單一的廣告素材或平面促銷海報，是無法豐富賣場的販促氣氛，容易失去顧客對賣場的新鮮感和好奇心。所以，賣場企劃人員必須懂得運用POP用品，搭配商品的陳列演出，才能牽動顧客的消費意向。這些用品從平面到立體、從小裝飾品到大型廣告用品，各式各樣都有其不同的廣告效果。以下按照體積大小和用途，分成裝飾POP、海報及標示POP、看板POP、販促道具、設備用品等五大類。

1. 裝飾 POP

常用於點綴商品，襯托出商品的美感和價值。如圖 10-17 所示依照商品屬性，選擇適合的食品用人工草皮墊或竹墊鋪陳在食品底部，並且以仕切板將食品分列隔開。另外一種裝飾POP是在佈置賣場格局的氣氛，如圖 10-18 所示的樹葉水果POP可裝飾在局部賣點區的上方，表現出綠意盎然的氣息。還有在開幕期間可選用布旗，懸掛在賣場天花板營造出隆重開張之喜（如圖 10-19 所示）。

2. 海報及標示 POP

如圖 10-20 除了有現成的週年慶、季節及開幕海報外，還有空白的特賣品海報，供業者自由發揮廣告內容。另外，海報佈置及標示用品也是不可或缺的利器，如海報固定夾、顏色裝飾條、價格牌、各式POP架、立地標示牌架，如能善加利用這些用具，就能將

📖 圖 10-17　食品竹墊及仕切板

📖 圖 10-18　水果裝飾 POP

📖 圖 10-19　開幕懸掛式布旗

圖 10-20　現成及空白海報

海報和標示發揮出最大廣告效果。反之，則會使海報貼錯位置或錯
置方向產生反效果，所以賣場人員常稱這些POP用具有小兵立大功
之效用（如圖 10-21 所示）。特別要說明的海報固定夾，其使用方
法是先將海報夾固定在天花板，然後將海報從夾子的側邊插入（如
圖 10-22 所示），快速方便又保持海報的乾淨平整，可簡單的替換
海報，可改善傳統張貼法的麻煩費時又污損天花板。

3. 看板 POP

看板 POP
大致分成文字看板和圖
案看板兩種，文字看板
都扮演著標明指示的功
能，而圖案看板則有美
化賣場、營造氣氛及襯
托商品的效果。

此種POP大致分成文字看板和圖案看板兩種（如圖 10-23 所示），
文字看板都扮演著標明指示的功能，而圖案看板則有美化賣場、營
造氣氛及襯托商品的效果。例如，將水果圖案的看板裝置在水果展
售櫃上，可製造較豐富的視覺效果，讓消費者感覺所陳列的水果更
加甜美好吃。

(a)顏色裝飾圖條

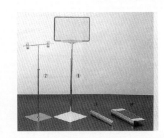  

(b)各式 POP 架及標價卡

📖 圖 10-21　POP 用具

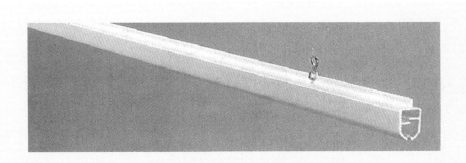

📖 圖 10-22　海報固定夾

(a)文字看板

(b)圖案看板

圖 10-23　看板 POP

4.販促道具

「**販促道具**」種類及樣式非常多，如能配合促銷活動、商品屬性、季節變化及賣場特性靈活運用，將會有很好的促進販賣效果。例如，利用試吃盒達到與消費者的互動，並取得消費者對該商品品質的認同（如圖 10-24 所示）；又如利用凸出端台將部分商品刻意形成通道障礙，引起消費者特別注意該商品（如圖 10-25 所示）。另外，餐飲類賣場可使用假料理道具以吸引顧客入店消費。例如便當速食店，可將主力商品訂製成假料理，陳列於店頭櫥窗內，讓消費者可一目了然便當的菜色，此種廣告效果比平面的照片料理好很多（如圖 10-26 所示）。

📖 圖 10-24　試吃盒

📖 圖 10-25　凸出端台

📖 圖 10-26　料理販促道具

5.容器設備用品

容器雖然只是裝置商品，但是若能選用符合商品屬性、精緻美觀又實用的容器，可提升商品形象與賣相。例如，精緻美食的餐點可選用如圖 10-27 所示的木製容器；又如醃漬食品可裝置在圖 10-2中的樹脂圓桶，陳列於賣場中表現出日本的風味。另外，特販設備的設計和選用是不同於一般賣場設備，其需具有特殊的商品文化和有創意的外觀造型，才能形成賣場焦點達到特販效果。圖 10-29 所示為木製加玻璃的特販商品櫃，木製屋型有傳統的風格，玻璃層板架又能表現商品的現代感，獨立的造型及活動輪設計可機動性的舉辦促銷活動。

圖 10-27　木製容器

圖 10-28　樹脂容器

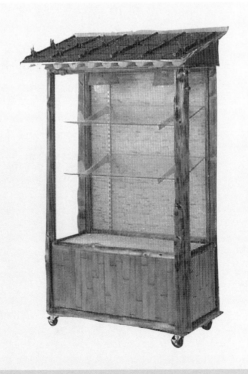

圖 10-29　特販商品櫃

肆、實用的手繪式 POP 廣告

　　「**手繪式 POP 廣告**」是所有 POP 廣告中最經濟實用和具有機動時效性的一種,其可利用簡單工具和材料在短時間完成使用,是商店現場宣傳促銷不可或缺的利器。手繪式POP廣告的發展應用源自日本,尤其零售賣場更將此發揮得淋漓盡致,已成賣場經營重要的一環。

　　早在 1985 年期間,台灣的超級市場正處蓬勃發展時,許多經營業者紛紛赴日考察超市經營管理,其中手繪式POP廣告製作應用更是營造賣場販促氣氛之必修課程。經由業者及專家們的用心推廣,各地文教中心(如救國團和企管公司)及連鎖賣場機構(如超市連鎖企業和農會超市系統),都不遺餘力的開班授課,將手繪式POP 廣告推廣到今日的普遍性和實用性(如圖 10-30 所示)。

一、手繪式 POP 廣告的特性

　　手繪式POP廣告不需要精美的印刷和刻意的裝飾,也不需花費很大的製作成本和數量。簡單的商品訴求、資訊提供及情報傳達,

　圖 10-30　各地文教機構及連鎖賣場紛紛開班推廣手繪式 POP 廣告

都能表現出賣場格調及商品的訴求重點，其傳達的即時性和生動的親和性，是成為賣場與消費者之間互動溝通的主要平台，它的主要特性如下。

1. 符合賣場和商品的特性需要

如和上游廠商所提供的 POP 相比較，手繪 POP 較能夠表達出賣場自己的廣告主張。因為廠商的POP都是在統一的廣告策略下，針對多數賣場而設計的，無法考慮單一賣場的特販方式、氣氛與空間問題，不能一一滿足個體店的實際需求。手繪POP可依自己的促銷計畫、訴求對象、企劃文案及特殊空間，設計製作有吸引力的POP，標示於適當的位置，達到賣場所要的廣告效果。

> 手繪POP可依自己的促銷計劃、訴求對象、企劃文案及特殊空間，設計製作有吸引力的 POP，標示於適當的位置，達到賣場所要的廣告效果。

2. 具備機動性和時效性

現在商業的競爭非常激烈，賣場的促銷計畫已從長期對抗，激烈到時刻都在變化的短兵相接，所以，單靠廠商提供的POP常有緩不濟急的缺失，其從情報收集→企劃設計→製版印刷→分裝配送到賣場佈置的流程，常錯過銷售時機點。而手繪POP則是隨時一抓到銷售契機點，就能現場快速簡便的繪製，掌握市場先機的行銷時效性。

> 手繪POP是隨時一抓到銷售契機點，就能現場快速簡便的繪製，掌握市場先機的行銷時效性。

3. 製作簡單、經濟實用

手繪POP的主要繪製技巧以字法為主、插圖為輔。此技巧不需要非常專業的美工廣告訓練，只要經過短期練習，依照訴求特點，都可運用麥克筆及其他現成素材，繪製出經濟實用、有販促效果的POP。

4. 生動活潑具有親切感

賣場個體針對訴求對象的消費行為及購買心態、競爭環境、賣場空間等各種需要所設計的內容，配合手繪的文字與插圖，所富有的親切感是賣場與消費者資訊與情感溝通的最佳橋樑。

二、POP 字法與插圖技巧

㈠ POP 字法技巧

製作POP廣告首重時效和機動性,手繪字體應掌握並熟練字法技巧,才不至於耗時太多。手繪POP字體比較活潑有變化,不流於一般印刷字的刻板,雖然字型變化較大,其筆劃安排卻也應合乎視覺美感的原則。POP字體種類非常多,然針對賣場海報內容,大致歸類為以下幾種字法加以詳述。

1. 標題字畫法

「**標題字**」的字數不宜太多,字體的大小、造型變化、字距、行距應力求一致,以免影響可讀性。假如標題在五個字以內,可加強字型上較大的變化,且著重於字組結構的整體感和平衡性,凸顯標題的訴求。標題字通常都採用較粗寬的硬筆(麥克筆)和軟筆(平筆)來描繪。使用麥克筆的規格如角12、角20及角30等,而使用平筆則以筆寬10mm以上為宜。

(1)麥克筆標題字技巧

- 三隻手指頭握住圓筆桿,拇指在筆桿的左邊、食指在筆桿的上方、中指撐在筆桿的下方。
- 以鉛筆先畫正確的基礎字骨,再以麥克筆描繪,可確保字體的完美性。
- 因標題字描繪範圍較大,故需站立並以手肘騰空運筆繪製。
- 橫線和直線的粗細一樣(故又稱粗型字體),筆劃要均勻、墨色要飽和:以角 12 麥克筆為例,畫橫線時,筆的斜角在上,右邊筆蕊稜線應與紙面密切吻合、保持 60°,以平穩緩慢的速度向右畫線;畫直線時,只要換邊改變持筆角度,使筆的斜角在左邊,向下畫線即可(如圖 10-31 所示)。

● 筆劃相接時應重疊切齊，不要有缺角、超出或未相接（如圖
　10-32 所示）。

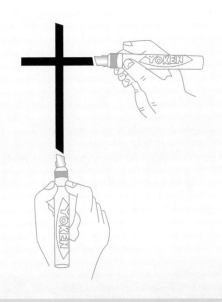

圖 10-31　標題字橫直線筆劃畫法

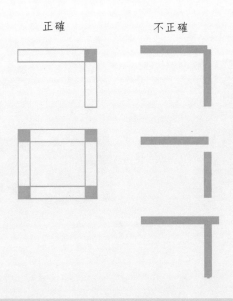

圖 10-32　標題字筆劃正確相接法

- 筆劃小轉彎時,以筆之內角為圓心、外角畫弧轉彎;筆劃大轉彎時,直接提筆騰空畫弧轉彎。
- 畫標題字時,手肘要跟著筆劃一起移動,以加大書寫範圍。
- 時常換邊書寫,避免筆的單一邊墨水乾涸。
- POP字體本身是一種有變化的畫字,為避免降低字意的理解性,儘可能不要寫簡體字。
- 配合商品特性,畫出字的個性,如代表化妝品的標題字,可選用較具女性化的纖細字體。
- 完成標題字時,可在字體上或字旁畫一些輔助線條,以增加立體感或重疊的效果。惟需注意,不可畫蛇添足,過於複雜,徒增辨讀困難度。

圖 10-33　麥克筆之標題字範例

(2)平筆標題字技巧

　　平筆因屬於軟性筆，繪製的困難度和技術度都比麥克筆高，然而所畫出的字體變化也相對的比較有創意。以平筆畫標題字的原則，除了有與麥克筆相同技巧之外，尚應注意如下要點：

- 下筆之前要先體認是在「畫字」，而不是在「寫字」。
- 描繪中以平順適中的力道移動，不可隨意加重或減輕力量。
- 鉛筆字骨是描繪的基礎依據，但遇有筆劃可能重疊或比例不良之處，應該隨即作適當的筆劃調整，力求畫字的完整性。
- 顏料的濃度與量，應一次調合備妥，避免中途補添，造成色澤、明暗不一。
- 不同顏色料應分別使用不同的平筆，以免字體產生混濁色。
- 在字末筆劃的尾端以 90°左右的方向順手勾筆，使字體產生輕鬆的變化（如圖 10-34 所示）。
- 可使用另一種軟性圓頭筆（通稱為圓筆），描繪出比較活潑、更富創意變化的字體（如圖 10-35 所示）。

資訊流通館

圖 10-34　使用平筆描畫標題字時，可在筆劃尾端作勾筆變化，表現出輕鬆的感覺。

暑期特惠活動

圖 10-35　使用軟性圓筆描繪出活潑有創意的字體

2. 說明文字體的畫法

「**POP 廣告的說明文**」是在陳述廣告活動的細節,內容字數較多,所以字體的表現不僅是單獨字的工整及特色,更須考慮到字組群化的整體構成畫面之美感。說明文的字體大都以角 6 以下的麥克筆描畫為主,其所掌握的畫法技巧和原則如下:

- 三隻手指頭握住圓筆桿,拇指在筆桿的左邊、食指在筆桿的上方、中指撐在筆桿的下方。
- 以鉛筆先畫正確的基礎字骨,再以麥克筆描繪,可確保字體的完美性。
- 說明文的單獨字描繪範圍較小,故坐著即可運筆繪製。
- 橫線為細、直線為粗(又稱中型字體),筆劃要均勻,墨色要飽和:以角 6 麥克筆為例,畫橫線和直線時,筆的斜角在左邊,同樣使用筆的左邊稜線與紙面密切吻合,保持 60°,以平穩緩慢的速度向右和向下畫線即可,無須換邊(如圖10-36 所示)。

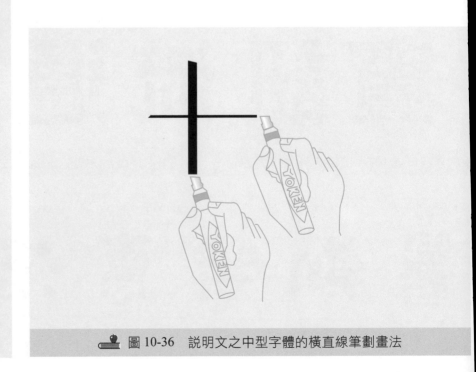

圖 10-36　說明文之中型字體的橫直線筆劃畫法

- 筆劃相接時依然重疊切齊，不要有缺角、超出或未相接。
- 中型字體因筆寬較小，易於直接轉彎。
- 畫中型字體時，手肘依然要跟著筆劃一起移動，增加描繪的靈活度。
- 說明文的中型字體本身是一種有變化的中小字體，為避免降低字意的理解性和易讀性，不可寫簡體字和增加其他的輔助線條。
- 字骨結構以「頂天立地、鼓鼓滿滿」為原則，字骨比例以「縮短字頸與字頭」為原則（如圖 10-37 所示）。

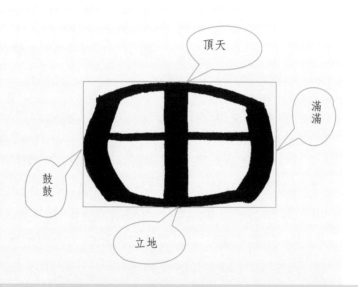

圖 10-37-(a)　中型字的字骨結構

圖 10-37-(b)　中型字的字骨比例

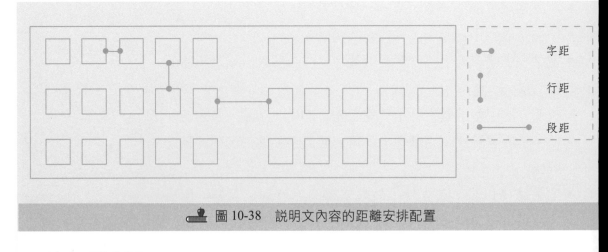

圖 10-38　說明文內容的距離安排配置

- 為使消費者易讀易懂，字群表現應掌握字距小於行距、行距小於段距之排列原則（如圖 10-38 所示）。
- 太冗長的說明文句子，消費者不喜歡讀看，應適當修辭配置，或者以不同顏色來區分、或以顏色作重點表現。

3.數字畫法

POP 廣告裡的數字通常用來標示商品的價格和說明文的順序題號。使用於價格標示的數字，應選用較寬平的麥克筆（如角 12、角20、角 30），以標題字（粗型字體）的基本畫法，按照圖 10-39 所示的筆劃順序練習，即可畫出明顯有力的粗型數字。當數字使用在說明文的順序題號或內文數據時，可選用角 6 以下的麥克筆，以說明文字體（中型字體）的基本畫法，按照圖 10-40 所示的筆劃順序練習，即可畫出輕鬆便捷的中型數字。

4.價格數字組合的印象及畫法

價格對消費者來講是很敏感的數字，標示定價之前應先瞭解消費者對價格數字的印象。如圖 10-41 所示 1、2、3、4 等數字，會使消費者產生較貴的印象；數字 0 和 5 屬於價格適中的感覺；數字 6、7、8、9 比較容易產生價格便宜的印象。另外，以單價的尾數，被使用頻率最高的為 8 和 9，其次為 7、0、6，接著為 5 和 3，而 2、

POP 廣告裡的數字通常用來標示商品的價格和說明文的順序題號。

價格對消費者來講是很敏感的數字，標示定價之前應先瞭解消費者對價格數字的印象。

🏷 圖 10-39　用於標示商品價格的粗型數字之畫法

資料來源：三采文化出版事業有限公司。

、4 是被使用率最低的數字（如圖 10-42 所示）。

　　當數字用於表示商品價格時，除了優惠折扣的數字是個位數之外，大部分的價格數目都是十位數以上的數字組合。組合數字的表現特別要注意整體的結構性，使多個數字能結合為一個數字，讓消費者在瞬間就能一目了然。因此，數字之間的局部相連是重要的技巧，然而數字 1 的下一位數是 4、5、7 時，不可與 1 相連在一起，

價格數字組合

數字之間的局部相連是重要的技巧，然而數字 1 的下一位數是 4、5、7 時，不可與 1 相連在一起，以免重疊部分造成數字混淆，不易辨識。

🖋 圖 10-40　用於表示說明文的順序題號和內文數據的中型數字之畫法

資料來源：三采文化出版事業有限公司。

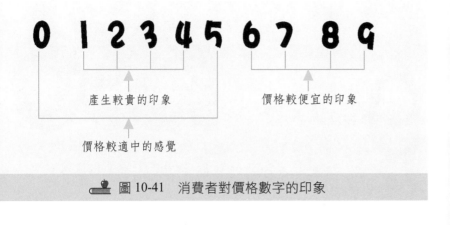

產生較貴的印象　　　價格較便宜的印象

價格較適中的感覺

圖 10-41　消費者對價格數字的印象

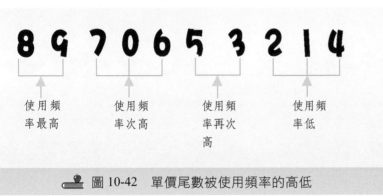

使用頻率最高　使用頻率次高　使用頻率再次高　使用頻率低

圖 10-42　單價尾數被使用頻率的高低

以免重疊部分造成數字混淆，不易辨識（如圖 10-43 所示）。如果價格數字表現過於複雜，會直接影響消費者的購買意願，所以字組的上下線應力求切齊，才不會破壞數字的清晰度和可讀性。數字中若需有大小變化時，則應考量整組數字的辨讀順暢與排列均衡，始可達到更好的視覺效果。

5.英文字母畫法

　　雖然英文字母在POP廣告裡用到的機率較低，但如果描畫不當會破壞海報的整體美感，只要依照下列畫法練習，很快就能描繪一手好的英文字母。POP的英文字母和數字一樣，分成標題用的粗型字體和說明文順序題號及內文字母的中型字體。粗型英文字體使用角 12 以上的麥克筆描畫，中型英文字體以角 6 以下的麥克筆或角頭彩色筆書寫（如圖 10-44 及圖 10-45 所示）。

· 1 的下面數字如果是 2，3，6，8，9 的話，請連起來寫。

· 1 的下面數字如果是 4，5，7 的話，畫的時候要和 1 分開。

🔖 圖 10-43　價格數字組合的畫法

6. 強調記號的運用

「**強調記號**」在 POP 廣告裡的角色具有重點提示、點綴裝飾、彌補畫面構成不足和提高畫面造型等效果。記號的標示以日常看慣的造型簡單、線條俐落之符號較容易產生親切感。通常以星形、圓點、爆炸、閃電、箭頭、方形、括弧、心狀、彩帶、拋物線、三角形、折彎線、快速刷筆劃線等最常使用，這些記號有的只單純使用符號，很有新鮮感；有的則配合文字使用，具有強調驚嘆之意（如圖 10-46 所示）。

(二) POP 插圖技巧

在完成手繪 POP 文字稿之後，增加些許插圖可使整個畫面更生動活潑，平添內容真實感，使消費者更容易瞭解廣告內容，提高廣告說服力。POP 插圖畫法，除了專業的美工技藝之外，對一般非專

ABCDEF
GHIJKL
MNOPQ
RSTUV
WXYZ

圖 10-44　以角 12 麥克筆描畫標題用之粗型英文字母

資料來源：三采文化出版事業有限公司。

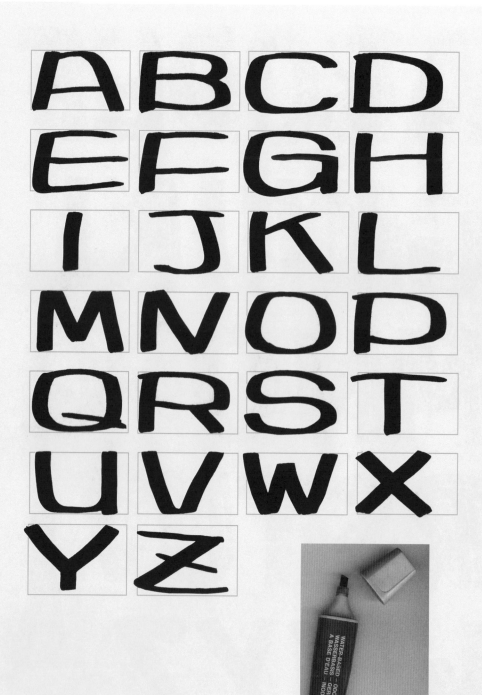

🖋 圖 10-45　以角 6 麥克筆描繪說明文題號及內文字母的中型英文字母

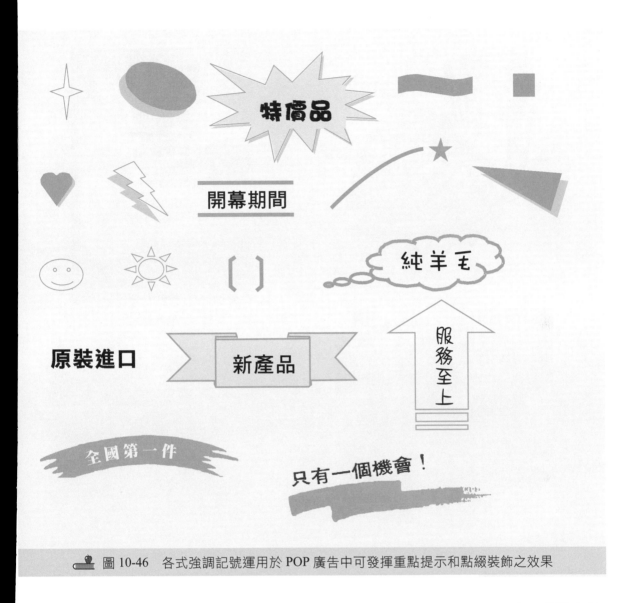

　圖 10-46　各式強調記號運用於 POP 廣告中可發揮重點提示和點綴裝飾之效果

業美工人士來講可採以下常用的技法，這些技巧繪製簡單、素材容易取得、訴求效果很鮮明。

1. 平塗法

手繪POP插圖要求簡潔有力、快速有效，太細緻描繪的插圖反而不適合。因此簡單的「**平塗畫法**」將運筆方向的紋理減到最少，色彩均勻規律，非常適用於POP的插畫。首先以鉛筆描繪圖案的輪廓線，再以麥克筆由上而下或由左而右依順序平塗著色，最後以黑

平塗畫法
將運筆方向的紋理減到最少，色彩均勻規律，非常適用於 POP 的插畫。

麥克筆平塗法插圖範例

撕紙及錶貼法插圖範例

紙雕技法插圖範例

圖 10-47　各式 POP 插圖技巧

圖片提供：三采文化出版事業有限公司。

色簽字筆勾勒出線條。如果要提高圖案的立體變化，可用由淺到深的色澤平塗，達到光線的明暗效果。

2. 錶貼法

錶貼法的製作非常簡單快速，素材取得容易又具有真實感的廣告效果。通常都利用商品的實物目錄、報章雜誌的景物圖片、質佳

的進口色紙或彩色轉印紙，加以裁剪合成、拼貼出有獨創性或幽默感的畫面。惟需注意的是，所選擇的素材圖案與拼貼出的畫面，必須要符合主題訴求。

3. 紙張特殊用法

利用各種不同紙張的特殊加工處理，可創造出強烈視覺的獨特插圖效果。例如，撕裂後的紙張表現出紙纖維的特性和粗獷畫面的感覺；以搓揉的手法將紙張貼在平面稿紙上，有浮雕的強烈視覺效果。

4. 紙雕技法

利用多種不同性質的彩色紙，裁剪成不同的形狀，然後依照剪下的各部分型態製作成各種摺痕（如波浪型、V 字型、卷曲型等），最後按照原稿圖形依序以黏膠固定在畫紙上，表現出立體生動的親和力。製作紙雕以選用雲彩紙、粉彩紙、插畫紙板等質感較美、紙質較硬的材質為佳。

三、賣場手繪式 POP 海報繪製步驟

1. 確定海報標題，以簡要易懂為原則。標題最主要目的是要在瞬間引起消費者的注意，所以字數應精簡到 8 字以內，且有震撼吸引的詞義。
2. 構思廣告詞句及說明文內容。廣告詞句在於輔助標題的不足，其詞義可表現感性、聳動、誇張、誘導等魅力；說明文內容應有所依據，如參考商品說明書、目錄、包裝文稿、相關廣告媒體、銷售企劃文案等。
3. 設計版面編排構成之草稿。
4. 選擇稿紙規格及其他相關素材。
5. 決定各型字體與所需之筆具。
6. 決定字體配色及插圖技法。

7.以鉛筆描繪各型字的字骨和插圖輪廓線。

8.依序繪畫標題字（含促銷價格數字）、廣告用語、說明文等。

9.繪製插圖及裝飾用點線。

10.去鉛筆線，完成海報。

範例說明一

對開直式手繪 POP 海報繪製流程

1. 確定主題為「家常便飯」,及構思比較感性的說明文內容,並訂定商品價格為「350 元」。
2. 設計版面構成草稿。
3. 選擇對開粉彩紙(淡土黃色)一張、現有菜單彩色精緻圖片一張。
4. 依照版面草稿,先以鉛筆在粉彩紙上淡畫編排構成區及文字格子。
5. 選用黑色之角 12 麥克筆描畫標題字(粗型字體)、以深咖啡色細字筆描寫說明內容(基本字型)、用深紅色角 12 麥克筆描畫價格數字。
6. 最後將裁剪好的圖片平貼稿紙,然後以黑色簽字筆畫線條(有區隔及裝飾效果),擦拭所有鉛筆線即完成 POP 海報。

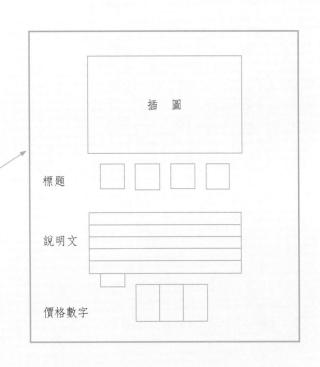

★完成作品→
　質感高級的粉彩紙與土黃色色調,加上簡單整齊的書面格局,皆表現出典雅素淨、精緻又帶有家鄉味的親切感。

範例說明二 ✏️

■ 對開橫式手繪 POP 海報繪製流程

1. 確定主題為「港式茶點」,及構思能凸顯商品魅力的廣告用語——「風味獨特／美味可口／營養簡便」,說明文內容為各種茶點品名,並訂定商品價一律為「50 元」。

2. 設計版面構成草稿。

3. 選擇對開白色壁報紙一張。

4. 依照版面草稿,先以鉛筆在壁報紙上淡畫編排構成區域及文字格子。

5. 選用圓頭圖案筆沾黑色廣告顏料描畫標題字(具有傳統風格的創意字體)、廣告用語(咖啡漸層色)及茶點名稱(漸層綠色),皆以角 6 麥克筆描繪加粗深紅色之價格數字。

6. 接著以黃、橘、綠、紫等麥克筆平塗插畫,然後以黑色簽字筆勾勒出圖形線條,最後描繪傳統風格的圖騰符號(咖啡色及紅色),擦拭所有鉛筆線即完成 POP 海報。

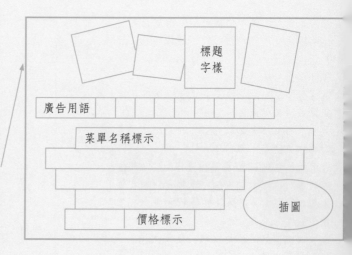

★ 完成作品→

黑色大方的創意字體,加上咖啡色的傳統圖騰和紅色印章符號,很自然的表現出中國風味。另外,豐富的菜色標示配合一律50 元的單價,營造出物美價廉之販促魅力。

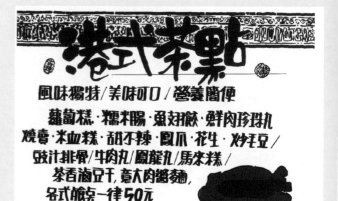

學習評量及分組討論

1. 賣場販促氣氛必須由外而內掌握哪四個主要原則？

2. 賣場動靜態的販促氣氛技巧包括哪些計畫與要領？

3. 何謂「企業識別系統」？

4. 企業識別系統有哪三種基本構成因素？

5. 構成完整「視覺識別」的基本要素有哪些？

6. 賣場標示計畫依其功能性大致可分成哪四大類？

7. 賣場的消防安全標示包括哪些項目？

8. 常用的商品標示大致可分成哪四類？

9. 賣場的 POP 廣告之主要目的與功能為何？

10. 賣場裡常見的 POP 廣告有哪幾種？

11. 請說明「促銷性廣告」與「說明性廣告」的差異？

12. 請說明「傳達性廣告」與「形象廣告」的差異？

13. 賣場 POP 販促用品，按照體積大小和用途可分成哪五大類？

14. 手繪式 POP 廣告有哪些特性？

15. 以小組為單位，討論說明小組所選的賣場，模擬開幕時必須運用到的 POP 廣告有哪些？

16. 以小組為單位，討論小組所選賣場的開幕海報內容，並完成海報草稿的內容構成？

17. 2 人一組，討論賣場手繪式 POP 海報繪製的步驟？

18. 2 人一組，討論並繪製一張賣場全面 8 折的小型促銷海報，海報的內容構成包括店名、促銷主題、說明文（產品類別）、商品彩色插圖（剪貼）等？

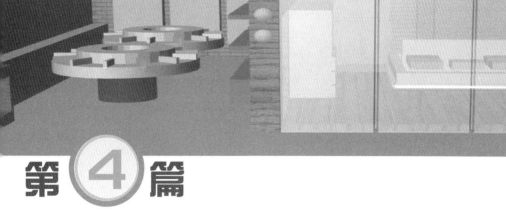

第4篇

賣場管理

第十一章

賣場商品管理

各節重點

學習目標

1. 從國家及企業的觀點來分析瞭解商品分類的真正意義。

2. 學會賣場常用的商品大中小分類原則。

3. 學習商品編碼與條碼編碼原則。

4. 學會有計畫性的商品進貨與驗收管理。

5. 熟悉訂標價與陳列上架的商品銷售管理。

6. 能夠運用賣場的存貨管制。

第一節　商品分類管理

壹、商品分類原則

一、批發零售業常用的分類原則

批發零售業常用的商品分類主要以市場導向為原則，最常用的是以商品的性質及按照銷售對象來區分，還有以公司銷售政策和進貨方式作為分類的基準（如表 11-1 所示）。

表 11-1　批發零售業常用的商品分類原則

按照商品的性質	按照銷售的對象	按照公司的銷售政策	按照公司的進貨方式
商品機能別 商品用途別 商品尺寸別 商品顏色別 商品型態別 商品生命週期別 商品製造廠商別 商品品牌及商標別 商品品質別	顧客性別（如男性與女性） 顧客層級別（如藍領級或白領級） 顧客年齡別 等級價格別 顧客的喜好別 顧客的用途別	賣場的主力商品 賣場的輔助商品 賣場的重點推廣商品 賣場特販商品 賣場季節性商品 賣場流行性商品 賣場清倉促銷商品	進貨短中長期計畫別 委託寄賣進貨別 合約買斷進貨別 進貨廠商別 進貨時期別 聯合採購別

二、賣場常用的分類原則

賣場常用的商品分類，通常以劃分成大分類、中分類、小分類

賣場常用的商品分類，通常以劃分成大分類、中分類、小分類等三個層級為原則，或再加上細分類等四個層級。

等三個層級為原則，或再加上細分類等四個層級。首先將所有商品歸為同一屬性的大類，每一大類再分成若干中類，然後由每一中類再分成多項小類，每一小類又可詳加細分成多個單樣品項，此種方法稱之為「大中小分類」。大中小分類法有直式和橫式兩種架構圖（如圖 11-1 及圖 11-2 所示），其機能效用沒有任何差異，完全取決於業主的使用習慣。

㈠大分類原則

「**大分類的分類原則**」通常都依照商品的特性來加以判別，如商品的生產來源和方式、保鮮和保存方式等，屬性相類似的商品即可歸納在同一大類。例如，同樣屬於保存零下 18°C 的食品，都可歸納在冷凍食品類；又如，各種清潔用品或盥洗用具，皆可歸納在清潔用品類。大分類的編碼以不超過 2 位數為原則，以方便電腦資訊系統的處理。

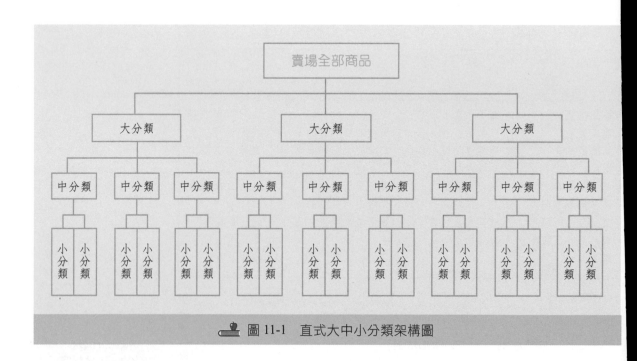

圖 11-1　直式大中小分類架構圖

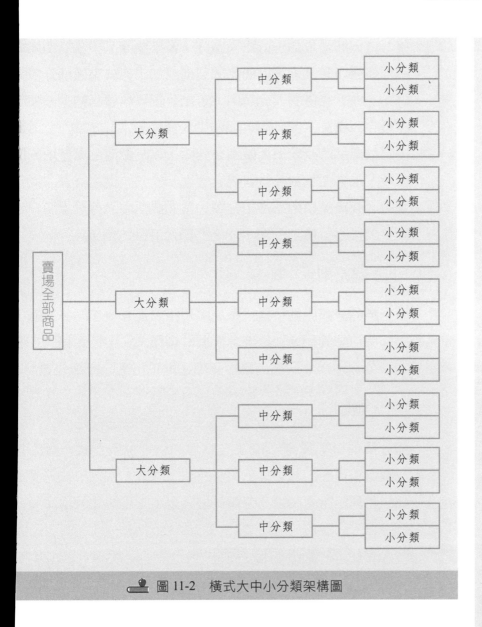

　　　圖 11-2　橫式大中小分類架構圖

(二)中分類原則

　　「**中分類的分類原則**」大都依照商品的功能或用途、製造加工
方法、產地來源等順序加以區別分類。

　　1. 首先依照商品的功能或用途，從大分類中劃分出不同的中分
　　　類。例如，在清潔用品的大分類當中，區分出個人衛生用
　　　品、家庭清潔用品用具等中分類商品，顧客從類目分明的標
　　　示中很快就可以找到所要的商品。

中分類的分類原則
大都依照商品的功能或
用途、製造加工方法、
產地來源等順序加以區
別分類。

2. 接著依照製造或加工方法來區分。當某些商品不易以功能或
用途作分類時,則可以商品的製造或加工方式來區別分類。
例如,在食品區的大分類中,可劃分出烘焙食品的中分類,
將麵包、蛋糕、西點等食品歸納於此類。

3. 再來依商品的產地來源區別中分類,以凸顯商品原產地的價
值性,或方便進貨及銷售統計管理。例如,從生鮮食品大分
類中,強調進口肉品的中分類,當然此類中又可分出澳洲牛
肉、阪神牛排等小分類,才能凸顯此商品的價值。

(三)小分類原則

小分類的分類原則
是依照商品規格、尺寸
、包裝、型態、商品的
成分與口味等標準加以
細分,其分類模式與中
分類相同。

「**小分類的分類原則**」是依照商品規格、尺寸、包裝、型態、
商品的成分與口味等標準加以細分,其分類模式與中分類相同。倘
若商品在小分類中尚無法成為單樣品項,則可再劃分成細分類。

(四)細分類原則

細分類的分類原則
是依照商品名稱、包裝
形式、商品售價、販賣
數量單位、商品容量、
大小規格、材質差異、
口味差異、組合商品的
差異等方式,由小分類
再細分至可上架販售的
單品項。

「**細分類的分類原則**」是依照商品名稱、包裝形式、商品售
價、販賣數量單位、商品容量、大小規格、材質差異、口味差異、
組合商品的差異等方式,由小分類再細分至可上架販售的單品項。

貳、商品編碼與條碼編碼原則

一、商品編號原則

商品編號除了上游供貨商已設定完成的標準碼之外,賣場通常
使用的店內條碼之商品號碼,則需由商店自行設定。編號時雖沒有
限制碼數,然業者應依實際規模與商品需求,並考慮未來擴充之需
為設定之原則。表 11-2 以 5 碼、6 碼、7 碼、8 碼為例,並運用大中
小分類原則來設定商品編號。

📖 表 11-2　商品編號原則說明

編號種類	編號原則	編號說明
5 碼的編號原則	① ② ③ ④ ⑤ 流水號	當單項商品比較多的時候，可用此流水號來編碼，從 00000～99999 共可編 100000 個單品項。此方法雖然簡單，但因只有單一序號，不易分類是其缺點。
6 碼的編號原則	① ② ③ ④ ⑤ ⑥ 細分類　流水號	為避免如上述的流水號缺點，可運用本項原則以增加分類項目，較易於歸類管理。前 2 碼為細分類，從 00～99 共可分成 100 個類別。後 4 碼為流水號，從 0000～9999 共可編 10000 個單品項。
7 碼的編號原則	① ② ③ ④ ⑤ ⑥ ⑦ 大分類　中分類　小分類　商品品項　檢查碼	使用 7 碼編號時，第 1 碼為大分類，從 0～9 共可分成 10 大類；第 2 碼為中分類，從 00～99 共可分成 100 個中分類（每一個大分類有 10 個中分類，十個大分類共有 100 個中分類）；第 3、4 碼為小分類，從 0000～9999 共可分成 10000 個小分類（每一個中分類有 100 個小分類，一佰個中分類共有 10000 個小分類）。
8 碼的編號原則	① ② ③ ④ ⑤ ⑥ ⑦ ⑧ 大分類　中分類　小分類　商品品項　檢查號碼	使用 8 碼編號時，第 1 碼為大分類，從 0～9 共可分成 10 大類；第 2、3 碼為中分類，從 000～999 共可分成 1000 個中分類（每一個大分類有 100 個中分類，十個大分類共有 1000 個中分類）；第 4、5 碼為小分類，從 00000～99999 共可分成 100000 個小分類（每一個中分類有 100 個小分類，一仟個中分類共有 100000 個小分類）。

　　商品編號完成後的使用管理需著重於新商品的導入與舊商品的淘汰等兩方面。

● 新商品的導入

　　當加入新商品時，其新的號碼不可隨意替代插入或新編，應考慮號碼的連貫性和完整性，以及號碼取代的類別適應性，以避免破壞原編號系統，徒增使用管理的不便。

● 舊商品的淘汰

　　當要淘汰一些舊商品時，不可任意刪除其編號，應固定時間作業（如每月、每季或每年定期處理一次），並登錄被刪除的編號，以免混亂原編號系統。若有同類別的新商品引進，可從登錄資料取

得這些編號加以優先套用。

二、商品條碼編碼原則

所謂「**商品條碼**」(bar-code),是以平行線條符號代替商品
的編號數字,然後透過掃瞄器的閱讀,再經由電腦軟體資訊將線條
符號解譯為數字號碼的一種自動化編碼作業方式。此種作業方式主
要的功用,在解決商品從生產製造、批發到零售一連貫過程的符號
及編碼作業管理問題。

國際商品條碼協會(International Article Numbering Association,
IANA)於 1977 年成立,初期以歐洲國家為主體,故其所發展之條
碼系統泛稱為 EAN(European Article Number)System,世界各國
之代碼如表 11-3 所示。我國在 1984 年成立「中華民國商品條碼策
進會(Article Numbering Association of R.O.C.,簡稱 CAN)」,並

表 11-3　商品條碼世界各國代號

國家	代碼	國家	代碼	國家	代碼
美國、加拿大	00-09	波蘭	590	巴西	789
法國	30-37	匈牙利	599	義大利	80-83
保加利亞	380	南非	600-601	西班牙	84
斯洛凡尼亞	383	突尼西亞	619	古巴	850
克羅埃西亞	385	芬蘭	64	捷克	859
德國	400-440	中國大陸	690	南斯拉夫	860
日本	45、49	挪威	70	土耳其	869
俄國	460-469	以色列	729	荷蘭	87
中華民國	471	瑞典	73	南韓	880
香港	489	中美洲	740-745	泰國	885
英國	50	墨西哥	750	新加坡	888
希臘	520	委內瑞拉	759	奧地利	90-91

塞普路斯	529	瑞士	76	澳大利亞	93
馬爾他	535	哥倫比亞	770	紐西蘭	94
愛爾蘭	539	烏拉圭	773	馬來西亞	955
比盧	54	秘魯	775	店內碼	20-29
葡萄牙	560	阿根廷	779	期刊	977
冰島	569	智利	780	書碼	978-979
丹麥	57	厄瓜多爾	786	禮券、贈券	98-99

於 1986 年申請加入 EAN，取得 EAN 會員國資格，以「471」為中華民國之國家代碼，獲得授權核發廠商代號及 EAN System 應用推廣。EAN System 可以促使商業交易更具效率、快速回應客戶需求，其識別代碼被設計為無意義的編號，以識別商品、服務、資產和位址。同時，對補充性的資料也提供讓業界共用的編號標準規範，如有效日期、批號、序號、尺寸、容量、重量等。換言之，導入 EAN System 可使工商買賣的方法變得更簡單、快速。

EAN System
可以促使商業交易更具效率、快速回應客戶需求，其識別代碼被設計為無意義的編號，以識別商品、服務、資產和位址。

(一) EAN 條碼系統（EAN System）的應用效益

EAN 條碼系統（EAN System）包含編號體系、條碼符號、訊息標準等三個單元（如表 11-4 所示）。其提供工商企業在經營改善及

表 11-4　EAN 條碼系統

		識別代號：包含有交易、包裝、物流包裝、服務性商品、客戶代號、資產、位址等全球獨一無二的識別代號。
	編號體系	補充性資料：此為附屬在主要識別代號之後的資訊，如有效日期批號序號尺寸、容量、重量等的編號標準。
	條碼符號	條碼符號是將識別代號和補充性代號轉換成條碼的符號標準，目前國際標準的條碼符號有 EAN-8、EAN-13、EAN-14、EAN-128 等幾種。
	訊息標準	供 EDI 應用的訊息標準集合—EAN COM，包含有訂單、訂單回覆、出貨單、出貨單回覆等 42 種訊息標準。

提高生產力的方法，如在物流作業過程可縮短訂單及運送前置時間、減少紙上作業、增進作業正確性，提升整個供應鏈的管理效益（如表 11-5 所示）。

(二)條碼編號原則

我國所使用的條碼系統種類有原印條碼（Source bar-code）、店內條碼（In-store bar code）及配銷條碼（Distribution bar-code）等三

表 11-5　條碼系統的應用效益

受益者	應用效益
批發業者	1. 精確快速處理訂出貨作業，提升對下游廠商的服務品質。 2. 精準掌控庫存明細，防止管理不當，造成資金積壓。 3. 可應用於顧客分級和信用管理，降低經營風險。 4. 有效掌握商品資訊和商業情報，提升市場競爭力。
零售業者	1. 降低店內條碼的不利因素。 2. 強化收銀效率，杜絕舞弊和錯誤損失。 3. 彙整商品流動資料，掌握商品銷售動態。 4. 方便商品的汰舊換新及價格的變動調整。 5. 有效管理賣場的訂出貨、庫存和營業分析。 6. 增進供銷關係，提升服務品質。 7. 快速獲得商情，反應市場所需，贏得顧客滿意度。
製造業者	1. 改善作業流程，提升作業效率。 2. 強化物流作業的訂出貨及配送效率。 3. 降低管理成本，提高獲利能力。 4. 提高庫存管理的工作效率。 5. 迅速收集和分析市場情報，以利訂價策略和產品計畫。 6. 統一商品標籤作業，節省人工成本。 7. 符合國際趨勢，掌握進入全球化市場的契機。
從業人員	1. 作業簡易、快速、精確，提高工作士氣。 2. 自動化系統簡化了作業流程，降低傳統作業的煩躁。 3. 培養資訊應用能力，提升員工素質。
消費者	1. 排除價格計算錯誤的顧慮，可盡情享受購物樂趣。 2. 結帳快速有秩序，獲得滿意的服務。 3. 商品項豐富，快速補充，降低缺貨情形，增加選購機會。 4. 可以塑膠貨幣結帳，降低現金失竊風險。 5. 方便退貨及換貨之作業。

重。「**原印條碼**」適合於量產的商品，是由製造廠商申請，並在商品出廠前印妥。「**店內條碼**」是商家根據實際需求，設定並印製適合自己賣場的商品條碼，此條碼僅供在店內使用而不對外流通。「**配銷條碼**」通常是印製在包裝外箱上面，以供掃瞄辨識商品種類及數量的條碼符號，此符號應用在商品裝卸、倉儲、運輸等配送過程。配銷條碼的組成是在 EAN-13 碼前附加 1 位數或 3 位數的配銷識別碼，使構成 14 或 16 碼的條碼符號。

1. 標準碼與縮短碼的編碼原則

現有國際標準條碼符號有 EAN-13、EAN-8、EAN-14、EAN-128等幾種，茲就常用的標準碼與縮短碼說明如下。

● 標準碼

又稱 EAN-13 碼，是商品條碼系統中常用的標準符號，普遍用在一般商品上。標準碼由 13 碼所組成，其結構包括 3 位數的國家碼、4 位數的廠商號碼、5 位數的單項商品號碼及 1 位數的檢核碼，共計 13 位數。其號碼排列如下：

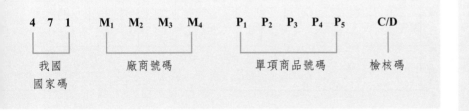

● 縮短碼

又稱 EAN-8 碼，通常使用在體積較小的商品上。當商品包裝面積小於 120 平方公分時，可申請使用縮短碼。縮短碼由 8 碼所組成，其結構包括 3 位數的國家碼、4 位數的單項商品號碼及 1 位數的檢核碼，共計 8 位數。其號碼排列如下：

原印條碼
適合於量產的商品，是由製造廠商申請，並在商品出廠前印妥。

店內條碼
是商家根據實際需求，設定並印製適合自己賣場的商品條碼，此條碼僅供在店內使用而不對外流通。

配銷條碼
通常是印製在包裝外箱上面，以供掃瞄辨識商品種類及數量的條碼符號，此符號應用在商品裝卸、倉儲、運輸等配送過程。

標準碼
又稱 EAN-13 碼，是商品條碼系統中常用的標準符號，普遍用在一般商品上。

縮短碼
又稱 EAN-8 碼，通常使用在體積較小的商品上。當商品包裝面積小於 120 平方公分時，可申請使用縮短碼。

2.檢核碼的編碼原則

EAN規定在條碼最後附加一個1位數的檢核碼（Check code）
主要是減低機器的誤讀率，提高掃瞄的正確性。檢核碼是按照一定
的計算公式得來的，標準碼與縮短碼之檢核碼都用一樣的計算方
法。茲以標準碼為例，將其檢核碼計算步驟示範如下：

範例

條碼結構名稱→		國家代碼			廠商號碼				單項商品號碼				檢核碼
順序欄	欄位項目												
1	字碼位數	13	12	11	10	9	8	7	6	5	4	3	2	1
2	條碼設定	4	7	1	2	1	6	5	1	2	3	4	5	? =1
3	偶位數		7	+	2	+	6	+	1	+	3	+	5	24 × 3 = 72
4	奇位數	4	+	1	+	1	+	5	+	2	+	4		17
5	計算	步驟四：72 + 17 = 89　所求檢核碼為：10 － 9 = 1												

步驟一：按照字碼位數在第2列（條碼設定）填上國家代碼及已
　　　　設定的廠商碼與商品碼。
步驟二：將偶數位的數值填入第3列（偶位數），取所有字碼之
　　　　和乘以3，得值24×3 = 72。
步驟三：將奇數位的數值填入第4列（奇位數），取所有字碼之
　　　　和，得值17。
步驟四：取步驟二與步驟三之和，得值72 + 17 = 89。
步驟五：以「10」減去步驟四所得值之個位數值，所得差值即為
　　　　所求之檢核碼的數值，得值10 － 9 = 1。

第二節　商品進貨管理

台灣有句俗語「會買勝過會賣」，意指著進貨管理的重要性。買到適當適量又具有競爭力的商品，陳列出來自然就容易賣出去，為賣場創造利潤。相反的，所進的商品若不合顧客所求，即會形成帶銷，不利賣場營運。所以，為確保賣場營運順利、貨源供應正常，商品的進貨管理著實應包括訂貨計畫、進貨與驗收作業等過程。

壹、訂貨計畫

訂貨計畫的適當與否，不僅關係著賣場的營運順利，更直接影響庫存管理和資金的運用。商品的訂存貨數量是隨著商圈差異、季節變化、假日節慶促銷、其他銷售政策等而有所調整，所以，完善的訂貨計畫應確實掌握商圈動態、顧客需求及商品的銷售情況與迴轉率等資訊，才能使賣場的貨源供應順暢，不致造成缺貨或存貨過多等問題。為達到訂貨作業的效率化，訂貨計畫應該包含建立訂貨管制表、商品安全庫存量、商品別訂貨週期、廠商配送週期、廠商別訂貨簿、商品最小訂貨量、訂貨方式等。

訂貨計畫的適當與否，不僅關係著賣場的營運順利，更直接影響庫存管理和資金的運用。

1.訂貨管制表

為確保訂貨的正確性，訂貨管制表可瞭解銷售情形，方便賣場相關人員能立即掌握訂貨數量。

2.商品安全庫存量

依據商品銷售及供貨狀況，設定主力和次要商品的安全存量。

3.商品別訂貨週期

隨機性的訂貨過於匆促慌亂,常無法得到滿意的供貨服務。應建立各商品別的訂貨週期,配合廠商的運送時間,才能如期供貨。

4.廠商配送週期

依據商品訂貨週期與供貨廠商協調,訂定合理適當的配送週期。

5.廠商別訂貨簿

設置此訂貨簿,以明確掌握向廠商訂貨的明細。

6.商品最小訂貨量

瞭解廠商的最小送貨量,並與之協調訂定適合賣場的最小訂貨量。

7.訂貨方式

考慮運用何種訂貨方式最適合,如廠商鋪貨、業務員抄貨方式、電話訂貨、傳真訂貨、電子郵件訂貨(E-mail)、電子訂貨系統等,以時效性和正確性為原則。表11-6茲就各種訂貨方式作優缺點說明,以供參考。

不適當的訂貨計畫容易導致「該進的貨不到,不該進的貨過多」,形成賣場缺貨又積壓資金的情況。訂貨計畫不夠周詳,常衍生以下三種情況:

訂貨計畫不夠周詳,常衍生三種情況:
1.減少賣場品項
2.滯銷品過多
3.浪費作業時間

1.減少賣場品項

由於該進的貨沒有訂、來不及訂,或者過多的存貨佔據陳列空間,導致顧客買不到所要的,及沒有足夠空間陳列新商品以滿足市場所需,如此的缺貨情況將使賣場經營失去競爭力。

📖 表 11-6　各種訂貨方式的優缺點説明

訂貨方式	優缺點說明
廠商鋪貨	供貨廠商每天按照既定路線，將貨品直接送到賣場。此方式最有效率，可降低賣場缺貨率，很適合迴轉率快的商品，但是不適合迴轉率較慢的商品。
業務員抄貨方式	各廠商都派有業務人員到賣場幫忙整理該公司的商品陳列，同時記錄缺貨數量並於隔天送達上架。此方式之缺點是容易造成業務人員任意塞貨，影響賣場營運。
電話訂貨	賣場主動整理出缺貨商品明細表，以電話直接向廠商訂貨，快速但錯誤率高。
傳真訂貨	賣場主動整理出缺貨商品明細表，以傳真直接向廠商訂貨，快速正確但傳真費用高且有字跡模糊之誤。
電子郵件訂貨（E-mail）	賣場主動整理出缺貨商品明細表，以 E-mail 直接向廠商訂貨，快速正確但怕廠商未及時開啟電子信箱而延誤時效。
電子訂貨系統	訂貨人員利用已登錄商品種類和條碼的電子訂貨簿和手持終端機，直接巡視賣場並將商品的缺貨數量輸入終端機即可完成訂貨。另外，可搭配貨架標示卡（附有品名、貨號、條碼、售價、上下限訂貨量），在賣場同時完成巡貨和訂貨的作業。此訂貨系統可縮短訂貨、檢貨、送貨流程的時間，大幅降低成本。

2.滯銷品過多

滯銷品過多不僅影響賣場的商品流通，更使庫存積壓、加重利息負擔，同時降低商品的品質和鮮度，影響賣場信譽，造成顧客流失。

3.浪費作業時間

不周詳的訂貨計畫容易產生重複訂貨、倉促催貨、先進後出、不良庫存盤點和補貨、滯銷品整理等不合理的作業，常使員工疲於奔命、士氣低落，影響整體賣場的營運效率。

貳、進貨與驗收作業

一、進貨作業

依照訂貨作業，由供貨商或物流中心將商品配送到賣場的過程，是為進貨作業。茲將作業過程及注意事項說明如下：

1. 供貨商或物流中心依照訂貨明細配送到賣場。然而，有些商品必須由賣場自行到批發場或產地採買。例如，到水果產地、果菜批發市場、魚市場、公賣局等場所現場採購所需商品。自行採購的商品大都是自行運載，某些供貨商有配送服務，採買前需事先瞭解並談妥相關條件。

2. 進貨時應事先規劃好進貨區設施及輔助器材，如等候區、卸貨區、進貨平台、運送台車、堆高機、堆貨棧板、昇降機及輸送帶等。

3. 雙方遵照約定時間進行作業，進貨前應該先辦理退貨作業，並將貨品按照分類配送至驗收區。

4. 驗收完成的商品先建檔標價，然後依實際需要可直接進入賣場販售，或進入倉庫等待補貨上架。

二、驗收作業

採購的最終目的在於確保貨品正確、安全的送抵賣場，並符合所要求的品質、數量及其他相關條件，以進入賣場販售給消費者。為了達成此目的，就必須藉由具體的驗收作業才能確認出合乎所求的商品，也避免買賣雙方發生不必要的紛爭，建立長期合作關係。

採購的最終目的在於確保貨品正確、安全的送抵賣場，並符合所要求的品質、數量及其他相關條件，以進入賣場販售給消費者。

(一)驗收的基本原則

1. 設立專責的驗收單位

遴選操守良好的人員，培訓驗收的專業知識與技能，才能發揮
縝密的驗收功用。另外，專責的驗收單位能與採購工作明顯區隔，
防止發生舞弊現象，損及雙方利益，破壞合作關係。

2. 合理訂定標準化規格

商品規格一定要有標準化明細，收貨時才有明確的依據。規格
內容的涵蓋範圍甚廣，如品牌、品質、尺寸、包裝……等等，訂定
時須考慮廠商的供應能力與賣場的驗收能力，一切以合理化和標準
化為原則。

3. 明確訂定合約條款

訂貨之前，應該明訂買賣合約條款，經雙方同意確認簽章，於
交貨時按合約內容驗收，應事先讓供應商瞭解驗收的風險存在，才
不致引起糾紛。

4. 講求效率與效益

驗收作業應力求迅速確實，減少不必要的流程，提高作業效率
與買賣雙方的合作效益。

(二)驗收的準備條件

1. 預定驗收時間、地點、數量

於訂貨採購時即應預定交貨日期與數量，並排定驗收時間和地
點。一般零售業者皆將交貨驗收地點同設在賣場，有些連鎖賣場會
將交貨地點設在統一的倉庫，待驗收完再配送到各賣場。如有交貨
時間延誤或地點變更之慮，應事先預測並及時通知驗收部門，以便

因應配合。

2.驗收應辦理的手續

交貨前或當日由廠商備妥貨品驗收紀錄表交付驗收單位，紀錄表上應列明廠商名稱、收貨及驗收單位、配送公司、交貨日、交貨地點等。另外，載明商品明細，如品名、品牌、數量、編號等。

3.驗收職責與實際驗收時間

通常賣場的驗收作業都由驗收單位會同供應商代表一起辦理，如有爭議則報請雙方主管單位進一步協商處理。另外，依實際需要明訂驗收時間，儘速完成驗收，以免影響其他作業。

4.廠商的交貨責任

從訂貨到驗收前的全部交貨履行責任皆應由廠商負責，如在驗收確認後發生短缺或損毀，其屬於偶發事件或賣場過失時，則廠商可不負此責。

5.驗收證明與拒收貨品處理

買賣雙方於完成驗收作業後，應確認並簽章驗收證明書，雙方各執一份以資憑證。如有不符標準規格，應拒收該貨品並依合約規定辦理退貨或換貨手續。

(三)驗收的方法

1.一般驗收

一般驗收就是所謂的目視驗收，凡是比較單純的商品，皆可用此方法按合約規定驗收其包裝、數量，以利快速完成交貨入庫作業。

2.技術性驗收

有些商品具有特別的性能，非一般目視所能鑑定，則需藉由度

量或化驗儀器檢測者，稱之為技術性驗收。

3.試驗性驗收

在技術性驗收時，有些商品必須經由物理或化學變化的分析，才能鑑定是否符合品質性能之要求，此方法稱之為試驗性驗收。

4.抽樣檢驗法

當使用以上各種方法驗收時，因商品數量過多或拆封無法復原者，而不能一一檢驗每個單項商品時，可抽取一定的比例數量加以檢驗，是為抽樣檢驗法。

(四)驗收應注意事項

1.不可同時驗收多家廠商商品

一次只能驗收一家廠商之貨品，以避免分心失誤。

2.避免在營業尖峰時段驗收

要求供貨商配合，避開賣場尖峰時段交貨，以免影響忙碌的門市作業。

3.商品不可直接入庫

商品驗收前，堅守不可讓商品直接入庫，以免徒增驗收困難度。驗收後，更不可讓廠商單獨將商品送進倉庫，如需廠商配合入庫，應由驗收人員或倉庫管理員陪同進入，避免無端紛爭。

4.賣場親自驗收

驗收時，賣場相關人員應親自持交貨驗收單和發票，與廠商代表確實逐項點交驗貨，切勿為節省時間，任由廠商單獨點交。

5.在專區進行驗收

事先規劃出指定驗收區，以避免新舊商品混淆或影響賣場其他相關作業。

6.確認交貨單上的各項明細

驗收前應先確認清單上的內容明細，如品名規格、數量、價格、日期、贈品或折扣等。

第三節　商品銷售管理

賣場的商品銷售管理包括「訂價與標價作業」、「陳列上架作業」、「收銀管理作業」等三大管理作業。

壹、訂價與標價作業

訂價
是指將商品或服務的價值數字化，以作為買賣行為的基準點。

「**訂價**」是指將商品或服務的價值數字化，以作為買賣行為的基準點。通常這些數字所代表的是金額的多寡，也就是當買方要獲取這些商品或服務時，所必須付與賣方的金錢代價。而標價是將已訂價好的數字，透過明顯的標註方式告知買方，買方經由這些數字來衡量產品的價值性及購買效用，作為消費決定的考量因素。

訂價與標價的最終結果，都是在尋求一個對買賣雙方都有利的價格，而這價格在行銷組合裡卻是組合中唯一的銷貨收入因素。比起其餘的產品、通路、推廣等組合因素，價格對賣方來講就更顯得其重要意義。然而，消費者所擁有的資源和消費能力有限，價格常是其衡量購買力的重要指標，消費者對價格的敏感度自然就形成一股強烈的消費行為。這些影響消費者價格敏感度的因素包含有以下幾點：

1.商品替代因素

當消費者面對有替代性的商品時，其價格敏感度會相對提高，對於商品的單價也會精打細算。

2.總支出分配因素

當消費者所要購買的商品，其價格佔所得比例很大的支出分配時，或已經超出原來預算支出時，消費者的價格敏感度都會相對提高。

3.利益比較因素

當消費者面對有需求的商品，其價格比平常或同業的訂價還低時，此時價格敏感度有可能在利益的考量下刺激其購買慾。另外，當消費者面對高品質或知名品牌的商品，有時在限量銷售策略下，會將商品品質和保值性與價格作一衡量比較。

4.不易比較因素

新產品、具有獨特差異化或商譽良好的高知名度品牌的商品，其價格往往難以比較，消費者對此商品的高價格定位較容易接受，若是降價銷售，有時會變成反效果。

5.販促情境因素

販促的技巧常常營造極佳的銷售情境，消費者在此情境之下，會產生注意、比較、慾望的心理因素，甚而在沒有事先購物計畫下，做出消費的臨時決定。

雖然並非所有消費者都只買低價格商品，但隨著資訊發達和消費意識高漲，同屬性的商品競爭激烈，沒有差異化的商品是很難誘導消費者多花高價來購買。換句話說，現在的商業環境，不合理的訂價或標價不明的商品，根本無法激起顧客的購買意願。所以，訂

價與標價的良好作業，已是賣場提供商品與消費者第一接觸的最
印象。

一、訂價作業

訂價作業的考慮層面包括賣場自我條件和消費者客觀因素，結
合買賣雙方的主客觀因素，賣場訂價的基礎可歸納為市場需求
向、商品成本導向及競爭導向。從這三方面的審慎評估，再選擇
確的訂價策略與技巧，最後訂出適當的價格，才是完整的訂價
業。以下將分項介紹有系統性的訂價步驟（如圖 11-3 所示），並
中挑出訂價策略詳加探討各種適用於賣場的訂價方法與技巧。

㈠訂價步驟

完整的訂價步驟應該包括確認目標市場及需求狀況、分析商品
成本、分析競爭者相關商品價格及販促策略、選定適當的訂價策
略、決定及調整最後價格等五大步驟。

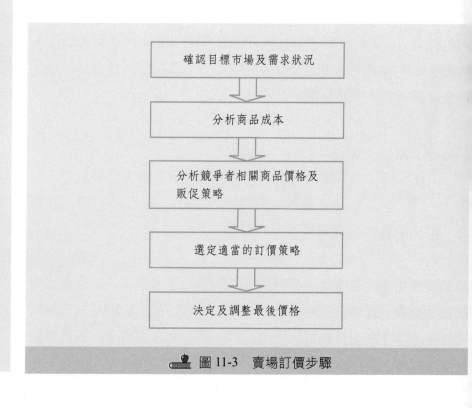

🏆 圖 11-3　賣場訂價步驟

1. 確認目標市場及需求狀況

不同的市場及需求，其價格決定也截然不同。所以，訂價之前必須先確認目標市場在哪裡，市場的需求層面如何；還有，商品的消費群是哪些人，其消費水準又是如何。確認市場狀況之後，才能有明顯的策略方針，所訂定的價格才不會偏離市場的實際需求。

2. 分析商品成本

商品的成本除了本身的進貨單價，尚須計算營運的固定成本（如賣場租金、硬體折舊費、人事費用）和變動成本（如促銷折扣費、廣告宣傳費及包裝材料等），這些成本的總和即可作為訂價的基準底線。

3. 分析競爭者相關商品價格及販促策略

商場如戰場，有必要做到知己知彼才能百戰百勝。賣場業者不僅要分析商品的直接成本及其他的營運成本之外，還需要作例行性的商圈競爭者調查，以瞭解同業的各項競爭商品或品牌的售價，及可能採取的銷售策略與戰術作為參考依據，才能訂出真正具有競爭優勢的市場價格。例如，順發三C賣場在主要競爭者推出「保證最便宜、買貴退還差價」的口號後，立即以一對一緊迫盯人的方式，深入瞭解競爭者的各種相同商品之售價，很機動性的些微調降其價格或優惠方式，穩住其顧客的流失，也攻破競爭對手的策略。

4. 選定適當的訂價策略

訂價策略的選擇關係著售價的適當性，更直接影響到銷售政策的推行和業績的達成率。選擇錯誤的話，會造成商品不易銷售、誤導消費者對賣場的形象、或者整體利潤下滑等結果。例如，訂價太高會導致銷售困難，訂價太低又會降低利潤。所以，賣場唯有掌握市場的需求狀況、商品成本結構及競爭者價格等具體的條件依據後，再搭配相關措施（如廣告促銷），即能訂定出被消費者所接受

5.決定及調整最後價格

在完成以上的四個階段步驟後，即可根據適當的訂價方法與技巧來決定商品的售價。然而決定後的價格，有時為了因應可預期及不可預期的因素，必須作調降或調漲的變化。這些因素包括成本的變動、市場需求、競爭狀況、季節變化、庫存出清、新產品推出、策略性應用等。

執行價格調整時，務必要先評估其市場合理性與顧客接受度，以避免消費者的抵制、同業的圍剿、供貨商的斷貨，造成難以彌補的損失。例如，不能為了反應成本或盈利目標，就在毫無預警的情況之下任意調漲。應先預告一段時間，觀察顧客的反應情形，再漸近式的調整，調漲幅度更應考慮顧客的接受度，否則極易造成顧客流失或抵制。又如，不可為了提高銷售量而調降到已損及市場秩序的價格，以免遭受競爭者的圍剿或上游廠商的斷貨處分。常用的價格調整方法有數量折扣、換季折讓拍賣、現金優惠、成本反應等，適時的運用才能達到雙贏的效果。

(二)訂價策略與技巧

賣場訂價是否得宜，常是影響銷售好壞的主要關鍵。所以，為了達成營運目標，選定正確的訂價策略來擬定訂價決策，是賣場不可或缺的管理方針。賣場常用的訂價策略有新商品訂價策略、顧客心理訂價策略、高價策略及低價策略等。選擇訂價策略之前必須考慮顧客心理、產業競爭及作業效率等因素，作為選定之基準。

訂價的技巧非常多，賣場常使用的如下列：

1. 固定性訂價

將商品訂價在消費者所能接受的合理固定價位，此價位通常可以維持一段期間不需變動，例如日常用品的鹽、米、報紙等。

2. 單一訂價

將多種商品訂定在同一價格來販賣，這些商品可能是同一品牌的不同品項商品，也可能是不同品牌的同品項商品。例如，將同一品牌的所有鋁箔包飲料或所有不同品牌的罐裝飲料訂同一單價，顧客可以用相同的價格選購這些商品。另外，有一種廉價賣場，將店內所有商品都訂在 10 元來販售，此方式也稱之為單一訂價。

3. 高低價訂價法

在同一賣場裡，某些商品的定價比同業還高，而有些商品卻比同行低。高價訂價法的主要支撐理由，是當商品具有強勢的品牌及品質的競爭優勢時，可將此商品訂定高價位。例如，HP 公司的多功能事務機（含列印、傳真、影印、掃瞄、數位相片等功能）的訂價即比其他品牌多出一倍。HP 將此商品定位在公司行號（如中小企業及 SOHO 族）的目標市場，著力強調其事務功能齊全、品質穩定、保障性的售後服務（到府收件、提供備用機器），加上其品牌的優勢，仍然保有高支持度的顧客群。但是，在另外簡易列表機的訂價，HP 公司則採取低價策略，此種機型定位在家庭用市場。此低價策略的支撐理由是，HP 公司的價廉質優產品和推廣活動打動消費者。同時隨著列表機的銷售量提高，相對帶動墨水匣及用紙的銷售，這些附屬商品不僅維持 HP 公司與顧客之間的良好關係，更創造了高於列表機的可觀利潤。

4. 變動性訂價

同樣的商品在不同的時段，訂定不同的價格來販賣。例如，隔日易腐壞的蔬果類商品，於下班前必須降價求售；或者是季節性商品，其成本隨著淡旺季的差異，價格訂定也都會有所變動。

5. 犧牲訂價法

選擇少數商品項，將價格訂在低於市場行情或成本犧牲推出，

以吸引顧客前來賣場消費，帶動其他商品的買氣。

6.奇數訂價法

將商品訂價在比完整數目稍微少一點點，雖然價差只有 1 元（如$19、$69）、或價差 1 位數的$9 和$99，顧客都有便宜的心理感受。此種訂價法已經普遍被零售賣場使用，甚至國外的零售業者也常採用此技巧訂價。

7.折扣訂價法

以買 2 送 1、多一片價格不變、買 10 單位打九折等方式來達到促銷目的，稱之為折扣訂價法。

8.天天低價法

天天低價法
賣場每天會選擇一些不同商品，以低於平常的特別售價集中在特定販賣區，讓消費者感受到天天都有便宜商品可選購，以增強賣場吸引力。

「**天天低價法**」（EDLP；Every Day Low Price）早期僅是百貨公司為了吸引顧客所推出「每日一物」的低價促銷技巧，然而時至今日，此技巧已經變成多數零售賣場的必備販促策略。這些賣場每天會選擇一些不同商品，以低於平常的特別售價集中在特定販賣區（又稱經濟特販區），讓消費者感受到天天都有便宜商品可選購，以增強賣場吸引力。

9.低價保證訂價法

對所有消費者宣告自己賣場所販售的商品，是同業之間最便宜的，如有消費者發現比他家賣場還貴，可憑據退還差價。此種方法有時很難認定價差的真實性，或被同業攔截價格情報而失去低價優勢。不過也可以藉由顧客的價差反應，瞭解競爭者的價格水準。

10.階梯訂價法

將同屬性或同品質層級的商品訂定同一價格，且將賣場所有商品歸類成單純的幾種價位，以方便顧客選購，業者也降低一一訂價每項商品的麻煩。例如，簡餐店將各式的套餐類、咖啡類、熱飲

頁、冷飲類，訂定在150元、100元、80元、50元等四種價格水準。

11.組合訂價

將多樣相關性的商品組合包裝在一起，訂定低於單樣商品總合之價格，來吸引顧客的購買。例如，將相關性的清潔用品或化妝品組合訂價優惠販售，常可獲得刺激購買慾和提高銷售量的雙重效果。

二、標價作業

訂價作業完成後就應該把正確的價格與商品代碼，用已經設計好的標籤黏貼於商品包裝上，供消費者辨識選購及商品銷售管理之用，此即為「**標價作業**」。標價作業時，應瞭解標籤的形式和用途，以及標價時應注意事項，方可迅速有效完成作業。

標籤的形式大致分成三種：「部門別標籤」僅用於標示部門代號及價格；「單品別標籤」用於標示每一項單品之代號及價格；「店內碼標籤」用於標示每一單位之店內條碼及價格。這些標籤的用途主要在辨識商品的分類、代號及價格，以方便收銀作業及瞭解商品的銷售和迴轉狀況，有利於庫存盤點和訂貨作業。

當在有形商品執行標價時，應特別注意以下事項，才能使標價作業發揮完整的功效，不致造成顧客選購上和商品管理上的困擾。

1. 商品之代號與售價要先與傳票和價格卡（陳列處）核對清楚。
2. 同類別的商品，其標示位置要明顯一致，且不可蓋住商品的說明字樣。
3. 儘量由員工自行在後場標價後再送至賣場上架，以免影響顧客動線。如須由廠商代為標價，務必確認所有標價作業的正確性，以免造成銷售上的困擾。
4. 採用一次性的折線標籤並妥善保管，以防止不肖人士舞弊換標籤。
5. 販售期間如須調整價格，應先去除原標籤再黏貼新標籤，以免產生顧客爭議和作業困擾。

標價作業
把正確的價格與商品代碼，用已經設計好的標籤黏貼於商品包裝上，供消費者辨識選購及商品銷售管理之用。

貳、陳列上架作業

商品陳列上架
按照已規劃好的陳列位置,將商品擺放在貨物架或展示櫃上面,有效的展售在顧客面前。

當商品完成訂價與標價後,就可按照已規劃好的陳列位置,將商品擺放在貨物架或展示櫃上面,有效的展售在顧客面前,此作業稱之為「**商品陳列上架**」。陳列上架的主要原則如下:

1. 以銷售政策為根據,事先做好陳列台帳圖管理。然後將標價好的商品,按照台帳位置圖依序上架定位。
2. 商品上架應做好先進先出原則,也就是先將原貨架之商品取下,等新上架的商品擺置後段,再將原商品陳列在貨架前段。
3. 商品上架後應確保安全定位,不可搖晃掉落,並將標價牌面向顧客。
4. 如果是陳列於展示櫃的商品,應先開啟展示玻璃門並固定之,再將商品陳列於穩固的層板架上。假如欲陳列於冷凍冷藏展示櫃,當上架時間預估會超出 15 分鐘時,應先關閉壓縮機運轉電源(避免冷氣過度外流及冷凝器結霜),等待上架作業完成、關上設備展示門後,再開啟運轉電源。

商品陳列上架的作業流程,通常可分為直接上架和間接上架,間接上架又可分成入庫後上架及加工後上架。

1. 直接上架

直接上架
當商品經過正常進貨、驗收,直接標價後隨即上架陳列,稱之為直接上架。

當商品經過正常進貨、驗收,直接標價後隨即上架陳列,稱之為「**直接上架**」。此流程通常適用於沒有倉庫設施的小型賣場,也適用於倉儲型量販店。然而,有一些普通賣場,已訂完價的例行性商品,若為補缺貨及節省作業流程時,也可在完成進貨手續後,直接標價入檔陳列。

2. 入庫後上架

入庫後上架
當商品經過進貨、驗收、入庫等流程,在完成入檔及訂價作業後,等待前場的補貨通知,再行提領標價並陳列上架,此稱之為入庫後上架。

當商品經過進貨、驗收、入庫等流程,在完成入檔及訂價作業後,等待前場的補貨通知,再行提領標價並陳列上架,此稱之為

「入庫後上架」。

3. 加工後上架

當商品經過進貨、驗收、入庫（或半入庫）等流程，再經過重新組合、包裝或加工製造為可販售的成品，然後完成訂價及標價作業，再行陳列上架，此稱之為「**加工後上架**」。

加工後上架
當商品經過進貨、驗收、入庫（或半入庫）等流程，再經過重新組合、包裝或加工製造為可販售的成品，然後完成訂價及標價作業，再行陳列上架，此稱之為加工後上架。

參、促銷管理作業

「**賣場的促銷作業**」就是行銷組合中的推廣管理，其不可毫無計畫的隨性進行，否則容易造成賣場管理失序、混亂，對營運目標也會產生負面效果。為確保促銷的效果能達到所預定的銷售目標，應按照管理步驟，擬定完善的促銷計畫，接著決定促銷組合方案，然後按照計畫，確實執行促銷作業，並不斷檢討缺失、修正方案，作為日後改善的參考要點。此步驟形成如圖 11-4 之促銷管理流程。

賣場的促銷作業
就是行銷組合中的推廣管理，其不可毫無計畫的隨性進行，否則容易造成賣場管理失序、混亂，對營運目標也會產生負面效果。

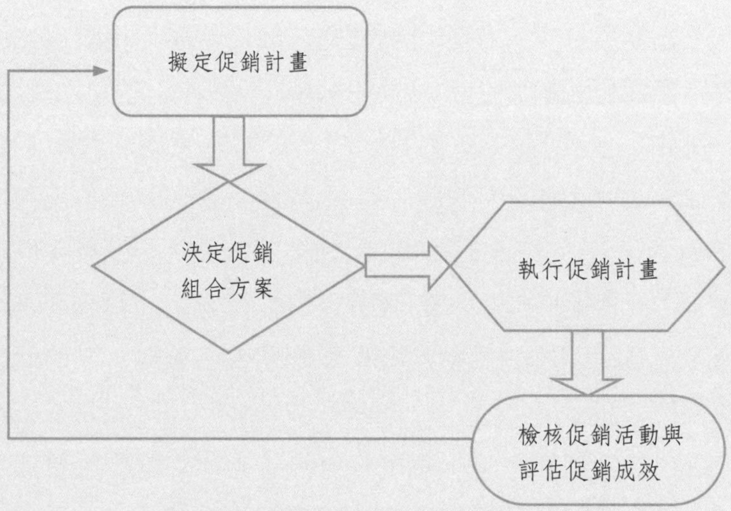

圖 11-4　賣場促銷管理流程

一、擬定促銷計畫

「**促銷計畫**」主要包含設定促銷目標及編列促銷預算兩大事項。賣場在設定促銷目標之前,應先瞭解企業整體行銷目標,據此對特定的目標市場和顧客訴求,訂定適當的促銷目標。而在編列促銷預算之前,也應先衡量編列方法的優缺點,以選用適當的方法來編列促銷預算。

「**促銷目標的設定**」應包含長期目標、中期目標及短期目標等三個階段。「**長期性促銷目標**」通常設定在 5 年以上所要達到的預期目的,此目標主要偏重於建立與商圈消費者的良好關係、確保賣場在消費者心中的良好形象定位、強化顧客對賣場的忠誠度。「**中期性促銷目標**」擬設定在 2～5 年之間,主要目標著重在新政策的導入、新產品的推出計畫、擴張連鎖店的促銷計畫,以及緩衝調整長期和短期目標的可行性。「**短期性促銷目標**」的時間設定包括每週、每月、每季和年度計畫,其主要目標包含激發顧客的衝動性購買慾、提高來客數及客單價,進而增加商品銷售量和營業額。

以上這些短、中、長期目標彼此之間仍應該互相配合,而且要力求明確書面化和數字化,以供有效執行、績效評估及統計衡量之依據。例如,在暑假的 2 個月期間,針對學生族群實施回饋方案(購買 25,000 元的個人電腦,可得回饋金 3,000 元),預計編列 300,000 元回饋金和投入 100,000 元的推廣費用,要達到 100 台的銷售業績。在此例的時間點、顧客訴求、執行方案、預算明細、業績目標等,都有很明確的具體數字和詳細的書面資料,才能使促銷計畫發揮執行效果。

「**編列促銷預算**」時,應衡量自己的需求來選擇比較適當的預算方法。切勿毫無評估或隨意編列預算而影響促銷的效果,也徒增成本費用。以下將討論目標預算工作、市場競爭預算、營業額比例預算、經驗調整預算、餘額預算及定額預算等幾種賣場常用的促銷預算方法,並分析每種方法之優缺點。

1. 目標工作預算法（Target-and-Task Budget Method）

依照賣場所設定的促銷目標，將目標計畫之每一項工作任務的預計費用加起來，所得的合計總額即為此促銷目標之預算。此方法之優點較能符合實際活動的需要，可以明確評估出促銷的成效，有效的調整目標與費用的差異關聯性。然而，在執行時必須花費較多的時間成本，以規劃詳細的目標任務及預計各項的準確成本。

2. 市場競爭預算法（Market Competitive Budget Method）

隨著市場競爭的必須性來編列賣場的促銷預算。此方法是參考商圈內的主要競爭者之促銷策略來提高自己的預算方案，其優點是有例可循，隨時跟進競爭者以維持在市場的競爭力。但是，假如對競爭者的策略判定錯誤，或是沒有考慮彼此之間的差異性而貿然跟進，容易產生反效果。

3. 營業額比例預算法（Percentage-of-Sales Budget Method）

賣場依照其年度營業額目標，設定適當的固定比例作為促銷預算。此種方法的優點是預算與銷貨收入有直接的關係，支出比較容易被控制在營利的基礎上。同時也可以保持市場促銷的常態性，還有預算的規劃使用都很簡單明確，是受到賣場接受使用的主要原因。但是，它的缺點是促銷預算與銷售量成正比，未考慮促銷活動之實際需求，無法利用促銷來引導銷售。當銷售額提高時，促銷預算有可能超過實際所需要的資金；當銷售額降低時，或許正需要資金加強促銷活動，然此時促銷預算卻隨著營業比例而減少。

4. 經驗調整預算法（Modulation-of-Experience Budget Method）

賣場依照過去的預算效果之經驗，加上未來營運的需要判斷，在現有的預算上作幅度調升或減少，作為下次或下年度的促銷目標之預算。此方法對小型賣場之業者來講，使用上非常方便，又可按照營業狀況和促銷需要作彈性調整。其缺點為業主的主觀意識太

強，容易失去目標設定的約束力及促銷評估的正確性。

5.餘額預算法（Balance Budget Method）

賣場沒有將促銷納入預計的管銷費用，僅將剩餘的資金作為促銷預算。例如，將所有資金都投入新開張的開辦費用（含軟硬體），最後開幕時才將或多或少的結餘資金分配為促銷預算。此方法也可稱之為隨性算法，並沒有特別的優點。然而，卻有多項缺點，如忽視促銷目標的設定及促銷活動的計畫、較難評估資金預算與促銷效果的平衡點。

6.定額預算法（Allotment Budget Method）

賣場提撥一筆固定的經費作為年度促銷預算，以配合推動促銷計畫。此方法規劃時較為簡單，但是經費編列並無依據，分配到每一單項促銷活動之預算也沒有基準，容易形成直覺提撥而造成實際的活動經費之不足或過多。

二、決定促銷組合方案

賣場根據不同促銷方式的特點結合成功的促銷經驗，大致可制訂出比較合理的促銷組合方案。在這促銷組合的決策中，實際上就是根據促銷目標來作促銷預算的分配，其關鍵在尋求於促銷預算限制條件下，能夠使賣場實現最大促銷效果的促銷組合，此一促銷組合就是賣場所需要的「**最佳促銷組合方案**」。

當促銷預算分配到每一個促銷組合個案時，應對其所產生的效果進行評價，以作為促銷組合適度調整的依據。進行評價時應選定與促銷目標相一致的評價指標，才能評價出有效的結果。藉由評價的測量，可以反映出促銷組合的效果，及分析出其中的問題與不足之處，以利及時調整與改進促銷方案。

對促銷組合方案評價後發現有改進之處時，通常是對促銷方案的預算或方法作部分調整，而不是全面性大變動，以免影響整個促

計畫。在進行整個評價與調整時，必須考慮到促銷的滯後性效
，才是完整可行的促銷組合方案。

三、執行促銷計畫

「**促銷計畫的執行步驟**」包括選定何種推廣媒體、考慮促銷的
機、構思促銷的訊息內容、促銷人員的安排、販促用具的搭配、
他支援配合等。

1. 選定何種推廣媒體

「**賣場促銷常用的推廣媒體**」有促銷傳單、報紙、促銷海報、
傳旗幟與布條、看板廣告、車體廣告及電台廣播等多種。每一種
體都有不同的廣告功能，要能夠發揮促銷計畫的最大效果與經濟
益，則需要評估整體的媒體成本、媒體效率、廣告效果與前置作
時間。

不同的媒體型態，其成本各有差異，而成本的高低並不一定與
體效率成正比，也不一定產生所預期的廣告效果，所以評估時應
對市場特性、商圈需求與顧客型態作主要考量。假如，採用很高
本的媒體，結果發揮出的效率沒有達到及時性或直接性，其廣告
果自然不佳，也達不到理想的經濟效益。但是有些促銷活動的效
確實是反映在成本的高低，例如，在商圈範圍內採用傳單發行，
行數量越大，其廣告能見度越高，成本也就相對提高。

另外，要考慮廣告前置作業時間，無論採用單一媒體或多種媒
配合，都應事前規劃好正確的作業時間，以免耽誤促銷計畫的進
。例如，發行傳單前必須及早設計內容、編輯印製，然後規劃發
作業，務必在計畫時間內完成，才能有效配合活動的推廣。

2. 考慮促銷的時機

賣場每年都有淡季與旺季之分，每天也勢必有尖峰與離峰時
段，掌握住正確的促銷時機，才能夠達到事半功倍的廣告效率與促

促銷計畫的執行步驟
包括選定何種推廣媒體
、考慮促銷的時機、構
思促銷的訊息內容、促
銷人員的安排、販促用
具的搭配、其他支援配
合等。

賣場促銷常用的推廣媒
體
有促銷傳單、報紙、促
銷海報、宣傳旗幟與布
條、看板廣告、車體廣
告及電台廣播等多種。

掌握住正確的促銷時機
，才能夠達到事半功倍
的廣告效率與促銷效果
。

銷效果。例如,服飾賣場的換季促銷策略,應選在兩季交替時段來實施最適當。而個人電腦的學生促銷專案,可選在寒假及暑假期間來進行最有效果。所以,每一種促銷組合策略都應針對其促銷商品、訴求對象、特定市場,選擇適當的時機來進行推廣活動,才能發揮策略的效用。

3.構思促銷的訊息內容

「**促銷的訊息內容**」有靜態的設計與動態的規劃,「**靜態的設計**」包括促銷主題、廣告內容、商品設計、陳列展示、賣場形象等;「**動態的規劃**」包含應對話術、示範解說、活動作業、交易條件、服務態度等。這些訊息內容因具有擴散與持續的特性,不論是有聲或無聲、立體或平面的訊息內容,只要一呈現隨即傳送出去,其擴散速度快、範圍也大,對賣場的影響程度非常高。所以,賣場在構思促銷計畫的訊息內容時,應特別注意其正確性與合理性,對整體的營運才有正面效果。

4.促銷人員的安排

賣場促銷時,因有不同的策略運用,所以人員安排與平常營運有所差別,計畫進行前必須事先規劃好適當的人力需求。可選派適任的在職員工或招募新員工,配合計畫要求施以特別教育訓練,將訊息內容完整的提供給顧客,達到促銷目的。為激勵員工能在促銷期間發揮最大潛能,可制訂促銷獎勵制度及評鑑事宜。很多賣場為求整體人力資源的平衡,在促銷期間儘可能徵聘工讀生或其他臨時員工,以補足促銷期間的人力需求。要特別說明的是,假如雇用工讀生或其他臨時員工,無論其上班期間的長短,都更應加強專業度的訓練,否則很容易因其對賣場的營運及促銷作業不熟悉,降低服務品質,影響促銷計畫的推展效果。

5.販促工具的搭配

「**販促工具**」是促銷策略的主要戰略之一,其包含促銷活動本

身及販促用品的輔助。主要目的是在促進商品的陳列演出，營造有效的促銷氣氛，提高顧客的購買意願。任何的促銷組合策略，如果只是靠著單一的廣告素材或平面促銷海報，是無法活絡賣場的販促氣氛，容易失去顧客對賣場的新鮮感與好奇心。所以，企劃人員進行促銷前，必須同時規劃如試吃、展示演出、折扣等戰略活動，並運用販促用品增添商品的展售效果，才能牽動顧客的消費意向。這些促銷活動大都是動態的呈現，可以刺激消費者的感官意識；而販促用品則是屬於靜態的裝飾演出，從平面到立體、從小裝飾品到大型廣告用品，各式各樣都有其不同的販促機能。不同的促銷活動搭配適當的販促用品，才能相輔相成達到促進銷售的目的。

販促工具
主要目的是在促進商品的陳列演出，營造有效的促銷氣氛，提高顧客的購買意願。

6. 其他支援配合

「**促銷計畫**」常是一家賣場的主要銷售策略，其作業的推展往往都是綜合性的工作，除了需要會同公司其他部門的配合，也需要外界廠商、媒體、社區、顧客的互動，才能順利進行。所以，事前內部的任務分配與充分溝通是非常重要的，所有人員應認知促銷計畫是公司的整體計畫，不只是某單位的工作。當然，負責與外界單位協調者，更應掌握和諧的運作模式，才能內外配合、協調一致的成功完成計畫。

促銷計畫的作業推展，除了需要會同公司其他部門的配合，也需要外界廠商、媒體、社區、顧客的互動，才能順利進行。

四、檢核促銷活動與評估促銷成效

舉辦促銷活動的主要目的是希望能在特定期間內，刺激顧客的購買動機，以增加來客數、提高客單價及整體營業額。同時，希望藉由促銷活動與顧客的互動，維持良好的顧客關係與忠誠度。所以，為提供有效的活動內容與品質給顧客，促銷活動的執行檢討與成效評估是確保活動績效的重要步驟。

促銷活動的執行檢討可從促銷前、促銷中、促銷後等三個階段進行。

舉辦促銷活動的主要目的是希望能在特定期間內，刺激顧客的購買動機，以增加來客數、提高客單價及整體營業額。

● 促銷前

應該檢查項目為：

1.賣場相關人員是否都已知道促銷活動的要項？
2.是否已和相關廠商洽妥促銷配合之品項、數量、價格及供貨時間？
3.促銷的商品是否已經完成訂貨手續和備貨齊全？
4.是否已經通知銷貨部門，進行促銷商品的調價手續？
5.測試活動方式是否過於繁雜，容易造成人員浪費及顧客不便？
6.企劃人員是否備妥宣傳單、促銷海報、POP等相關販促用具？
7.賣場促銷氣氛的營造佈置是否完善？
8.檢查促銷商品的包裝、標價、陳列等販售作業是否完備就緒？

● 促銷中

應該檢查項目為：

1.賣場相關人員是否熟練活動的進行作業，並提供完善的服務？
2.賣場是否營造出具有魅力的販促氣氛？
3.商品的促銷內容和品質是否符合對外的文宣廣告？
4.促銷商品的品項及數量是否齊全和足夠？
5.商品的陳列演出是否安全及具有吸引力？
6.促銷海報是否掉落或褪色模糊不清？

● 促銷後

應該檢查項目為：

1.商品陳列展示應該恢復原狀。
2.商品價格應該立即恢復原售價。
3.停止所有相關促銷之文宣廣告。
4.拆除廣告看板、過期傳單、促銷海報、布條旗幟、販促POP等用具。

　　評估促銷成效有助於下次活動計畫的改進參考，應於促銷後隨即會同各相關部門召開檢討會議，就執行效果與目標作差異分析、檢討業績及利潤，並瞭解顧客對商品的接受度及較能接受的價格線。績效評估以達成率 90%為基準，並計算促銷期間的所得利潤額。當利潤額為正，表示此次促銷為有效活動；當利潤額為負，表示此次促銷為無效活動，應加以檢討問題、改進缺失。

促銷期間利潤額＝促銷期間增加的營業額×平均毛利率－促銷活動費用

評估促銷成效有助於下次活動計畫的改進參考，應於促銷後隨即會同各相關部門召開檢討會議，就執行效果與目標作差異分析、檢討業績及利潤，並瞭解顧客對商品的接受度及較能接受的價格線。

第四節　商品存貨管理

　　隨著激烈的市場競爭，存貨成本已然成為零售賣場的重要競爭因素。過多的存貨會產生高昂的商品持有成本及腐壞成本，而太少的存貨卻造成商品短缺及顧客流失等成本，這些成本對營運利益均造成莫大的不利影響。所以，存貨管理決策中，賣場著實必須在存貨持有成本、訂貨成本及缺貨成本間取得均衡。

　　除了倉儲型量販賣場之外，國內的各種賣場幾乎都會在後場空間規劃倉庫區，以利及時補貨，避免賣場發生缺貨情形。然而，為使倉庫發揮調節補貨效能，亦不致造成商品積壓過甚，其存貨管理自是不可或缺的重要作業。

存貨管理決策中，賣場必須在存貨持有成本、訂貨成本及缺貨成本間取得均衡。

壹、商品存貨管制

　　「**商品存貨管制**」的目的在於求取商品庫存量和訂貨頻率的均衡，以降低營運成本和資金積壓，並提高賣場的銷貨利益。賣場裡存貨管制的項目包括原物料（含食材與包裝材）、半成品、商品、

商品存貨管制
其目的在於求取商品庫存量和訂貨頻率的均衡，以降低營運成本和資金積壓，並提高賣場的銷貨利益。

呆料呆貨、壞料壞貨等。假使這些物料及商品管制不當的話，會使
企業資金調度惡化，賣場商品流通無法達到良性循環，將使賣場營
運陷入困境。相對的，適當的存貨不僅能加大資金週轉率，更能使
商品在賣場快速流通、創造利潤。所以，為了防止賣場存貨過多或
缺貨，同時要滿足經營需求，又要降低成本，企業得進行以下多項
控制方法，以取得均衡點。

一、存貨週轉率與商品週轉率

賣場的存貨週轉率就是表示在一定銷售期間中（例如一個月），
商品或原物料總共週轉了幾次。存貨週轉率的測定是以數量和金額
兩種為計算單位，若以數量為單位，則應以使用數量為準，而非出
庫數量；若以金額為單位，則應以使用金額為準，而非出庫金額，
如此可避免已出庫但是未使用的誤差。所謂的使用認定標準有兩
種，一種為出庫即可銷售的成品，此種認定標準以售出為準；另一
種則是原物料或半成品，其認定標準為經過加工至成品為準。存貨
週轉率的計算方法有週、旬、月、季、半年、年度等單位，一般都
使用月單位及年單位居多，但是在零售賣場則大多採用週單位及月
單位。

存貨週轉率計算公式

$$存貨週轉率 = \frac{使用數量}{存貨數量} = \frac{銷售數量}{存貨數量} = \frac{該期間的銷售數量}{該期間的存貨數量}$$

$$存貨週轉率 = \frac{使用數量}{存貨數量} = \frac{銷售成本金額}{存貨成本金額} = \frac{該期間的銷售成本總金額}{該期間的存貨成本金額}$$

註：以上分母取其平均值＝（期初存貨＋期末存貨）÷2

範例

範例 1：假設該月的平均存貨數量為 2000 單位，該月的銷售數
　　　　量為 10000 單位，求該月的存貨週轉率＝？

範例 2：假設該月的平均存貨數量為 10000 單位，該月的銷售數
　　　　量為 2000 單位，求該月的存貨週轉率＝？

解答 1：該月的存貨週轉率 $= \dfrac{10000}{2000} = 5$

解答 2：該月的存貨週轉率 $= \dfrac{2000}{10000} = 0.2$

解說

範例 1 的存貨週轉率為 5 回轉，使用數量比存貨數量多 5 倍，所
以存貨數量一個月回轉 5 次，屬於高回轉率的商品，可考慮提高
安全存量。

範例 2 的存貨週轉率為 0.2 回轉（相當 1/5），此時是存貨過多，
使用量過少，屬於低回轉率的商品，應改善商品的結構、汰舊換
新，才能提高賣場營收及利潤。

　　賣場的商品週轉率是以在一定期間（例如一個月）之銷貨額
（量）除以該期間的存貨額（量），表示商品的回轉狀態，以清楚
區分暢銷品與滯銷品，作為適當存貨管制的基礎資料。商品週轉率
與存貨週轉率最大的差異，在於商品週轉率的分子全部以銷貨為認
定標準，沒有原物料或半成品的使用認定問題，同時分子和分母的
金額計算以銷貨售價或銷貨成本為依據。商品週轉率的測定也是以
數量和金額兩種為計算單位，若以數量為單位則以銷貨數量為準；
若以金額為單位則以銷貨金額為準。零售賣場的商品週轉率和存貨
週轉率一樣，大都採用週單位及月單位。

商品週轉率計算公式

$$商品週轉率 = \frac{銷售數量}{存貨數量} = \frac{該期間的銷售數量}{該期間的存貨數量}$$

$$商品週轉率 = \frac{該期間的銷貨成本金額}{該期間的存貨成本金額} = \frac{該期間的銷貨售價金額}{該期間的存貨售價金額}$$

註：以上分母取其平均值＝（期初存貨＋期末存貨）÷2

在存貨週轉率之間或者商品週轉率之間，都存有存貨、銷貨、進貨及期初（月初）存貨、期末（月末）存貨、期間銷貨、期間進貨之相互關係（如圖 11-5 及圖 11-6 所示）。假設以年度為例，1 月 1 日開始營業前的存貨額稱之為「期初存貨額」，12 月 31 日營業終的存貨額則稱之為「期末存貨額」。而從期初到期末這段期間的銷貨稱之為「期間銷貨額」，這段期間的進貨就稱之為「期間進貨額」。相對的，若以月為單位則稱之為「月初存貨額」、「月末存貨額」、「月銷貨額」、「月進貨額」。在這些相互關係上，其金額計算必須在同一基準上，如成本與成本統一、售價與售價統一，才能求取正確數值。

🔖 圖 11-5　存貨、銷貨、進貨之關係圖

🏛 圖 11-6　存貨、銷貨、進貨之關係圖

二、定量訂購法與定期訂購法

　　零售業者常使用的「**定量訂購法**」，是當現有存貨達到最低水準（在訂購點）時即進行訂購，此次訂購量與前次訂購量相同，而不管前次訂購時間距今多久。換言之，係依照過去經驗訂出最低安全庫存量，當庫存量到達警戒線即訂貨補充，也稱之為「兩箱訂購法」，此方法最適合於小型賣場。

　　另外一種「**定期訂購法**」，是訂購期間固定，而訂購量取決於庫存水平。當訂購決定於定期存貨報告時，定期訂購法顯得特別好用，其訂購量等於預定最大存貨減現有存貨。而當決定預定最大存貨之前，必須先界定訂購週期（幾天、幾週、幾月）、設定前置時間、估計銷售率（每週幾個單位）、界定安全庫存，如下之公式及範例。

定期訂購法公式

訂購量＝預定最大存貨－現有存貨

預定最大存貨＝（訂購週期×銷售率）＋（前置時間×銷售率）
＋安全庫存

定量訂購法
是當現有存貨達到最低水準（在訂購點）時即進行訂購，此次訂購量與前次訂購量相同，而不管前次訂購時間距今多久。

定期訂購法
是訂購期間固定，而訂購量取決於庫存水平。

定期訂購法範例 ✎

假設訂購週期為 4 週、前置時間為 2 週、銷售率為每週 6 單位、安全庫存為 3 單位、現有存貨 15 單位，求預定最大存貨及訂購量 = ？

預定最大存貨 =（4 × 6）+（2 × 6）+ 3 = 39
訂購量 = 39 − 15 = 24
每 4 週訂購一次，預定最大存貨為 39 單位，此次訂購量為 24 單位。

三、經濟訂購量模型

經濟訂購量
為最符合經濟效益的採購數量，其反映出存貨持有成本及訂購成本。

「**經濟訂購量**」（EOQ, Economic Order Quantity）為最符合經濟效益的採購數量，其反映出存貨持有成本及訂購成本。當訂購量增加時，訂購成本會降低，卻也使存貨成本上升。所以，採購管理者當應用如下公式，以求取符合效益的訂購量，達到最低的訂購成本與存貨持有成本之組合。

經濟訂購量計算公式

$$Q = \sqrt{\frac{2SO}{IC}}$$

經濟訂購量範例 ✎

假設 S = 156，O = \$0.5，I = \$0.1074，C = \$3，則求得經濟訂購量如下：

$$Q = \sqrt{\frac{2 \times 156 \times 0.5}{0.1074 \times 3}} = \sqrt{\frac{156}{0.3222}} = \sqrt{484} = 22$$

Q：經濟訂購量

S：年度預估銷售量

O：單次訂購成本

I：存貨持有成本（單位成本之百分比）

C：單位商品成本

四、ABC 分析之應用

「**ABC 分析**」（ABC Analysis）原來主要是製造業為了降低管理成本，而導入且獲得成效的方法。但是，現在已廣為批發零售業所引用並獲得相當的效果。早期的管理者面對許多種類的商品和原物料，大都採用同樣的管理方式。然而，繁多的商品中，真正支撐公司營運的商品可能只有某部分品項，以相同的方法來管理全部的商品，實際上是低效率的管理模式，會造成企業很大的損失。於是，義大利經濟學家 Villefredo Pareto 提出「依據價值不同，給予不同程度的管理，以合乎經濟原則」，此原理就是「**柏拉圖原則**」，也稱之為「**ABC 分析法**」，俗稱為「**重點管理法**」。柏拉圖原則說明許多事物都存有重要的少數與次要的多數之現象，所以 ABC 分析係根據使用量將存貨歸為三種類別，然後集中管理資源於重要的少數，而不是次要的多數，其各分類的管理方法如下：

ABC 分析法
是依據價值不同，給予不同程度的管理，以合乎經濟原則，即為柏拉圖原則。

(一) A 類存貨

如圖 11-7 所示之 A 為價值高、品項少的品類。A 類品項雖只佔 20%的總品項，卻佔 70%的價值（或銷售總額）。此類商品的管理方法為採用定期少量多次訂貨；嚴格實施經常性盤點、減少不必要的存貨；詳細核算經濟訂購量（EOQ）；明訂安全存量並每週或每月定期盤點；嚴加控制交貨期；進出倉庫手續從嚴；存量異樣時應立即追蹤調查。

㈡ B 類存貨

如圖 11-7 所示之 B 為價值中等的品類。B 類品項佔 30% 的總品項，其佔 20% 的價值（或銷售總額）。此類商品的管理方法為採用一般程度的存貨管制策略，以定期（價格較高的品項）或定量（價格較低的品項）法混合採購，實施每季或每半年盤點，並依其使用頻率彈性調整。

㈢ C 類存貨

如圖 11-7 所示之 C 為數量多、價值低的品類。C 類品項雖佔 50% 的總品項，卻只佔 10% 的價值（或銷售總額）。此類商品的管理方法為採用請購點訂貨、節省管理手續；進出倉庫手續簡便；安全庫存量較多、每次訂購量也較大，以節省運費及管理費；存放在倉庫之次要位置或倉庫外；每年一次以目測或比重換算實施盤點即可。

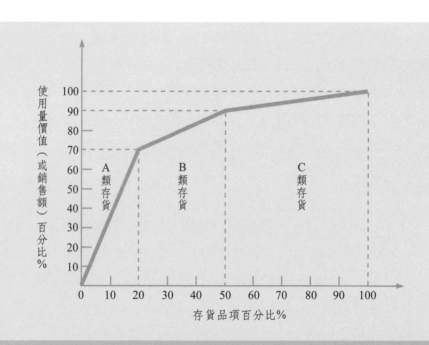

圖 11-7　ABC 分析曲線圖

㈤安全庫存量

　「**安全庫存量**」為每日平均銷售量乘以訂貨到送達之前置時間。例如，賣場每日銷售包裝米 50 包，而訂貨到送達時間需要 2 個工作天，則該賣場包裝米的安全庫存量為 100 包。

安全庫存量公式

安全庫存量＝每日平均銷售量×前置時間（天）

安全庫存量
為每日平均銷售量乘以訂貨到送達之前置時間。

學習評量及分組討論

1. 請舉例說明商品大分類的分類原則？

2. 商品中分類都依照什麼原則來區分？

3. 何謂「商品條碼」，其功用為何？

4. 何謂「條碼符號」，目前國際標準的條碼符號有哪幾種？

5. 條碼系統對零售業者有哪些應用效益？

6. 為達到訂貨作業的效率化，訂貨計畫應該包含哪些項目？

7. 當訂貨計畫不夠周詳，常會衍生哪三種不良情況？

8. 請簡述進貨作業過程及注意事項？

9. 影響消費者價格敏感度的因素有哪些？

10. 「商品陳列上架」的主要原則為何？

11. 請說明「定量訂購法」與「定期訂購法」的差異？

12. 何謂「經濟訂購量模型」？

13. 以小組為單位，討論賣場定價時的完整步驟，其必要性為何？

14. 以小組為單位，舉例討論 15 種的賣場定價策略與技巧？

15. 以小組為單位，舉例討論 ABC 分析法應用在賣場的存貨管理？

第十二章

賣場服務管理

學習目標

1.瞭解服務的特質。

2.熟悉收銀服務的作業規範，及學習賣場的
　服務禮儀與常用術語。

3.瞭解服務產業的競爭環境，探討有效的競
　爭策略。

4.學習如何運用回復策略來留住顧客。

第一節　服務管理的基本理論

當 1980 年代在先進國家開始實施品質運動後，多數的消費者、學術界人士及大眾媒體才意識到產業整體服務品質並不理想，經理人也感受到服務改善是贏得顧客滿意度的要項，更是提升企業競爭力的利器。在這時期，隨著社會環境的改變，服務產業也逐漸提升其在經濟體系的地位，在經濟生活中扮演著重要的角色。

我國在 1980 到 1990 年代期間，也積極推動品質運動，然而卻僅著重於製造產業。直到 90 年代後半期，隨著服務產業的發展，服務管理才逐漸被重視，始被納入品質管理的議題。從此，不僅民營企業致力於服務品質改進，公營機構和政府行政部門更有不錯的服務滿意度成績。在 2004 年後期，我政府正式宣示服務產業是未來國家經濟的主要發展政策，更要將目前的 52%就業人口提高到 2008 年的 70%。另外，教育主管單位也在此時明示將服務管理列為大學院校的重點教育。由此可見在二十一新世紀裡，服務管理在社會生活中的重要地位。

壹、服務的特質

任何一個群體組織投入人力、原物料、資金、設備、技術及資訊等多種資源，再透過可增加其價值的處理過程，最後轉變為有形的產品或無形的商品。其中無形的商品就是所謂的服務，而此服務是用來增加人們的生活價值。

「**服務**」是一種行為、行動或是表演，它可定義為能夠產生時間、地點、形式、或者是心理上效用的經濟活動。在ISO9000 系列標準中，服務被定義為：「服務是為滿足顧客的需要，在與顧客的接觸中，服務提供者的活動和活動的結果」。進一步在品質管理和

服務
是一種行為、行動或是表演，它可定義為能夠產生時間、地點、形式、或者是心理上效用的經濟活動。

品質體系要素當中，對服務定義附有如下註釋：

1. 在接觸中，服務提供者和顧客可由人員和設備代表。

2. 對提供一項服務來說，與服務提供者接觸的顧客的各種活動可能很重要。

3. 實體產品的提供可能成為服務的一部分。

4. 服務可以與實體產品的製造和供應結合起來。

從上述得知，服務很清楚的被定義是一種活動和結果之後，為了贏得顧客的最高滿意度，服務提供者應瞭解服務本身所具有的以下特質，以規劃提供更完善的服務來滿足需求者。

一、服務的無形性

相對於實體產品，服務是一種**無形（Intangibility）**的表徵，它摸不到、聞不著、也無法陳列和品嚐，因此消費者無法確實「掌握」服務，只能憑個人感覺來體會服務的存在。例如，當我們進到實體賣場，可以從陳列架上接觸及選購所需要的商品，最後擁有所購買的商品。但是，同時間我們只能感受這賣場的販促氣氛好不好，服務人員的態度是否親切，而無法將他們表現的行為舉止帶走。

由於服務的無形性，需求者在消費時不易比較服務的好壞，僅能事前透過口碑得知服務的差異性。例如，我們無法在進入餐廳後先瞭解或比較其服務再消費，只能從親朋好友口中得知餐廳的服務品質再決定前往消費。

服務為了呈現出更具體化，常須結合有形的設施和實體物品來執行，但其本身則不是實體的。例如，餐廳服務的一部分是有形的裝潢設施和所提供的菜色。另外，很多的服務是經由專業的媒介來傳遞給消費者或需求者，例如，醫師、律師、教師、顧問師、代書等都是藉由專業知識及技能來執行對顧客或需求者的服務。

服務的無形性
相對於實體產品，服務是一種無形（Intangibility）的表徵，它摸不到、聞不著、也無法陳列和品嚐，因此消費者無法確實「掌握」服務，只能憑個人感覺來體會服務的存在。

二、服務的不可切割性

服務的**不可切割性**（Inseparability）可從兩種類型來探討。第一種類型為生產與消費的不可切割性，任何一項商品都有生產與消費兩個階段，實體商品通常是在工廠製造完成後，再經由通路賣場銷售給顧客，其生產與消費大都屬於分開的時段和地點。而無形的服務，其生產與消費常是在同一地點與時間發生，所以其生產與消費具有不可切割的特質。

第二種類型為提供者與消費者的不可切割性，當實體商品在工廠被生產者製造時，顧客是不用參與製造過程的。然而，大多數的服務產生時，提供者與消費者需要共同參與才能製造服務商品。在此，我們舉個例子來說明以上兩種類型，如洗髮精（屬於實體商品）必須在化學工廠由生產者完成製造，消費者再經由配銷通路自行前往選購，其生產與消費的時間和地點是分開的，消費者也不需要參與生產者的製造過程。而洗髮是屬於一種服務商品，此服務的產生必須在同一時間與地點發生，且提供者與消費者也必須一起參與，否則是無法產生此洗髮服務，所以它具有生產與消費不可切割的特徵。

服務的不可切割性
1.生產與消費的不可切割性。
2.提供者與消費者的不可切割性。

三、服務的不易保存性

服務是一種行為、活動及結果，其無法先被製造成實體物品，加以陳列或庫存等待銷售，所以它具有**不易保存性**（Un-preserve）。服務產生當中也同時在進行消費行為，而當消費結束時，服務也消逝了。就像上述例子，當洗髮服務產生時，顧客也正在進行消費行為。而此服務不能事先製造保存，等待顧客頭髮亂了或髒了再來取用，必須顧客有了需求就光臨髮廊與提供者進行服務的產生。又如賣場收銀員上全天班，不能將比較空檔的低峰時段保存下來，挪至隔日使用。

服務的不易保存性
服務是一種行為、活動及結果，其無法先被製造成實體物品，加以陳列或庫存等待銷售。

四、服務的多變性

服務的多變性
主要是服務容易受到多
種因素的影響,造成品
質的不一致性。這些因
素包括服務環境好壞、
提供者與需求者的認知
差異等。

服務的多變性也稱之為**異質性**（**Heterogeneity**）,主要是服務容易受到多種因素的影響,造成品質的不一致性。這些因素包括服務環境好壞、提供者與需求者的認知差異等。服務環境就好比賣場的設施及販促氣氛規劃,如良好的停車場規劃、適度的冷氣空調、適當的音樂曲調、有效的POP廣告、完善的賣場安全及清潔衛生管理等都能提高服務品質;反之則會降低服務品質。提供者的影響因素有專業知識與技能、服務流程設計、個人的情緒表現等。然而,即使提供者按照標準化流程呈現頗具水準的服務,若因面對不同顧客對服務員的言行舉止、專業知識技能等服務的需求標準或認定程度不一時,難免會產生不滿意的顧客印象。另外,不同的服務時間、服務人員,或不同的服務心情,都有可能表現出不同的服務水平。

從以上的影響因素,不難發現服務的不一致性之主要原因,在於整個提供到消費過程都高度依賴人力。它不像實體產品可藉由機器,明確的設定品質條件與告知品質的認定標準。所以,在不易掌控服務的多樣化之情況下,為力求顧客滿意度與維持消費者對服務商品的信心,服務業者除了盡力規劃較穩定性的條件之外,尚應深入探討與調整不穩定性的因素,以達到可與實體商品相比擬的品質管理能力。

第二節 收銀服務管理

現代化賣場大都已經規劃為自助式販售型態,消費者可以隨意參觀比較,挑選最適合的商品,再到收銀台結帳。顧客在賣場裡除

了需要解說員的服務之外，所接觸到的唯一賣場人員可能只有收銀員。換句話說，顧客與賣場人員的互動幾乎是只有發生在收銀工作區，因此收銀員的行為表現等於代表了賣場的經營形象，由此可見收銀管理作業的重要性。

　　整體性收銀服務的完善與否，足以影響顧客重複消費的意願。因此，「**收銀員的工作任務**」除了收銀作業之外，還包括著服務禮儀、資訊管理、情報提供與活動推廣、抱怨處理、失竊防範等多項賣場管理要項。也唯有做好這些賣場門面工作，才能提升顧客服務品質和賣場經營形象，確保顧客再次光臨惠顧的機會。

收銀員的工作任務
除了收銀作業之外，還包括著服務禮儀、資訊管理、情報提供與活動推廣、抱怨處理、失竊防範等多項賣場管理要項。

壹、收銀作業

　　收銀作業範圍從作業規定到作業稽核，都應有明確的規範可遵照執行，才不會造成服務及管理的缺失。這些規範涵蓋收銀作業規定、收銀作業流程、收銀排班及交接班作業管理等。

一、收銀作業規定

　　為了確保收銀管理的安全性，及避免不必要的舞弊誤會，收銀人員應該遵守以下的收銀作業規定：

1. 收銀員值勤時，應將私有現金寄存公司會計部門，身上不可攜帶任何現金，避免與公款混淆，造成誤會與結算困擾。另外，除茶水之外，收銀台不可放置任何私人物品。
2. 收銀員值勤時，應專注工作，不可閒聊嬉笑，並隨時機警注意任何動態，以防範狀況發生或及時處理。
3. 收銀員不可任意打開收銀機點算金錢，避免舞弊嫌疑和安全缺失。
4. 收銀員應熟悉賣場各項政策、銷售活動、商品資訊及其他相關訊息，以能及時回答顧客問題，並主動將相關訊息告知顧客。
5. 收銀員不可為親朋好友結帳，避免發生舞弊誤會。

6. 收銀員值勤時,不可擅自離開崗位。如須離開收銀櫃台,應依照賣場規定報准,得有代理人或將「暫停結帳」排示告知顧客。暫停結帳時,應將收銀機安全上鎖,並以鍊條封鎖結帳通道,明示顧客由其他櫃台結帳。

7. 確實遵守賣場之結帳規定,達到正確、迅速的結帳服務,以贏得顧客的信任度。

8. 收取大鈔時,確實按照辨識步驟加以判別真偽。

9. 裝置收銀機發票時,收執聯和存根聯必須有一致的號碼,其位置不可錯誤,並且依照順序使用。

10. 結帳時應確認商品價格,如發現有誤差時,應立即查明並向顧客解說清楚。

11. 收銀員不可答應兌換金錢之要求,避免遭受詐騙損失及影響賣場的現金控制。

12. 收銀員應遵守賣場的折扣政策及優待對象,嚴格禁止私自折扣或優惠。

二、收銀作業流程規範

收銀作業雖然繁雜,但是如能按照表 12-1 所示營業前、營業中、營業後之流程規範來執行,可確保收銀工作順利,提升收銀服務品質及營運效率。

三、收銀排班及交接班作業管理

賣場收銀服務是直接面對每一位顧客的服務產出,服務提供者自是不能缺席或過勞,以免造成產能失衡及重大服務缺失。為了維持收銀服務產能的平衡及提高收銀服務品質,收銀排班及交接班管理應明訂有效可遵守的作業規範。

🏷 表 12-1　收銀作業流程規範

營業前收銀作業規範：

1. 整理收銀作業區之收銀機、收銀台、服務台、包裝台、端頭架、桌上架、購物車籃等設施，及作業區四周環境清潔工作。
2. 補充收銀區必備物品，包括統一發票、空白收銀紙、包裝紙、購物環保袋、商品相關備品（如吸管、筷子）、文具、抹布、點鈔油、結帳現金袋、交班記錄表、告示牌（如暫停結帳牌）等。
3. 補充端頭架及桌上架之商品。
4. 準備找錢用的定額硬幣及紙鈔，依序置妥於收銀機內。
5. 檢驗收銀機之發票收執聯和存根聯的裝置、號碼、日期、程式設定、統計數值等是否正確。
6. 檢驗發票列印機、條碼感應機、顯示螢幕、鍵盤、刷卡機等操作正常。
7. 檢查收銀人員之服裝儀容和服務禮儀訓練。
8. 熟記當日之賣場活動內容，並確認變價商品及特價品之價格和販促位置。

營業中收銀作業規範：

1. 招呼問候顧客。
2. 仔細為顧客作結帳服務。
3. 小心有序地為顧客作商品入袋或放置購物車籃之服務。
4. 特販作業如折價券、現金抵用券、贈品、點券、折扣等作業的處理。
5. 在收銀空檔時應補充收銀區之各項必備物品和商品、補充零錢、整理退貨及收銀區環境。
6. 處理顧客作廢的發票。
7. 處理顧客抱怨及回覆顧客之相關詢問。
8. 交班結算作業。

營業後收銀作業規範：

1. 整理當日所有作廢的發票。
2. 整理當日各種優惠點券。
3. 結算當日營業總額。
4. 整理收銀櫃台及周圍環境。
5. 關閉收銀機電源並蓋上護套。
6. 協助整理擦拭購物車籃及賣場善後工作。

　　「**收銀排班作業**」應依據勞基法相關規定，配合賣場營業時間及情況，將編制內的收銀服務員予以輪班及輪休安排，提供顧客最佳的服務。安排輪班作業時，必須考慮賣場營業的時間長短，作為排班班次的主要考量因素。接著考慮不同時段的來客數，以便在尖峰時段安排較多的服務人力，紓緩顧客久候結帳的壓力。同時考慮假日、節慶及促銷期的營業狀況之需，以利提早調整輪班及輪休作業。另外，為配合營運需要，可考慮在營業尖峰時段或期間，彈性

收銀排班作業
應依據勞基法相關規定，配合賣場營業時間及情況，將編制內的收銀服務員予以輪班及輪休安排，提供顧客最佳的服務。

安排兼職人員負責部分簡易的收銀作業。總結所有排班因素之後，
服務經理人即可以一週或一個月為基準，擬定「收銀服務人員排班
表」，並張貼公布，確實按表實施。

「**交接班作業**」著重在現金交接、商品和物品交接、及賣場狀
況瞭解。兩班人員除了自我管理之外，更應幫忙檢視、提醒對方的
作業疏忽，避免造成賣場的管理缺口。此作業流程涵蓋交班前、接
班前及交接班等作業事項。

「**交班前作業**」有：(1)當班收銀員準備下班前，應將必備物品
及商品補齊；(2)清潔、整理收銀區環境；(3)備妥交班金及零找金；
(4)填寫收銀員日報表及交班簿等事項。

「**接班前作業**」有：(1)簽到並詳閱交班簿；(2)檢查監視器並換
裝錄影帶；(3)檢視上一班人員之環境清潔工作及補貨作業是否完
成；(4)清點商品及備品並簽名記錄等事項。

「**交接班作業**」有：(1)相互清點交班金及零找金；(2)由接班人
員按確認責任鍵；(3)交班人員將實收現金投入金庫並記錄之；(4)兩
班人員相互溝通，瞭解收銀情形及賣場狀況；(5)交班者檢視接班者
之服裝儀容；(6)接班者檢查交班者之皮包及手提袋等事項。

貳、服務禮儀

「**收銀區的禮儀**」是從事服務產業人員的基本條件，尤其在零
售賣場更是建立與顧客之間良好關係的要素，使顧客對賣場留下好
的印象。這些基本條件包含合適的服裝儀容、服務態度和賣場用
語、熟練的操作技巧等。

一、合適的服裝儀容

收銀人員的「**服裝儀容**」以整齊清潔、簡單大方，並能表現出
親切有朝氣為原則。茲將服裝儀容應注意之事項明列如下：

1. 穿著合身得體的服裝或賣場規定的制服，衣服、鞋襪、領結

交接班作業
著重在現金交接、商品
和物品交接、及賣場狀
況瞭解。

收銀區的禮儀
是從事服務產業人員的
基本條件，尤其在零售
賣場更是建立與顧客之
間良好關係的要素，使
顧客對賣場留下好的印
象。

服裝儀容
以整齊清潔、簡單大方
，並能表現出親切有朝
氣為原則。

等必須保持一致且維持整潔不起皺。

2. 將員工識別證及服務臂章一致配掛在明顯的固定位置。

3. 頭髮應梳理整齊，避免蓬散、過長、油膩、頭皮屑或過度染色，髮型以自然清爽為原則，勿過度誇張創意。

4. 適宜的淡妝可以顯得更有朝氣。切勿濃妝豔抹和配戴太多的首飾，以免造成與顧客的距離感。尤其避免不當的穿飾，如穿鼻飾、眼皮飾及嘴唇飾等。

5. 上班前將牙齒刷乾淨並避免口臭，同時修剪鼻毛。

6. 適度的口紅或護唇膏。

7. 修剪指甲，勿塗抹太過鮮豔的指甲油，並且隨時保持雙手乾淨。

8. 檢查是否配戴服務名牌、手帕、便條紙、相關文具用品等。

9. 穿著得體舒適的鞋子並保持鞋面整潔光亮，切勿穿著鞋跟太高的鞋子，以免站立時過度勞累。

二、服務態度和賣場用語

賣場在商業環境的激烈競爭之下，提升服務品質已是經營優勢的基本條件。收銀員應隨時面帶笑容，主動和禮貌的服務及協助顧客，且在不影響作業範圍內與顧客作適度的交談互動，使顧客能在購物之餘，感受到親切友善的服務氣氛。以下將說明收銀員在服務態度和禮貌性用語表現時應注意之事項：

1. 隨時保持微笑，禮貌親切且真誠的對待每一位顧客。

2. 顧客若有不解或誤解之處，應耐心委婉地詳加解說，切勿怒斥與顧客辯解。

3. 在營業時間內，無論處於任何買賣情況之下，都應控制自己的情緒，保持冷靜與機警，適時請求相關同仁支援處理，避免與消費者發生衝突。

4. 第一時間接觸顧客時，適度使用問好用語，如歡迎光臨、早安、先生／小姐您好等，無須大聲吆喝或提高音量以避免產生負面效果。

5. 協助顧客找商品及解答問題時使用「是的、好的」、「我明白了」、「請稍等」、「讓您久等了」、「不好意思，讓您久等了」。

6. 進行結帳時使用「歡迎光臨」、「請」，避免結帳同時與顧客交談，以免發生帳目錯誤。

7. 結帳時應讀出商品名稱、數量與金額。

8. 金額統計完應讀出總額，金錢交付往來時應告知顧客「收您××元」、「找您××元」、「謝謝您」。

9. 結帳後應說「謝謝您，歡迎再光臨」。

10. 使用以上禮貌用語時，務必親切、誠懇、微笑，不可流於公式化而面無表情。

三、熟練的操作技巧

大部分的顧客都希望在選購之後，儘快結完帳離開賣場，不希望排隊等候太久。因此，收銀員必須有如下的熟練收銀動作，充分掌握作業技巧，正確又快速的完成收銀作業。

1. 快速的商品分類及條碼掃瞄作業。

2. 收銀機的熟練操作。

3. 熟練的刷卡作業。

4. 正確而快速的裝袋服務。

5. 現鈔的真偽辨識。

6. 正確無誤的找錢服務。

參、資訊管理

銷售情報管理系統
是藉由收銀時的銷售資料輸入，自動存檔並分析賣場營運相關資訊，以供擬定銷售計畫及營運決策之依據。

現在較具規模的賣場或連鎖商店都已使用 **POS**（**Point of Sale**）「**銷售情報管理系統**」，其主要藉由收銀時的銷售資料輸入，自動存檔並分析賣場營運相關資訊，以供擬定銷售計畫及營運決策之依據。所以，收銀員在作業時務必遵照相關規定及專業技能來執行。

這些情報系統資訊包括銷售日報表、商品銷售排行表、存貨紀錄表、促銷成效表、顧客意見表、顧客年齡層、顧客性別層等。從以上資訊，管理者可清楚得知營業額、銷售量、銷售比率、來客數及客單價、毛利率、商品迴轉率、暢銷品與滯銷品、促銷結果、顧客抱怨程度與頻率及市場區隔等，以作為日後目標設定與策略運用之參考。

肆、情報提供與活動推廣

收銀管理作業常常需要扮演行銷組合的推廣角色，例如，將新產品資訊告知顧客、協助促銷活動的推展進行、提醒顧客相關的優惠事項、回答相關的商品情報或流行趨勢。顧客常經由收銀員適當的告知、推廣或解說，而提高其購買意願及對賣場的信任度。

伍、失竊防範

賣場商品失竊行為雖大都發生在陳列區，然而有時管理人員欠缺具體的證據時，不能輕率懷疑顧客，而必須配合收銀員的察覺防範。例如，當收銀員接獲可疑告知時，應注意並確認消費者之偷竊商品未經付帳即行離開，等其要離開賣場時應予以揭發並呈上處理。另外，收銀區最容易發生詐騙及搶劫事件。詐騙行為可藉由平常的教育訓練和狀況模擬來加以防範，如使用驗鈔筆按照驗假鈔要點，詳細檢查大鈔。還有事先模擬可能的詐騙手法，加以因應演練。至於搶劫事件大都為突發狀況且讓人措手不及，除裝設保全系統之外，收銀人員應隨時保持警覺性，尤其當夜班、來客數少的時段，更應注意店面閒逛者的舉動。賣場應隨時保持內外的明亮度，以降低歹徒行搶的動機。若真發生搶劫意外，應先顧及人身安全並迅速按警鈴，通報相關單位。

賣場商品失竊行為雖大都發生在陳列區，然而有時管理人員欠缺具體的證據時，不能輕率懷疑顧客，而必須配合收銀員的察覺防範。

第三節 | 服務競爭策略

壹、瞭解競爭環境

根據 Michael E. Porter 在定義競爭環境時所提出的新進入的競爭者、替代品的威脅、買方的議價能力、供應商的議價能力、現存競爭者的競爭程度等五種力量。賣場在經營上為求不被淘汰,著實應運用此五力分析,深入瞭解現有商圈的競爭條件及潛在的競爭環境,發展組織有效策略以回應競爭環境和競爭者,不斷提升經營競爭優勢。

「**新進入者的參與**」常帶入新的競爭條件和產能,如新產品、新設備、新技術與更好的新服務,這些條件的引進都是現存企業需要面對挑戰的的競爭力量,這挑戰隱含著現存企業有可能面臨顧客流失、市場佔有率降低及獲利減少等經營壓力。例如,當 SOGO 百貨公司引進更多的新商品和新穎設備,及提供更好的顧客服務進入高雄三多商圈,隨即形成新光三越百貨公司的經營威脅。

「**替代品的威脅**」是競爭者以相同基本功能的服務商品滿足顧客的需求,構成原服務組織的主商品之銷售威脅。尤其差異性不大或附加價值不高的服務,競爭者很容易推出新替代品或增加輔助服務,以取代原服務商品。

「**買方的議價能力**」也就是當顧客不斷的尋求較低價格、更高的品質和更多更好的服務時,會造成的產業組織間的競爭壓力,同業之間彼此相互抗衡。如果大多數顧客所尋求購買的商品是產業組織的主力商品時,此衝擊更會提高競爭力量。例如,當大多數的消費者都在尋求更新鮮價廉與便利的生鮮食品時,生鮮超級市場勢必掀起一陣「搶鮮優惠」大活動。

「**供應商的議價能力**」係指上游廠商對下游產業提高供給條件，造成產業組織的經營壓力。此條件可能是提高供應價格、提高付款標準、降低產品品質或延長配送流程等，都足以構成經營威脅。另外，在高人力依賴度的服務產業，若是工會組織提高談判籌碼，也將嚴重影響服務組織的正常營運。

「**現存競爭者的競爭程度**」之原因包括實力相當的主要競爭者、產業成長緩慢市場被瓜分、高的固定成本、缺少差異化、高比率的重疊商品、競爭者產能大增、高出口障礙形成內銷競爭等。這些原因可能衍生多種的競爭形式，包含價格競爭、強勢廣告與促銷活動、新商品導入、加強品質保證、擴大服務範圍或提高服務品質等，使競爭程度不斷提升。

除了以上五種主要競爭原因之外，尚應瞭解產業低進入障礙、小型經濟規模、不規則的銷售波動、顧客忠誠度、政府管制的障礙等造成服務業激烈競爭的多重要因，以為擬定有效的競爭策略作正確評估。

貳、一般性競爭策略

服務組織的策略發展應該清楚衡量內部的能力與資源，同時評估產業中的機會與威脅，並考慮內外在環境的相互關係與社會大眾的期望。綜合這些相關因素，始能確認並選擇可行的策略形式。Michael E. Porter 在其達成競爭優勢的研究中，即確認「成本領導者」、「差異化」與「集中化」等三種明顯不同的競爭策略，稱之為「**波特的競爭策略**」（**Porter's Competitive Strategies**）。

一、成本領導者策略

「**成本領導者策略**」（**Cost-leadership Strategy**）是產業中的成本領導者都會強化具有經濟規模且高效率的產出設施和創新技術，並嚴格的控管成本效益，使低成本優勢成為市場侵略與防禦競爭的

供應商的議價能力 係指上游廠商對下游產業提高供給條件，造成產業組織的經營壓力。

現存競爭者的競爭程度 包括實力相當的主要競爭者、產業成長緩慢市場被瓜分、高的固定成本、缺少差異化、高比率的重疊商品、競爭者產能大增、高出口障礙形成內銷競爭等。

成本領導者策略 是產業中的成本領導者都會強化具有經濟規模且高效率的產出設施和創新技術，並嚴格的控管成本效益，使低成本優勢成為市場侵略與防禦競爭的利器。

利器。如果產業中的組織呈現高成本與低效率的產出狀態，將會在此競爭策略中遭受嚴重的打擊。實行低成本策略必須注入大量的資金，而且短期間無法回收，必須暫時的損失利潤以取得市場佔有率。同時要積極擬定有效的定價策略，配合配銷系統及相關推廣活動，以爭取市場契機，甚而引導業別革命。取得低成本領導者地位的方法有尋找低成本客戶、將服務具體標準化、降低服務提供的人力成本、降低服務傳遞（或通路）成本、力求服務營運非現場化、提高電子化服務供給、善用資訊科技縮短服務流程等幾種，服務組織視時機與評估加以運用實施，當可形成此策略優勢。

二、差異化策略

「**差異化策略**」（**Differentiation Strategy**）是將服務組織的企業形象、產出技術、商品特色、品牌形象、顧客服務、實體環境、傳遞流程等優於競爭者的獨特效能，呈現於供給市場，使顧客感受到此組織所提供的是競爭者無法比擬的獨一無二服務。採用差異化策略應建立在顧客的忠誠度與合理成本基礎上的獨特性，不可為求差異化而忽視成本控制。建立差異化策略的實行方法如降低顧客的風險感覺、將標準商品個性化、使無形服務具體化、著重員工教育訓練、實行全面品質管制等幾種，服務組織當採取多種措施來達到差異化目標，贏得顧客最大忠誠度。

三、集中化策略

「**集中化策略**」（**Focus Strategy**）是服務組織全力服務於一個較集中的目標市場，比分散致力於多方市場來得有效能和效率。在較集中的市場，服務組織可以提供品質穩定、優勢的價格與傳遞流程，滿足顧客需求，達到差異化的目的。集中化策略實際上是成本領導者策略和差異化策略，在某一個區隔市場中的具體定位表現，所表現的形式有成本集中和差異化集中兩種。成本集中和差異化集

中與成本領導者策略和差異化策略的差別是，前兩者在產業市場範圍是相當有限，而後兩者則包括了整個產業或產業的大部分。因此，任何成功的集中策略，所定位的目標市場必須是競爭者所忽略或顧及不到的市場，針對這樣的市場採取成本集中或差異化集中策略，才能發揮攻擊效果，獲得競爭優勢。

參、有競爭力的服務策略

「**服務策略的目的**」是為滿足顧客的需求，或為顧客提供某種利益、產生對顧客所認知的價值。當顧客對服務的認定價值越高，給付的價格也越高，相對的顧客滿意度就會提升，對服務組織的未來發展更具有競爭力。因此，形成有競爭力的服務策略，已是服務組織除了考量一般性競爭策略之外的必要謀略。

一、策略性服務願景的要素

策略性服務願景的要素包含目標市場區隔、服務概念、營運策略、服務傳送系統等四項基本要素，及定位、價值／成本的槓桿作用、策略／系統整合等三項整合要素。

(一)基本要素

基本要素的開始是「**目標市場區隔**」（**Target-market Segmentation**），其根據地理位置、人口統計、心理統計等相關可供區隔條件，識別區分具有相同特性、需求、消費行為和購買模式的顧客群，針對這些非常異於其他區隔的顧客，試想該提供什麼服務、用什麼方式、由什麼人去執行，以滿足這顧客群體。

接著以服務組織明確認知「**服務概念**」（**Service Conception**），其必須依照對顧客所提供的利益、對員工所執行的成果、對組織所經營的行業來定義服務的觀念。定義時應該適度著眼於未來技術流程提升、消費模式改變、資訊科技進步及其他相關機會所衍生的市

服務策略的目的
是為滿足顧客的需求，或為顧客提供某種利益、產生對顧客所認知的價值。

目標市場區隔
識別區分具有相同特性、需求、消費行為和購買模式的顧客群，針對這些非常異於其他區隔的顧客，試想該提供什麼服務、用什麼方式、由什麼人去執行，以滿足這顧客群體。

服務概念
必須依照對顧客所提供的利益、對員工所執行的成果、對組織所經營的行業來定義服務的觀念。

場擴展。要注意的是,不可太過於廣泛定義,以免超出服務組織的
能力與財力範圍,導致反效果。同樣地,也不可太過狹隘的定義,
以免暴露組織型態,遭受競爭者或相關產業突如其來的攻擊。

「**營運策略**」(**Operational Strategy**)是服務組織一系列的計
畫和政策。策略範圍包括人力資源、財務管理、行銷管理、產出及
研發等營運功能,其掌握著人事組織政策、品質與成本的控制、投
入與產出的平衡作用。

「**服務傳送系統**」(**Service Delivery System**)是服務組織在服
務產出與銷售過程如何計畫經營,其設計必須達到顧客滿意的最大
值,且不易被複製,足以構成潛在競爭者的障礙。因此,系統的設
計必須考慮到服務提供者的工作描述和顧客參與期間所扮演的角
色,同時還要藉由相關硬體設備、技術及實體環境的輔助搭配,始
能設計出良好的服務傳送系統。

㈡整合要素

整合要素的開始為定位問題。服務組織如何將其營運功能有異
於競爭者,稱之為「**定位**」(**Fixed Position**)。組織定位時要先對
顧客需求及組織能力有明確的認知,更應深刻瞭解競爭者的營運能
力及服務供給策略,以求知己知彼。從認知與理解的要素當中,尋
求發展符合目標市場的服務概念,擬定具競爭力的服務商品、傳遞
系統、成本控制、推廣活動、配銷通路等策略,以達到獨特性的競
爭優勢。

「**價值/成本的槓桿作用**」(**Value and Cost Lverage**)是當需
求者對服務商品的認知附加價值遠超過提供者的產出成本。如此,
服務組織可獲得高於競爭者的利潤。然而,要創造比競爭者還高的
附加價值,勢必要定位及設計良好的服務概念與技術,以提供顧客
更獨特的利益。此概念與技術有如嚴格控管服務過程的品質、增加
個性化商品的特色,並加以標準化、掌握需求與供給的平衡,及肯
定並提高顧客的參與度,都是可創造高附加價值的戰略。

「**策略/系統整合**」(**Strategy and System Integration**)是將

營運策略和傳遞系統結合成有系統性的整體。服務組織經由人力資源管理，設計出高價值服務和效率化的過程，並藉由可行的戰略與設備輔助，使營運策略和傳遞系統達到最好的協調性。在整合的過程當中除了滿足顧客之外，也同時提供合理報酬及升遷制度獎勵員工，達到相輔相成的整合效果。

二、留住顧客策略

服務組織要留住顧客，應先在組織內實行服務品質缺失管理，營造全面的零缺點文化，確實改善服務缺失。然後與顧客建立起夥伴關係，強化顧客對組織的忠誠度。運用服務保證方式，讓顧客對所提供的服務商品有足夠的認同感，提升對組織的高度信任。

㈠缺失管理

「**缺失管理**」是致力於尋找顧客有可能流失的原因，以持續改進服務提供系統，將未來的服務缺失降到最低。如同製造業實施品質零缺點管理一樣，服務業在此方面也力求完善。然而不同的是，製造業有明確的產品規格與標準，有可能盡力的達到零缺點目標。但是，由於服務業產品的無形性與異質性，每個顧客對品質有不同的期望與要求，造成服務產品的品質無法完全標準化，要達到零缺點管理的目標就顯的更困難。因此，為了克服這一困難，則需要分析顧客流失的原因，再針對這些原因施予有效的管理方法，力求零缺點服務目標。

通常導致顧客離開的原因可歸類價格、品質、服務、市場等幾方面。當顧客沒有高度的忠誠度時，很容易轉向低價格的提供者。若是服務組織所提供的品質低落或不如顧客的預期，也是造成顧客流失的原因。另外，當新的服務組織能夠提供更好、更有附加價值的服務時，也會導致顧客流失。最後的顧客流失原因是市場因素，如顧客遷址、顧客對提供者的認知及消費行為改變、商圈結構變動、提供者對市場的重新定位、市場策略或業務失敗等。

分析得知顧客流失原因以後，可進行以下的方式管理，加以持續改善，達到零缺點目標。首先必須與組織內部員工充分溝通，要對服務零缺點有完全的認知，並言行一致的執行改善工作。接著營造服務零缺點文化，加強缺失管理的教育訓練，培訓員工有能力蒐集市場資訊和掌握顧客動態，並鼓勵對資訊擬出因應對策。然後訂定獎勵制度，獎勵員工為留住顧客所做的努力，降低服務缺失比率。另外，設定顧客離開的轉換成本，可提高顧客變換提供者的障礙，降低顧客流失率。

總而言之，「**缺失管理的原則**」在於顧客流失之前留住顧客，且從已流失的資訊獲得有效的改善方法。其關鍵是使顧客流失的因素可事先測量並預防管理，營造零缺點文化，力求留住顧客為主要目標。

㈡建立顧客忠誠度

賣場藉由服務行銷的推廣策略，試圖與顧客發展正式而持續的關係，以建立顧客忠誠度。忠誠度一旦建立，可確保賣場較長期的營運收益，並且避免潛在利益的損失。而維持這種關係最有效的方法就是實施會員制度，會員制度可讓主要支持者和服務組織在相互信任與尊重的基礎上，形成更好的夥伴關係。

大多數賣場都是屬於零售經營型態，與顧客的交易是屬於分散型態，無法像產業行銷與顧客建立經銷或簽約制度的固定型態。所以，管理者更應努力與顧客建立關係，力求交易的穩定性，像是在開幕時就藉由促銷活動建立會員制度，將主要顧客的需求與喜好記錄備檔，以盡力做到顧客化服務，及推測顧客未來的需求。

當賣場擁有一定的顧客會員基礎時，可實行會員回饋計畫，將交易行為轉換成長期且契約式的定型化關係，形成更高的忠誠度。高忠誠度的顧客群就如同穩固的目標市場，不僅提高競爭者的進入障礙，對於賣場執行各種行銷策略都有事半功倍的效果。

(三)服務保證

「保證」原是製造廠商對所提供的有形產品品質給予顧客的一種有效信任與承諾的策略，產品有了明訂範圍的保證之後，會提高顧客對產品的信任度與購買意願，也提升廠商正面的經營形象。當此策略被運用在服務產業，便是服務組織對顧客所承諾的服務商品品質保證，我們稱之為「**服務保證策略**」（**Service Guarantee Strategy**）。服務組織透過服務保證策略，可以達到留住顧客、穩固市場佔有率及迫使企業改善服務品質的目的。

服務保證策略
是服務組織對顧客所承諾的服務商品品質保證之策略。

有效成功的服務保證並不是毫無限制的承諾，也不是只承諾不履行的口號，而是在滿足必要及顧客需求條款的要求下，能夠合理適時的提出兌現。因此，提出保證時應該考慮如下問題：(1)保證事項很瑣碎；(2)保證事項很含糊；(3)保證事項是可預期的；(4)無限制的索賠保證；(5)保證事項趨於口號，不可能發生。

常用的服務保證方式有「口頭保證」、「特定保證」、「無條件保證」等三種。「**口頭保證**」是一種非書面化的承諾，當服務組織具有良好的信譽及口碑，且保證策略有需要靈活調整時，可實施此種保證方式。「**特定保證**」是服務組織在特定範圍的條件下，承擔保證和賠償的責任，這些條件非常明確，只使用於特定的階段和具體的結果。「**無條件保證**」是服務組織不計成本損失，對問題產生所做的完全賠償之保證。此方式是最有力的保證策略，也最容易得到顧客對商品的認同感。

常用的服務保證方式有「口頭保證」、「特定保證」、「無條件保證」等三種。

三、回復策略

顧客抱怨對任何企業組織來講是不可避免的，尤其與顧客面對面的服務業賣場，顧客抱怨的機率更高。顧客一有抱怨產生，如果得不到適時合理的回復處理，不僅不再回流消費，更會將抱怨傳播給親朋好友，影響其他消費者的購買意願，甚至會採取更嚴重的報復行為，造成賣場更大的損失。由此可知，顧客抱怨的回復策略是

何等的重要。

㈠回復方法

賣場每天面對許多的顧客,不僅要重視顧客抱怨,更要鼓勵顧客將他們的不滿提出來。如此,服務組織才可以發現經營上及管理上所存在的缺失,並且有機會重新與顧客建立良好的關係。如果顧客有不滿意的消費問題而不抱怨或得不到合理的解決,對賣場而言將會是顧客永遠流失與批評散播的雙重損失。

賣場既然避免不了顧客抱怨,就更應該去面對處理,實施合理的回復策略以挽回顧客即將失去的忠誠度。因此,實施回復策略時必須要做到鼓勵抱怨行為、營造回復策略文化、有能力向抱怨者學習。首先,提供簡便快速的顧客抱怨系統,並經常向顧客徵求意見,以蒐集處理實質的缺失問題,確保顧客滿意。接著,在企業內部實施回復教育訓練,培養員工體驗顧客的心情與感覺,並學會及時處理的因應措施,將損失降到最低。

處理顧客抱怨的具體「**回復方法**」有立即改正、折扣優惠、替換保證、發送優惠券或贈品等幾種。抱怨問題發生時,依照不同狀況需求採取適當的方法,才能達到有效的回復作用。

㈡抱怨處理方式

「**賣場常發生的抱怨**」不外乎久候結帳、買不到所需要的商品、品質問題、服務欠佳、結帳金額有誤差或誤解、收銀員或現場人員對商品資訊不瞭解、賣場安全顧慮等問題。當顧客在賣場發生抱怨時,通常都由顧客服務部門來處理。但是,很多中小型賣場都未設置此部門,且都由首當面對顧客抱怨的賣場服務人員來處理。因此,賣場服務人員及管理人員就必須具備以下抱怨處理的基本能力:

- 先安撫顧客情緒。
- 傾聽並仔細瞭解顧客抱怨的原因。
- 承認錯誤或解說誤會,不與顧客爭辯。

- 抱怨原因如屬於抱怨接收者之處理責任內，當立即按照正常手續處理補償，並向顧客道歉。
- 抱怨原因如非抱怨接收者能處理者，當立即呈報主管處之。
- 抱怨原因如非賣場責任，純屬於顧客單方問題，當立即向顧客解釋清楚，切勿置之不理。
- 讓顧客對抱怨處理的過程保持清楚的狀態。
- 表白公司重新獲得顧客的善意。

學習評量及分組討論

1. 服務提供者應瞭解服務本身所具有的哪些特質？

2. 請簡述「服務不可切割性」的兩種類型？

3. 收銀人員應該遵守哪些收銀作業規定？

4. Porter 在定義競爭環境時所提出的有哪五種競爭力量？

5. 「波特的競爭策略」是指哪些策略？

6. 建立差異化策略的實行方法有哪幾種？

7. 提出服務保證時應該考慮哪些問題？

8. 請簡述三種常用的服務保證方式？

9. 以小組為單位，舉任一服務產業或服務商品，來討論說明服務所
   具有的各種特質？

10. 以小組為單位，討論所有可能產生的等候心理認知問題？

11. 以小組為單位，討論該組所熟悉的賣場之營業前、營業中、營業
    後的收銀作業流程規範？

12. 2 人一組，模擬演練交班前、接班前及交接班等作業事項？

13. 2 人一組，模擬演練收銀人員的服裝儀容應該注意的事項？

14. 2 人一組，模擬演練收銀人員在服務態度和禮貌性用語表現時應
    注意的事項？

第十三章

賣場安全管理

學習目標

1. 瞭解生財器具設備安全事故之發生原因與預防方法。
2. 熟悉設備安全管理之要點及保養事項。
3. 瞭解賣場公共設施及消防安全設備之管理要點。
4. 學習門市安全及員工作業安全管理。
5. 知道如何防範賣場意外災害及防偷搶詐騙之事件。

第一節　生財設備之安全管理

壹、前場陳列設備安全管理

　　前場是一家賣場提供實體商品與服務的最主要區域，在這區域活動的主要對象是賣場的顧客及員工。為了提供完善的消費服務給顧客，前場就必須藉由多種不同功能的生財設備以達到此目的，如商品陳列架、置物掛勾、冷凍冷藏設備、餐飲設備、裝潢等。然而也因為這些設備上的使用，多少引起一些意外事故，常見的事故大致可歸類為動線安全、商品陳列安全、設備按裝安全、設備使用安全、裝潢佈置安全及地板安全等（如表 13-1 所示）。

一、動線安全

　　會有動線安全顧慮的賣場，通常都因事前沒有做好動線規劃，導致營業後產生動線不順暢及通道寬幅不足，而造成意外事件。**動線不順暢**容易混淆顧客的走向，形成擁擠或對撞的情況，尤其在有使用購物車的賣場，此情況會造成較嚴重的對撞傷害。**通道寬幅不足**最容易形成購物車追撞或擦撞，造成顧客受傷。通道寬幅不足的原因除了事前設計不良之外，另一種是營運期間管理不良所造成，例如，補貨人員未依規定將商品上架定位，直接置放在通道兩旁使通道寬幅變小；或者當進行促銷活動時，將通道變成特販區使用，導致顧客推擠，無法行進。

動線不順暢容易混淆顧客的走向，形成擁擠或對撞的情況。

通道寬幅不足最容易形成購物車追撞或擦撞，造成顧客受傷。

表 13-1　前場安全事故之發生原因與預防方法

前場安全事項	發生事故原因	預防方法
動線安全	1. 動線不順暢 2. 通道寬幅不足	1. 開幕前整體規劃 2. 事前適當設計，營運時妥善管理。
商品陳列安全	1. 商品陳列不整齊 2. 擺放位置太高	1. 做好商品分類計畫 2. 實施商品上架教育訓練
設備按裝安全	1. 按裝位置不正確、不穩固 2. 電線走火或漏電	1. 確實施工、試車驗收 2. 加裝金屬線槽、定期檢修
設備使用安全	1. 餐飲機器之蒸氣傷及臉部 2. 冷藏展示櫃之自動回歸門夾傷手臂	1. 先選好食品再開啟櫥櫃門 2. 先將自動回歸門定位再取物 3. 明示簡單易懂的使用說明
裝潢佈置安全	1. 不適當的設計 2. 施工不嚴謹 3. 不合格的材質	1. 規劃完整的設計 2. 要求施工品質 3. 選用合乎標準的材質
地板安全	1. 清洗後未擦乾地板 2. 補貨時沾濕地面 3. 生財設備的排給水管外漏	1. 要求清潔人員確實擦乾地板 2. 補貨時應將濕冷食品置放於盛水盤架上 3. 重新裝配水管、經常清理設備內之雜物、定期檢修管路

二、商品陳列安全

商品陳列不整齊或者擺放位置太高，容易因外力碰撞掉落或因重心不穩而倒塌，砸傷消費者或賣場員工。

陳列架設計不良，選用太高或太淺的陳列設備，極易造成貨架重心不穩。

　　商品陳列不整齊或者擺放位置太高，容易因外力碰撞掉落或因重心不穩而倒塌，砸傷消費者或賣場員工。形成商品陳列不安全的原因，主要是企劃人員沒有做好商品分類計畫，或者陳列人員未依照商品分類原則而陳列，此情況常發生於新進員工或工讀生身上，賣場可定期實施商品教育訓練及現場機會教育。另外一種原因是**陳列架設計不良**，選用太高或太淺的陳列設備，極易造成貨架重心不穩。例如，超商的商品架深度大都設計 45cm，若選用高度 180cm以上的商品架置於賣場中間，即會形成重心不穩而倒塌的情況。又如麵包店的麵包陳列架大都是木工訂製，設計時若能考慮在麵包架四周倒圓角或斜角，就可避免鉤傷消費者。

三、設備按裝安全

「**前場的設備按裝**」首重位置正確、按裝穩固，尤其像冷凍冷藏展示櫃和餐飲設備，若按裝不正確，將會使陳列的瓶罐商品掉落，易發生意外；還有如陳列架的層板未完全固定，其三角支撐架會脫落，導致商品及層板滑落，傷及消費者。這些設備依按裝方式分成配電與非配電兩種，需要配電的設備必須遵照用電安全規定，如裝漏電安全開關，避免危及消費者。同時配線設計時，應該以硬塑膠管套住電線或將所有電線集中在金屬線槽內，以防老鼠咬破線材引起電線走火。若需配排給水管，應事先配合水泥工程設計為暗管，如需配明管應儘量沿著牆角配管，以免影響通道的順暢及其他陳列設備的配置。另外，非配電設備除了位置正確、穩固之外，尚須考慮避免有突角的設計，及配合軟體按裝的需求，如收銀台應考慮電腦收銀系統的按裝設計。

四、設備使用安全

每一種設備或多或少都有不同的使用方式，尤其讓顧客自助消費的機電生財設備，若使用不當，極易造成較嚴重的傷害。例如，超商自助冷熱飲區的蒸包櫥，應選好食品再開門取物，避免先開後選時蒸氣傷及臉部。又如使用茶葉蛋鍋和關東煮時，都應特別小心避免熱水燙傷。另外，冷凍冷藏櫃的展示開啟門，因設計有自動回歸裝置，顧客若不小心很容易被夾傷，開啟時應先將展示門固定在門檔位置再取物，才不會發生意外。為預防以上的事故發生，最好的辦法是設計簡單易懂的使用圖文明示消費者，同時隨時注意並教導消費者正確的使用方法。

五、裝潢佈置安全

「**前場的裝潢和佈置**」常是一家賣場販賣氣氛的主要訴求，然而不適當的設計或施工不嚴謹的裝潢和佈置，卻也隱藏著賣場意外事故的危險。例如，太多的突角設計、太低的板樑設計、設計過高過重致使支撐力無法負荷、壓條或邊材未修飾去毛邊、鐵釘及螺絲未完整固定、佈置的裝飾物鬆垮懸掛、沒有妥善做好玻璃材質的裝修工作、使用易燃沒有隔熱耐火的材質等等。諸如此類的設計和施工問題，都極易暴露危險，造成消費者受傷。唯有施工前做好完整設計和選用適當材質，並嚴謹要求施工品質，方能避免意外發生。

六、地板安全

「**地板安全**」除了與地板材質有關之外，尚有因地板濕滑或置放雜物而發生意外。地板材質的選用宜考慮容易清理且快乾，不宜選用太過平滑或易髒不易洗的地板。造成地板濕滑有幾種原因：清洗後未擦乾、補貨時沾濕地面（如增補冷藏冷凍食品時容易產生水滴）、生財設備的排給水管外漏等。預防以上問題，首先應要求清潔人員於清洗後務必擦乾地板；增補濕冷食品時，運補過程應將食品置放在可盛水之盤架上；排給水管外漏大都起因於原設計不良、水管阻塞、水管接頭脫落等，處理方式可重新裝配合乎標準的水管、經常清理設備內之雜物、定期檢修管路，以確保地面行走安全。

貳、後場加工作業安全管理

各種賣場的後場設施及規劃雖都不盡相同，然其配置機能不外乎員工生活功能、管理辦公機能、進貨倉儲機能、加工作業機能，這些機能是每天都在運作的，所以其安全管理和前場一樣重要，稍有不慎就會產生意外，尤其在進貨倉儲區和加工作業區的後場更不

可掉以輕心。進貨倉儲區的安全問題諸如貨品進出的搬動、運補台
車及堆高機的使用、倉儲架或冷凍冷藏倉儲的裝置固定、貨品上架
安全、清潔防蟲鼠等。加工作業區的安全管理是後場最重要的地
方，因為此區的作業功能最複雜，極易造成冷、熱、油、煙、濕、
髒、滑、電等問題。例如，餐飲業（如餐廳和麵包店）的後場功能
包括乾濕貨品進貨、洗滌處理、廚房調理、食品機器處理、成品配
送，過程中所使用的設備器具和原材料繁多，加工處理程序也複
雜，相對的易產生較有安全顧慮的操作流程。然而像一般只販售乾
貨的零售賣場（如服飾店及精品店），其後場功能僅著重在適量庫
存管理和拆裝作業，與餐飲業相比較，其後場安全問題自然降低許
多。

參、電器設備安全管理

　　賣場的電器安全管理範圍除了照明、招牌、音響、通訊等基本
電器之外，尚包括冷氣空調、冷凍設備、餐飲及食品機器、發電
機、電力系統等機電設備。這些設備若是操作不當或保養不良，不
僅會損壞設備，影響賣場營運，更容易造成災害，危及顧客和員工
安全。所以，正確的使用方法和定期的維修保養，是提高賣場安全
管理的主要條件。

　　各種設備的功能及用途都不一樣，要能發揮其最大使用效能及
確保使用安全，首要之務就是認識其性能條件並列冊管理，使用時
才不至於損壞設備，造成安全虞慮，最後並定期實施保養和檢修工
作。茲將各項設備安全管理要點和保養事項歸納如表 13-2 所示。

表 13-2　設備安全管理要點和保養事項

設備安全管理要點	保養事項
1. 熟悉電器及設備的機型規格和各部位名稱。 2. 瞭解使用電壓及開關位置。 3. 瞭解運作性能和操作方法。 4. 熟記安全說明及使用需知。 5. 熟練簡易故障排除。 6. 熟記維修廠商電話資料。 7. 備妥簡易零件及耗材。 8. 做好噪音防護和散熱通風條件。 9. 裝置穩壓器及接地線，防止電壓不穩及漏電。 10. 定時檢視設備使用的溫度變化。 11. 定期檢視排給水的順暢。 12. 設備安置儘量遠離熱源，以免降低功能效率。 13. 停電時，先拔電源插頭或切斷電源開關。	● 每日清理： 擦淨設備外表及內面，且務必清除設備內的殘渣和油脂，以防發出異味。另外，每日應檢視冷凍冷藏設備溫度並記錄在溫度管理表。 ● 每月保養： 檢查外部結構與內部結構的零配件是否運作正常；檢查管線是否有破皮折損，排給水管是否順暢不漏水，如有異狀或需更換零配件，應立即通知協力廠商前來處理。 ● 每季檢修： 定期安排時間和人員，實施重點清理和檢修工作，如冷凍櫃需每季配合專業廠商，清理蒸發器（冷排）的結霜和冷凝器（散熱器）的灰塵，以維持良好的冷凍效率，同時檢修冷凍迴路和電路系統。餐飲設備每季應嚴格檢修瓦斯管線和烹調功能，確保使用安全和保證飲食品質。

第二節　公共設施之安全管理

壹、消防安全設施管理

依據行政院頒佈的「各類場所消防安全設備設置標準」規定，營業場所都應設置符合國家審核認可的消防安全設施及設備。而且各賣場更應擬定有效的消防作業之應變措施，以利火警意外時，能確保人員及財物之安全。火警應變處理要點將於下一節敘述，下列係為消防設施及設備之安全管理要點：

　　1. 定期檢查保養各項消防設施及設備（如表13-3所示），如發

📖 表 13-3　消防設施檢查項目

消防設施檢查項目
1. 檢查逃生門及緊急出口是否開啟正常與暢通？
2. 檢查警報器是否運作正常？
3. 檢查避難方向燈是否明亮或被遮住看不清楚？
4. 緊急照明燈是否性能正常及蓄電狀態？
5. 檢查滅火器之性能、日期、數量、標示是否正常？
6. 檢查消防栓之水量及操作是否正常？
7. 檢查電器設備之性能及操作是否正常？
8. 檢查電梯及鐵捲門是否正常運作？
9. 檢查樓梯是否被阻塞？
10. 檢查急救箱之救護藥品及用品是否齊全？

　　現性能不佳或功能失效之設備，應立即向相關主管反應，以利修護或更新。

2. 定期實施消防器材操作演練，消防設施及設備之功能及使用講解。

3. 隨時檢查逃生門是否正常開啟、逃生標示是否清楚、疏散通道是否被阻塞。

4. 建立「防災重於救災」的正確消防觀念，養成下班務必關閉瓦斯及其他非常態使用的機電設備。

貳、公共設施安全管理

　　賣場公共設施包括停車場、騎樓特販區、出入門、化妝室、樓梯間等。其中以停車場、騎樓特販區及出入門最容易發生意外，停車場以車輛進出時最易產生事故，後者以人員進出時易生狀況，其安全管理要點如表 13-4 所示。另外，賣場所有公共設施皆應規劃殘障人士使用需要之設計。

📖 表 13-4　停車場、騎樓特販區及出入門之安全管理要點

公共設施安全管理要點		
停車場	騎樓特販區	出入門
● 著重完善的停車設施規劃與設計。 ● 車輛進出車道不可過度斜坡和轉彎。 ● 規劃合乎標準的車位規格。 ● 人車分道、標示明顯、光線充足。 ● 派有專人管理，並將顧客散置的購物車歸定位。 ● 隨時清理髒亂、排除障礙及危險物品。	● 注意台階的安全性。 ● 特販商品擺放整齊並穩固，避免商品掉落傷及顧客。 ● 若設有休息區，應與商品區隔開。 ● 以騎樓當特販區，首重不可違規妨礙消費者行走。	● 設計適當的出入門形式及規格，確保開門與關門的安全性。 ● 若屬玻璃門，必須貼自黏式裝飾色帶，避免顧客誤撞玻璃。 ● 大型賣場需設有專人管理，避免人潮擠在門口徒增意外。 ● 若是設計為旋轉門，應嚴格禁止兒童獨自進出，避免發生夾傷事件。

第三節　行政與作業之安全管理

壹、門市安全管理

　　門市安全分為開店作業、門市營業中、打烊作業等三個管理階段，這些作業應由業主本身或指派賣場主管於規定時間內負責執行或監督。

　　「**開店作業前**」應先檢視賣場周圍環境是否有異樣，例如堆積易燃物、設施遭受污損等，如有異樣，應迅速通報相關單位處理。若一切正常，則可進行開啟店門動作，首先解除保全設定再行開啟，並記錄開啟時間與其他狀況事項。接著檢查所有出入口、門窗及金庫門有無被破壞，然後檢視電器控制箱及生財設備，確定電源安全再進行一天的營業事項。

　　「**門市營業中**」，主管人員應當隨時巡視賣場，適時處理不正

開店作業前
應先檢視賣場周圍環境是否有異樣，如有異樣，應迅速通報相關單位處理。

確的作業方式及狀況，例如，補貨員佔據通道、生財設備運轉不正常、購物車散置、電器設備器材有問題等，都應及時處理，以確保賣場安全及營運正常。

「**打烊作業前**」應先清點收入現金，同時檢查收銀機、金庫、管理辦公室，記錄並上鎖。接著檢查賣場每一商品區、後場倉庫及加工作業區、員工休息室和化妝室，確認完成下班的作業模式。然後，檢視持續運轉的生財設備，如檢查冷凍冷藏設備並記錄其溫度，同時關好設備門；檢視非持續運轉的生財設備及電器設施並關閉其電源，如冷氣空調、音響、照明等。最後，要關門時應注意賣場周圍環境，提高警覺巡察有無可疑狀況。

貳、員工作業安全

員工作業安全包括進貨、補貨、拆裝、加工、機電設備使用、周邊設備器材使用、清潔作業等，茲詳述如下。

「**進貨作業**」首重卸貨與入庫安全，應正確使用起卸貨的機具，如升降貨梯、堆高機、輸送帶、輸送梯、人工貨梯等，以提高作業安全。進貨作業時應儘量避免人工起卸貨，如無法避免時，也應教導員工正確的操作動作與流程，首先關掉進貨車輛引擎，貨車與卸貨平台保持近距離，卸貨完再依序分批入庫。

「**補貨**」是由倉庫提貨補充到賣場的作業，通常除了大賣場使用較大型堆高補貨機之外，一般中小型賣場大都使用補貨棚台車，其分為生鮮用車與乾貨用車兩種（如圖 13-1、圖 13-2 所示）。操作時應依照規定補貨動線行走，避免碰撞顧客及其他商品。補貨上架時，確實做好商品不落地，以免阻塞通道，妨礙顧客選購，同時搬貨時應保持身體正確的直線姿勢，勿過度彎腰以免傷及腰椎骨。

「**拆裝作業**」主要應預防拆卸時的割傷、刮傷及砸傷，所以使用拆卸刀具或工具時，應由內而外、由上而下操作，同時分層拆卸以防商品瞬間散落，造成傷害。

「**加工作業**」因為必須經常使用各種各樣的刀具和工具器材，

門市營業中
主管人員應當隨時巡視賣場，適時處理不正確的作業方式及狀況。

打烊作業前
應先清點收入現金，同時檢查收銀機、金庫、管理辦公室，記錄並上鎖。

進貨作業
首重卸貨與入庫安全，應正確使用起卸貨的機具，以提高作業安全。

補貨
是由倉庫提貨補充到賣場的作業，通常除了大賣場使用較大型堆高補貨機之外，一般中小型賣場大都使用補貨棚台車。

拆裝作業
主要應預防拆卸時的割傷、刮傷及砸傷。

📖 圖 13-1　生鮮用的補貨棚車

📖 圖 13-2　乾貨用的補貨台車

加工作業
因為必須經常使用各種各樣的刀具和工具器材，甚至加工機器，是最容易發生員工意外的管理範圍。

甚至加工機器，是最容易發生員工意外的管理範圍。例如，生鮮食品加工使用多種不同的刀具，不同的生鮮也有不同的操作手法，作業人員應熟練操作技巧並遵守作業規範，才是安全管理之上策。又如烘焙食品加工，所使用的食品機器都是不同的功能用途，機器運轉及操作模式都有差異，作業人員除應熟練操作技巧之外，更應嚴格遵照使用安全規範（如不可穿寬鬆衣服避免被機器纏繞），始能

免意外發生。

　　所有的「**機電設備**」應有專門負責人，將操作流程及使用規範
面化或圖表化，明示於設備旁，並教導作業人員熟練操作技巧
，始可任其獨立作業。然而，所有設備之電力問題及功能維修或
整，除了電源切換開關動作和簡易的一級保養之外，必須經由合
技術員工或廠商專業處理，作業人員不可任意處理以免發生意外。

　　「**周邊設備**」係指一些弱電功能、沒有電源運轉或比較沒有複
機電功能的賣場販促輔助器材，如販促用品或道具、商品展示器
、標價機、防盜鏡或監視設備等。這些設備器材雖然比較沒有危
性，但是在懸掛或安置時都應確定其固定性，使用時避免碰撞及
礙到其他設備陳列。

　　「**清潔作業**」主要安全考量為滑倒及碰撞，清潔時難免會使用
，應特別注意排水順暢及快速抹乾清潔面，否則極易發生滑倒意
和再次沾污清潔面。無論清潔台面或地板面之前，都應謹慎小
、有秩序的收納或移位物品，作業後再還原現場，以免因亂置物
而產生碰撞或拌倒意外。

參、保全管理

　　賣場保全管理除了設置保全系統之外，尚可向當地派出所申請
巡邏服務，轄區警員將會定時巡邏此區並記錄於賣場的巡邏箱。另
外，應向產險公司投保相關保險，如火險、水險、地震險、竊盜險
等。多層的保安系統是在預防與減少意外發生及降低賣場損失，然
而一旦發生不可避免的意外，應在瞭解狀況發生原因後，迅速向上
及主管及相關保全單位報告，以便進一步的有效處理。所以，賣場
主管平常就應熟記相關單位的聯絡電話，如上級主管行動電話、當
也台電公司電話、當地派出所值勤電話、119 火災和 110 竊盜電話，
並將這些相關電話明示特定位置，方便急用。

　　鑰匙管理也是保全的管理重點，賣場出入門、管理辦公室、保
險箱、機房等重要鑰匙，應有備份並編號交由相關正副主管妥善保

機電設備
應有專門負責人，將操作流程及使用規範書面化或圖表化，明示於設備旁，並教導作業人員熟練操作技巧後，始可任其獨立作業。

周邊設備器材
在懸掛或安置時都應確定其固定性，使用時避免碰撞及妨礙到其他設備陳列。

清潔作業
主要安全考量為滑倒及碰撞，清潔時難免會使用水，應特別注意排水順暢及快速抹乾清潔面。

管，未經公司許可不得複製。保險箱之密碼只有業主和必要相關人員知悉，且應定期或相關人員調離職時重新設定密碼。放置保險箱之處（如金庫或店長室），應隨時關閉並上鎖，非相關人員不得進入，賣場主管於上下班時間必須審慎檢視有無異狀，如有異樣需立即通報上級單位並迅速妥善處理。

肆、災害及危機處理

一、防颱風及水災處理

颱風及水災的處理措施，可分成災害發生前、災害發生時、災害發生後等三個階段。

在台灣將近有半年（五月至十月）是屬於雨季及颱風期，其所帶來的強風豪雨是相當大的天然災害。對賣場經營而言，該如何事先做好完善的預備措施，避免人員遭受災害，使賣場財物損失降到最低程度，已是賣場安全管理的重要課題。針對颱風及水災的處理措施，可分成災害發生前、災害發生時、災害發生後等三個階段。

(一)災害發生前的處理措施

1. 檢修固定賣場四周的硬體設施。
2. 檢修廣告招牌的牢固安全度，並拆掉其他臨時或非牢固性之懸掛物（如帆布廣告看板）。
3. 確實疏通賣場所有排水溝及鄰近賣場的主要排水溝，以防阻塞倒灌。
4. 檢修電器設施及切換開關的運作正常。
5. 檢修賣場的自動照明設備，確保功能使用正常，並準備手電筒置於易拿處。
6. 將外場的商品全部搬往內場，同時將內場地面物品和貴重商品移至較高或安全之處。
7. 隨時注意颱風及豪雨的最新動態。

㈡災害發生時的處理措施

1. 保持冷靜、堅守崗位，遵照上級主管指示，隨時應變處理突發狀況。
2. 安撫顧客及其他較沒經驗的員工，勿造成驚慌現象。
3. 暫停所有進貨、補貨及調撥之作業，分配其他相關防災之作業。
4. 若風力太大足以影響顧客進出或損及店面，立即請示上級暫停營業。
5. 賣場遇有淹水情況，立即拔除近地面的插頭，如有需要應關閉總電源，並迅速回報主管人員，請示暫停營業。

㈢災害發生後的處理措施

1. 清理外場周圍環境，並檢修外場設施。
2. 檢修電力設施及所有機電設備，確保電源安全後始可開機運轉。
3. 檢視陳列設備及貨品，將鬆動或掉落之物品重新歸定位。
4. 集中清理受損商品，列表彙報會計單位。
5. 詳填生財器具損壞表，彙報相關單位以利儘速修護。
6. 重新清理內外賣場，並整理商品陳列，儘速恢復營業。

二、地震意外處理

　　我國位處歐亞地層板塊與菲律賓地層板塊之相接觸，每年頻傳的地震災害，常造成很大的損失。就如防颱管理一樣，地震意外處理在賣場也是不可輕忽的管理事件，尤其地震常是不可預知的天災，其意外發生常讓人措手不及。管理人員應當注意以下事項，將賣場損失降到最低：

1. 平時所有員工都應接受地震意外處理教育訓練。
2. 當地震發生時，迅速關閉電源總開關，同時打開賣場大門及

逃生門。

3. 安撫並疏導顧客儘速離開賣場至室外空曠處。

4. 人員疏散時應小心墜落物品，且不可搭乘電梯，應沿樓梯牆邊下樓。

5. 如來不及疏散，應儘速就近尋找躲避處，如桌下或緊靠柱邊。

三、停電應變處理

可預期性停電
包括電力公司的預期停電通知及賣場定期機電檢修而必須停電。

賣場停電有可預期性和不可預期性兩種狀況。「**可預期性停電**」包括電力公司的預期停電通知及賣場定期機電檢修而必須停電。針對可預期的停電狀況，賣場比較有足夠的時間加以因應，其措施如下：

1. 將停電日期和時間公告於賣場出入口，讓顧客都能事先知道此訊息。

2. 提早準備發電機，以利賣場供電正常。

3. 如無法藉由發電機正常供電，應暫停機電性的生財設備之使用，並將保溫、保冷的商品事先妥善處理。

4. 當無法正常供電的情況之下，如小型賣場仍須營業，可加裝蓄電式照明並以人工結帳，完成買賣行為。

不可預期性停電
包括有地區電力系統突然故障，及賣場電力設施突發狀況或生財設備故障所引起的斷電問題。

「**不可預期性停電**」包括有地區電力系統突然故障，及賣場電力設施突發狀況或生財設備故障所引起的斷電問題。另外，颱風、地震等天災也會引起不可預期的停電情況。當面臨以上這些突發性停電原因時，可按照下列事項依序處理：

1. 首先確認停電原因，如屬地區性停電，應即刻電詢電力公司，確認停電時間，以利因應。

2. 如非地區性原因，僅是賣場本身停電，應先行關閉電器總開關，且儘速通知電工人員查明原因並檢修。

3. 突然停電時，藉由緊急照明的光線，安撫顧客注意安全，並疏導他們將未結帳之商品置妥後先行離開賣場。

4. 夜間停電時，應關閉出入門暫停營業，且迅速妥善處理冷凍

冷藏等易損壞之食品。

5. 日間停電時，可依停電時間長短決定是否繼續營業。如仍須營業，應將停電事件明示告知顧客，並將冷凍冷藏食品妥善處理後暫停販售。

6. 即時停止所有進貨、補貨、理貨之作業。

7. 恢復供電時，每隔 10 秒鐘逐一將電器及設備開關打開，並調回定時裝置的正確時間。

8. 檢視供電後設備的運轉情形，同時清理損壞的商品，呈報會計單位。

四、賣場火警處理

賣場發生火警時，所有賣場人員務必保持冷靜，可按照下列事項依序處理：

1. 依照平常之火警教育訓練規定，迅速任務編組。

2. 第一組人員隨即進行疏導工作，將顧客疏散到安全的地方。

3. 第二組人員立即判斷火勢大小，如火勢尚未蔓延開來，迅速利用滅火器撲滅。如要以水灌滅，務必確認為非電器火源，以免造成導電意外。滅火時應確保退路，即時逃生。

4. 當火勢已蔓延開來，判定無法先行控制時，所有人員應立即逃生避難，同時撥打 119 火警，詳告火災正確地址及現況。

5. 提供適當的火災情報及現場概況給消防人員，以協助儘速滅火。

6. 火勢熄滅後，儘速回報上級主管，以處理後續問題。

五、偷竊及詐騙管理

賣場常發生的偷竊行為有：結帳後順手帶走未付款的商品、夾帶未結帳之商品離開賣場、偷拿置於收銀櫃台的款項、佯稱忘記付款而離開賣場、擅自在賣場食用未付款的食品等幾種。為防止發生

以上這些偷竊行為，可採取下列的預防措施和處理方式：

1. 於賣場內各賣點區之適當位置，裝設防盜鏡和監視器，以嚇
   阻和有效監控偷竊行為。

2. 收銀人員親手接遞收妥顧客的付帳款項，且切勿將找錢之款
   項置於桌面，應親手傳遞給顧客，避免製造犯罪機會。

3. 補貨人員作業時，一警覺有異樣，應就近觀察嫌疑者的動態。

4. 管理人員巡視賣場時，當警覺顧客有異樣行為時，可技巧性
   查證讓竊者知難而退。但在沒有具體證據時，切勿輕率懷疑
   顧客。

5. 當確認顧客在賣場有偷竊行為時，應等其要離開賣場時才予
   以揭發。

6. 當發現顧客在賣場內食用未付帳之食品時，可立即告知賣場
   規定，請其先行結帳並瞭解其意圖。

由於賣場的商品項很多、現金流量又大，加上賣場服務人員大
都是年輕人，其社會經驗較不足，所以常成為不法份子詐騙的目
標。常見的賣場被詐騙方式有：假鈔購物、信用卡盜刷、兌換零
錢、大批購物、假優待券、假送貨、假藉寄物聲稱遺失貴重物品、
貨品魚目混珠等不法手段。為防止發生以上這些詐騙行為，可採取
下列的預防措施和處理方式：

1. 收銀員可使用驗鈔筆或按照驗假鈔要點，詳細檢查大鈔。

2. 收銀員詳細核對信用卡簽名，金額較大時先與信用卡公司確
   認。

3. 告知賣場規定，無法提供兌換零錢服務。

4. 通常到零售賣場大批購物，已有違常規。

5. 確認優待券的內容明細，如無法確認真偽，應立即請示主管。

6. 假送貨真詐騙常發生在小賣場，歹徒佯稱業主訂貨，將假貨
   卸下並立即向收銀員收款。收銀員若負有收貨職責時，應按
   照正確流程進貨，並取得業主的確認，不可擅自應付帳款。

7. 寄物服務台應明示告知所有消費者，貴重物品應自行保管，
   賣場不負賠償責任。

六、夜間行竊及搶劫處理

　　賣場遭受行竊最容易發生在夜間打烊後，最好的預防方法，是與信譽佳的保全公司合作，裝設夜間保全系統。另外，向當地轄區派出所申請巡邏服務，增加一層有效的保全作用。

　　賣場的現金流量較大，加上大部分的收銀櫃台都靠近出入口，極易引起歹徒覬覦。除此之外，歹徒也會利用在賣場假購物時，進而向其他顧客搶劫。因此，為預防賣場被行搶，以下注意事項可供參考：

1. 隨時保持賣場內外的明亮度，以降低歹徒行搶的動機。
2. 賣場應最少保持兩人以上服務人員，切勿單留一人，讓歹徒有機可乘。
3. 收銀台內只保持小額現金，方便找錢即可。
4. 賣場人員應隨時保持警覺性，尤其當夜班、來客數少的時段，更應注意店面閒逛者的舉動。
5. 若真發生搶劫意外，應先顧及人身安全並迅速按警鈴，通報保全公司和派出所。

七、恐嚇事件處理

　　由於賣場的位置目標比較明顯，不法份子常藉由電話或信件恐嚇業者。所恐嚇之事項大都為在食品裡下毒、在賣場裡放置危險品、縱火等。這些恐嚇事件對企業、消費大眾及整個社會已構成嚴重的傷害，賣場平常即應擬定一套有效的預防措施及應對流程。果真不幸發生，因立即報案，全力配合警方破案，確保社會大眾及企業免受傷害。

八、顧客擾亂行為之處理

　　進出賣場的人潮流量較大,相對的各階層的消費者都有,難免
碰上小部分的消費者蓄意擾亂,其行為如糾纏員工、故意砸壞商
品、破壞生財器具、裝瘋賣傻、無故謾罵等。當有人在賣場發生這
些行為時,相關主管應馬上出面瞭解情形並加以制止。處理時,應
有服務人員同時安撫其他顧客免於驚嚇,其他人員速將擾亂者請至
非賣場區,詳細瞭解情況並告知賣場規定,如不聽勸者,將通報轄
區派出所處理並請求賠償。

第四節　安全管理之應變作業

壹、應變小組之任務編組

　　賣場的安全管理項目中,以突發狀況事件最多。縱使平常已有
擬定防範措施,然而當意外發生仍會有控制不了的因素存在,如人
員慌亂、重大災變等。為了避免人員傷亡和降低財物損失,平日即
應將賣場現有人員編制成「災害應變小組」,明訂各自職責並定期
實施教育訓練和模擬演練,以利意外發生時能及時應變處理。「災
害應變小組」之編制包含組長、副組長、人員疏散組、救災組、情
報聯絡組、財物搶救組及醫護組等(如圖 13-3 所示)。小組之職責
詳述如下:

> **災害應變小組**
> 包含組長、副組長、人員疏散組、救災組、情報聯絡組、財物搶救組及醫護組等。

- 「**組長**」之職責負責指揮、調派及協調災害現場的所有救災
作業,掌控賣場人員動態及災變狀況,並將現場情報向上陳
報和相關救援單位協調配合,全力救災。
- 「**副組長**」之職責為協助組長執行各項任務,隨時與各組協

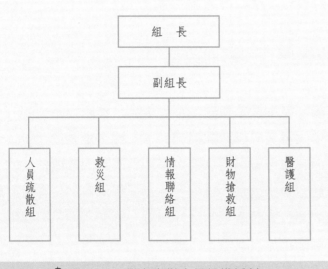

圖 13-3 災害應變小組組織編制

調相關救災作業。當災變發生時，立即切斷賣場的所有電源與撤離易爆物。

- 「**人員疏散組**」之職責為立即將狀況透過廣播，告知所有在賣場的人員，並迅速打開所有可以逃生的通道，同時協助疏導人員逃生及避難方式。

- 「**救災組**」之職責為平日定期檢修及演練各種消防設施和救災器材，且應將設施器材編號放置定位，隨時清除救災通路的障礙物。災害發生時，立即判斷災害種類，使用適當之救災設施和器材全力搶救。另外需派員維持現場秩序，以免現場慌亂，影響救災行動。

- 「**情報聯絡組**」之職責為負責對外通報相關支援單位。通報時務必保持冷靜，告知詳細地址及相關重要資料與資訊，切勿含糊以免影響救災時效。

- 「**財物搶救組**」之職責為立即將現金、貴重物品和重要文件資料，迅速帶離現場另行妥善保管。如來不及帶離，也應將其送往金庫或保險箱內上鎖。如時間允許再搶救其他商品，搶救當中應以人員安全為第一，切勿為搶救財物而疏忽安全。

- 「**醫護組**」之職責為由有醫護經驗或常識之資深員工擔任緊

急救護及搶救傷患並送醫之任務。

貳、應變原則與檢討改善

賣場一發生意外事故，不管是哪一種原因所引起的，終將對企業和社會大眾造成無法彌補的傷害。如果是屬於天災，吾人不可避免；然而有很多賣場的意外災害卻是人為因素所造成的，這些原因應歸罪於企業未盡到社會責任。為了降低自然災害所引起的損傷，及避免人為疏忽而產生的意外事故，經營者和所有賣場人員都有責任做好應變措施及針對事後嚴加檢討與改善。

完善的災害應變措施，包括從事前規範、事中應變、事後追查原因等三項應變原則（如表 13-5 所示）。賣場人員應確實做好這些原則，才能有效防範各種安全管理上的缺失。

表 13-5　災害應變原則

事故發生前	事故發生中	事故發生後
● 事前針對各種安全管理項目規劃詳細的作業流程和步驟。 ● 將詳細作業書面化及圖表化，如預防作業說明書、處理流程圖或安全項目檢查表等，使賣場人員有明確的作業依據。 ● 編制「災害應變小組」組織與職責。 ● 定期實施賣場安全管理教育講習及演練，以培養警覺心和加強應變能力。 ● 定期檢修賣場各項安全設施及生財設備。	● 保持冷靜的態度，首重人身安全，財物搶救為次要。 ● 按照平日的任務編組及處理流程，確實執行任務。 ● 遵照上級指示應變調動。 ● 配合並協助他人處理其他應變措施。	● 追查事故發生的真正原因。 ● 追究失職人員之責任，並慰勉盡責之人員。 ● 檢討整個事故之過程缺失，並建立補救措施，改善避免類似情形再發生。

學習評量及分組討論

1. 常見的前場陳列設備所發生的安全事故大致可歸類為哪幾種？

2. 請舉例說明何謂「動線安全」？

3. 如何加強「商品陳列安全」？

4. 如何做好「賣場地板安全」？

5. 「設備安全管理」的要點有哪些？

6. 消防設施檢查的項目有哪些？

7. 停車場之安全管理要點有哪些？

8. 賣場出入門之安全管理要點有哪些？

9. 賣場應防範的災害及危機處理有哪八大項？

10. 針對所選擇的賣場，以 2 人一組，討論如何做好門市安全管理？

11. 針對所選擇的賣場，以 2 人一組，討論如何做好員工作業安全管理？

12. 以 7 人為一小組，進行「災害應變」任務分配及狀況模擬演練？

參考文獻

中文文獻

丁昌言，2000，店頭行銷媒體對消費者購買行為的影響——以感官式貨架招貼為例，台灣科技大學，碩士論文。

王文義，1997，購物中心規劃指南，遠流出版事業股份有限公司，台北。

王健民，1991，音樂、情緒、購買涉入與購買行為之研究——實地實驗研究，中原大學，碩士論文。

石曉蔚，1997，室內照明設計原理，淑馨出版社，台北。

石曉蔚，1998，室內照明設計應用，淑馨出版社，台北。

朱鳳傳，1993，實用製圖與識圖，雄獅圖書股份有限公司，台北。

何和明，1993，商業空間動線研究，中國文化大學出版部，台北。

吳師豪主編，2000，便利商店經營管理實務，經濟部商業司，台北。

吳師豪主編，2000，超級市場經營管理實務，經濟部商業司，台北。

吳嘉勳、陳進雄合著，2003，會計學第五版，華泰文化事業股份有限公司，台北。

李傳明，2001，百貨公司賣場環境與氣氛塑造之探索性研究——以中興百貨為例，台灣科技大學，碩士論文。

沈妙姿，1995，百貨公司賣場管理之研究——以台北市百貨公司為例，政治大學，碩士論文。

周泰華、杜富燕，1997，零售管理，華泰書局，台北。

林文昌，1994，色彩計畫，藝術圖書公司，台北。

林正全，1993，形象時代的塑造者，財團法人連德工商發展基金會，台北。

林正修、徐村和，2002，商店經營管理與成功個案典範，世界商業文庫，台北。

林磐聳，1998，企業識別系統／CIS，藝風堂出版社，台北。

邱培榮，2000，展示設計之研究——以商品展場設計為例說明，私立中原大學室內設計研究所，碩士論文。

金惠卿，2000，商店設計表現方式之空間印象研究——以 *Esprit, Levi's* 服飾旗鑑店為例，
　　私立中原大學室內設計研究所，碩士論文。

孫惠敏編譯，1989，調和配色手冊，信宏出版社，台北。

張彥輝、林正修，2003，門市營運管理，滄海書局，台中。

張輝明，1988，手繪 POP 廣告，東皇文化出版社事業有限公司，台北。

張輝明，1998，展示設計實務，三采文化出版事業有限公司，台北。

許勝雄、彭游、吳水丕編譯，2000，人因工程，滄海書局，台中。

許逸雲，2001，創意店面行銷，書泉出版社，台北。

許錦江，2000，本國大型百貨公司設施規劃設計管理之研究，國立台灣大學，碩士論文。

郭敏俊，1989，商店設計，新形象出版事業有限公司，台北。

陳宏政譯，1999，店鋪的管理與診斷，書泉出版社，台北。

陳明杰編譯，1997，零售學，前程企業管理有限公司，台北。

陳淑娟，1995，零售賣場設計與現場消費行為關係之探索研究——以百貨公司為例，元
　　智大學，碩士論文。

陳德貴，1991，室內設計基本製圖，新形象出版事業有限公司，台北。

陳鋒仁，1981，超級市場食品百貨採購年鑑，超奇出版社，台北。

黃文宏、莊勝雄、伍家德編譯，2003，行銷管理：*Essentials of Marketing A Global-Mana-
　　gerial Approach* 8/e，滄海書局，台中。

黃南斗編譯，1992，存貨管理實務，臺華工商圖書出版公司，台北。

黃銘章，1998，商業自動化，前程企業管理有限公司，台北。

黃憲章、阿部幸男，1997，便利商店入門，中國生產力中心，台北。

楊鴻儒，2001，賣場設計新魅力，書泉出版社，台北。

經濟部，1982，中國國家標準 CNS 工程製圖，經濟部中央標準局訂定，台北。

經濟部商業司，1994，商品條碼應用手冊，經濟部商業司，台北。

鄒慶士、賴逢輝譯，2003，服務業作業管理，雙葉書廊有限公司，台北。

漢寶德，2000，展示規劃理論與實務，田園城市文化，台北。

劉麗文、楊軍，2002，服務業營運管理，五南圖書出版股份有限公司，台北。

歐秀明、賴來洋，1993，實用色彩學，雄獅圖書股份有限公司，台北。

蘇宗雄，國立故宮博物院新標示系統設計，設計雜誌，91 期、92 期。

鐘文訓編譯，1988，成功的店鋪設計，大展出版社有限公司，台北。

日文文獻

中日販賣株式會社，1988，"*Chunichi: Foods & Variety System*"，中日販賣株式會社，Na-
　　goya Japan。

太田昭雄、河原英介，1988，色彩與配色（彩色普級版），新形象出版事業有限公司，
　　台北。

日本店鋪設計家協會監修，1985，商業建築企劃設計資料集成：設計資料篇，商店建築
　　社出版，Tokyo。

西川好夫，1972，新・色彩の心裡，法政大學出版，Tokyo。

志田慣平，1999，店面設計入門，新形象出版事業有限公司，台北。

扶桑產業株式會社，1990，*Store Tools Collection*，扶桑產業株式會社，Tokyo。

通商株式會社，1990，*Naturally for Better in Collection*，通商株式會社，Tokyo。

會田玲二著、陳星偉譯，1996，瞄準商圈：開店調查實務大公開，金錢文化企業股份有
　　限公司，台北。

廣川啟智，1999，日本建築及空間設計精粹第二集：文化、公共設施及標示設計篇，日
　　本聯合設計株式會社，Tokyo。

網路資料

中華民國商品條碼策進會，2004，http://www.eantaiwan.org.tw

台灣日立股份有限公司，2004，http://www.taiwan-hitachi.com.tw/pdct/product.asp

台灣日光燈股份有限公司，2004，http://www.tfc.com.tw/newproduct.html

台灣飛利浦公司，2004，http://ww2.philips.com.tw/pdnews900823_3.htm

西文文獻

Abramson, S. & Stuchin, M. 1999, "*Shops & Boutiques: 2000 desiger stroe and brand imagery*",
　　PBC International Incorporated, Hong Kong.

Alpert, Judy I. & Alpert, Mark I. 1990 Summer, "*Music Influences on Mood and Purchase Inten-*

tions.", Psychology & Marketing 7, no. 2, pp. 109-133.

Anderson, Carol H. 1993, *"Retailing - Concepts, Strategy and Information"*, Minneapolis / Saint Paul, MN: West Publishing Company.

Baker, *"The Role of Environment in Marketing Services"*, American Marketing Association, pp. 79-84, 1987.

Baker, J. Grewal, D. & Parasuraman, A., " *The influence of store enviroment on quality inferences and store image"*, J. Acad Mark Sci. 22, 4, pp. 328-339, 1994.

Barich & Koter, *"A Framework for Marketing Image Management"*, Sloan Management Review, pp. 94-104, Winter 1991.

Bellizzi et. al., *"The Effects of Color in Store Design"*, Journal of Retailing, Vol. 59, pp. 21-24, 1983.

Brown, S., *"Retail Location at the Micro-Scale: Inventory & Prospect"*, The Service Industries Journal, Vol. 14, No. 4, Oct. 1994, pp. 542-576.

David H. Maister, *"The Psychology of Waiting Lines,"* in J. A. Czepiel, M. R. Solomon, and C. F. Surprenant (eds.), The service Encounter: Managing Employee / Customer Interaction in Service Businesses (Lexington, MA: Lexington Books, 1985), pp. 113-123.

DeChiara, J., Panero, J. & Zelnik, M. 1992, *"Time-saver Standards for Interior Design and Space Planning"*, McGraw-Hill, New York.

DiLouie, C. 1994, *"The Lighting Management Handbook"*, The Fairmont Press, Lilburn U.S.A.

Donovan, *"Store Atmosphere, An Environment Psychology Approach"* 5.8, pp. 34-57, 1982.

Gardner, C. & Hannaaford, B. 1993, *"Lighting Design-An Introductory Guide for Professionals"*, The Design Council, London.

Ghosh, A. & Craig, C. S., *"FRANSYS : A Franchise Distribution System Location Model"*, Journal of Retailing, Vol. 67, No. 4, Winter 1991, pp. 466-495.

Gill, P. 1990, *"What's a Department Store?"*, NRMA Enterprises, New York.

Green, W. R. 1991, *"The Retail Store: Design and Construction"*, Van Nostrand Reinhold, New York.

Hansen & Deutscher, *"An Empirical Investigation of Attribute Importance in Retail Store Selection"*, Journal of Retailing, Vol. 54, pp. 59-73, 1977.

Huff, D. L., *"Defining & Estimating a Trading Area"*, Journal of Marketing, Vol. 28, July 1964, pp. 34-38.

IESNA 1993, *"Lighting Handbook-Reference and Application"*, Illuminating Engineering Society of North America, New York.

Israel, L. J. 1994, *"Store Planning/Design: history, theory, process"*, John Wiley & Sons, Inc., New York.

Kasuga, Y., Tao, I. M. & Komachi, H. 2000, *"World Up-Scale Supermarkets"*, Shotenkenchiku-Sha, Tokyo.

Kotler, Philip & Armstrong, Gary 1994, *"Principles of Marketing"*, 6th ed., Englewood Cliffs, New Jersey: Prentice-Hall.

Lovelock, C. H. & Wirtz J. 2004, *"Services Marketing: People, Technology, Strategy"*, 5th ed., Prentice Hall, Singapore.

Lovelock, C. H., Patterson, P. G. & Walker, R. H. 2001, *"Services Marketing: An Asia-Pacific Perspective"*, 2nd ed., Prentice Hall, NSW.

Maitland, B. 1985, *"Shopping Malls: Planning and Design"*, Construction Press, London.

Ming-Hsien Yang & Wen-Cher Chen, *"A study on shelf space allocation and management"*, International Journnal of Production Economics 60-61, 1999, pp. 309-317.

Munn, D. 1986, *"Shops - A Manual of Planning and Design"*, Architectural Press, New York.

Olins, W. 1989, *"Corporate Identity"*, Thames and Hudson.

Philips Lighting 1993, *"Lighting Manual"*, 5th ed., Eindhoven, the Netherlands: Philips Lighting B. V.

Porter, M. E. 1980, *"Competitive Strategy: Techniques for Analyzing Industries and Competitors"*, The Free Press, New York, pp. 7-14.

Roush, M. L. 1994, The retail- Each application requires an individual prescription, *Lighting Design + Application*, September, pp. 27-31.

Sheryl E. Kimes, *"Yield Management: A Tool for Capacity-Constrained Service Firms,"*Journal of Operations Management , vol. 8, no. 4 (October 1989), pp. 348-363.

Tayman, J. & L. Pol 1995, *"Retail Site Selection and Geographic Information Systems"*, Journal of Applied Business Research, Vol. 11, No. 2, pp. 46-54.

Tompkins, J. A. & John A. W. 1984, *"Facilities Planning"*, U.S.A., John Wiley & Sons, Inc., pp. 1-3.

Wingate, J. W. & Helfant, S. 1977, "*Small Store Planning for Growth*", Small Business Administration, Washington.

國家圖書館出版品預行編目資料

賣場規劃與管理／謝致慧著. -- 初版. --
臺北市：五南圖書出版股份有限公司，
2006[民95]
面；　公分
精華版
ISBN 978-957-11-4407-7（平裝）

1.購物中心設計　2.購物中心管理

498.75　　　　　　　　95012676

1FPF

賣場規劃與管理—精華版

作　　者— 謝致慧（398.4）

發 行 人— 楊榮川

總 經 理— 楊士清

總 編 輯— 楊秀麗

主　　編— 侯家嵐

責任編輯— 侯家嵐

封面設計— 童安安、王麗娟

出 版 者— 五南圖書出版股份有限公司

地　　址：106台北市大安區和平東路二段339號4樓

電　　話：(02)2705-5066　　傳　　真：(02)2706-6100

網　　址：https://www.wunan.com.tw

電子郵件：wunan@wunan.com.tw

劃撥帳號：01068953

戶　　名：五南圖書出版股份有限公司

法律顧問　林勝安律師事務所　林勝安律師

出版日期　2006年10月初版一刷
　　　　　2022年10月初版十一刷

定　　價　新臺幣550元

經典永恆・名著常在

五十週年的獻禮——經典名著文庫

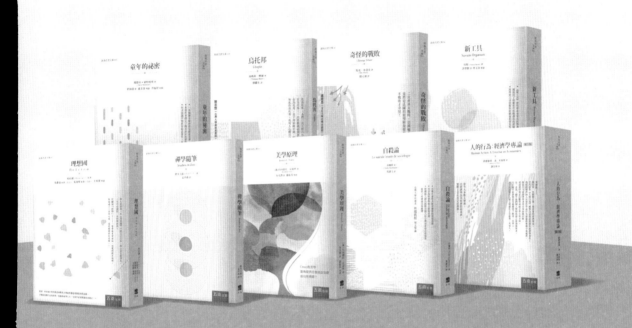

五南，五十年了，半個世紀，人生旅程的一大半，走過來了。

思索著，邁向百年的未來歷程，能為知識界、文化學術界作些什麼？

在速食文化的生態下，有什麼值得讓人雋永品味的？

歷代經典・當今名著，經過時間的洗禮，千錘百鍊，流傳至今，光芒耀人；

不僅使我們能領悟前人的智慧，同時也增深加廣我們思考的深度與視野。

我們決心投入巨資，有計畫的系統梳選，成立「經典名著文庫」，

希望收入古今中外思想性的、充滿睿智與獨見的經典、名著。

這是一項理想性的、永續性的巨大出版工程。

不在意讀者的眾寡，只考慮它的學術價值，力求完整展現先哲思想的軌跡；

為知識界開啟一片智慧之窗，營造一座百花綻放的世界文明公園，

任君遨遊、取菁吸蜜、嘉惠學子！